省部级重点图书

普通高等学校高等职业教育环境保护类专业系列教材

环境监测

主编　乔仙蓉

主审　李海华

U0364383

黄河水利出版社

·郑州·

内容提要

全书包括 8 个部分，分别为导论、水和废水监测、大气和废气监测、土壤污染监测、噪声监测、固体废弃物监测、生物污染监测、自动监测技术。每个监测项目包括相关监测任务、技能实训和思考题。借助微信扫码拓展监测项目相关案例、教学课件、操作视频等资源。

本书适用于高职高专院校环境工程技术、环境监测与控制技术等专业的教学用书，也可供相关领域技术人员参考。

图书在版编目（CIP）数据

环境监测/乔仙蓉主编. —郑州：黄河水利出版社，2020.6

省部级重点图书 普通高等学校高等职业教育环境保护类专业系列教材

ISBN 978-7-5509-2654-7

Ⅰ.①环… Ⅱ.①乔… Ⅲ.①环境监测-高等职业教育-教材 Ⅳ.①X83

中国版本图书馆 CIP 数据核字（2020）第 076326 号

策划编辑：李洪良 电话：0371-66026352 E-mail：hongliang0013@163.com

出 版 社：黄河水利出版社

地址：河南省郑州市顺河路黄委会综合楼 14 层 邮政编码：450003

发行单位：黄河水利出版社

发行部电话：0371-66026940、66020550、66028024、66022620（传真）

E-mail：hhslcbs@126.com

承印单位：河南承创印务有限公司

开本：787 mm×1 092 mm 1/16

印张：16

字数：370 千字 印数：1—3 100

版次：2020 年 6 月第 1 版 印次：2020 年 6 月第 1 次印刷

定价：38.00 元

省部级重点图书
普通高等学校高等职业教育环境保护类专业系列教材
编审委员会

前　言

随着我国经济和社会的发展，环境问题受到更多的关注，环境标准愈加严格，环境监测技术也在不断更新与发展，因此教材的更新也势在必行。

环境监测是环境类专业的一门重要专业核心课程。本教材依据高职教育培养目标，基于实际工作中的项目、监测任务和监测方法，按照“项目导向，任务驱动，理实一体”的教学理念，设计了水和废水、大气和废气、土壤、噪声等监测项目和监测任务。教材编写参考最新环境标准，注重理论知识的实用和精选，突出环境监测技能的训练，旨在培养学生的动手操作能力、理论联系实际解决问题的能力，可作为高职高专环境类专业教材，也可作为工业分析技术等相关专业或相关行业技术人员的参考用书。

教材编写体现了信息化立体教材的特点，突出了互联网时代背景下资源互通共享的特点，采用二维码扫描播放功能，将环境污染相关案例、新闻事件、环境标准、学习课件及环境监测一线的操作视频等资源和信息呈现给读者，读者也可以进入智慧职教云课堂，搜索编者主持的“环境监测”课程，进行在线学习。

本教材共包括8个部分，编写分工如下：导论由山西工程职业学院乔仙蓉编写；项目一任务部分由山东水利技师学院栾利香编写，技能训练部分由山西工程职业学院乔仙蓉、张慧捷编写；项目二由四川水利职业技术学院王隽编写；项目三由山西工程职业学院石柳编写；项目四由濮阳职业技术学院郭立鹏编写；项目五由山西水利职业技术学院高睿编写；项目六由山西工程职业学院张慧捷编写；项目七由甘肃林业职业技术学院祁佳编写。全书由乔仙蓉统稿。

本教材编写过程中，在收集相关环境标准和环境监测操作视频方面，得到了山西众智检测科技有限公司和山西中业金辰环保科技有限公司的大力支持，本书编写也参考了大量相关文献资料，引用了相关标准，在此向有关作者表示诚挚的感谢！

本书由华北水利水电大学李海华教授担任主审，对书稿进行审阅，提出了许多宝贵意见，在此一并表示感谢！

由于编者水平所限，书中存在不妥之处，敬请读者批评指正。

编者

2020 年 3 月

目　录

导 论

【知识目标】

1. 了解环境监测的目的和基本程序；
2. 了解环境监测的分类与特点；
3. 了解环境监测的基本原则与要求；
4. 了解我国环境标准的分类。

【技能目标】

1. 能正确领会并合理安排各项环境监测任务；
2. 会根据环境监测任务正确选择监测技术；
3. 会查阅相关环境标准，分析监测数据和环境变化趋势。

维 0-1

【课程导入】

环境监测概述

维 0-2

环境监测是环境科学的一个重要分支学科。环境化学、环境物理学、环境地学、环境工程学、环境管理学等所有环境科学的分支学科，都需要在了解、评价环境质量及其变化趋势的基础上，才能进行各项研究和制定有关管理、经济的法规。“监测”一词的含义可理解为监视、测定、监控等，因此环境监测就是通过对影响环境质量因素的代表值的测定，确定环境质量（或污染程度）及其变化趋势。随着工业和科学的发展，监测的内容也扩展了，由工业污染源的监测逐步发展到对大环境的监测，即监测对象不仅是影响环境质量的污染因子，还延伸到对生物、生态变化的监测。

判断环境质量，仅对某一污染物进行某一地点、某一时刻的分析测定是不够的，必须对各种有关污染因素、环境因素在一定范围、时间、空间内进行测定，分析其综合测定数据，才能对环境质量做出确切评价。因此，环境监测包括对污染物分析测试的化学监测（包括物理化学方法）；对物理（或能量）因子热、声、光、电磁辐射、振动及放射性等强度、能量和状态测试的物理监测；对生物由于环境质量变化所发出的各种反应和信息，如受害症状、生长发育、形态变化等的生物监测；对区域群落、种落的迁移变化进行观测的生态监测等。

环境监测的基本程序一般为：接受任务→现场调查→监测计划制订→布点→样品采集→保存→分析测试→数据处理→综合评价等。具体如下：

（1）受领任务。环境监测的任务主要来自环境保护主管部门的指令，单位、组织或个人的委托，申请和监测机构的安排三个方面。环境监测是一项政府行为和技术性、执法性活动，所以必须要有确切的任务依据。

(2)明确目的。根据任务下达者的要求和需求，确定针对性较强的监测工作具体目的。

(3)现场调查。根据监测目的，进行现场调查研究，摸清主要污染源的性质及规律，污染受体的性质及污染源的相对位置以及水文、地理、气象等环境条件和历史情况等。

(4)方案设计。根据现场调查情况和有关技术规范要求，认真做好监测方案设计，并据此进行现场布点作业，做好标识和必要的准备工作。

(5)采集样品。按照设计方案和规定的操作程序，实施样品采集，对某些需现场处置的样品，应按规定进行包装处置，并如实记录采样实况和现场实况。

(6)运送保存。按照相关规范，将采集的样品和记录及时安全地送往实验室，办好交接手续。

(7)分析测试。按照规定程序和规定的分析方法，对样品进行分析，如实记录检测。

(8)数据处理。对测试数据进行处理和统计检验，整理入库。

(9)综合评价。依据有关规定和标准进行综合分析，并结合现场调查资料对监测结果做出合理解释，写出研究报告，并按规定程序报出。

(10)监督控制。依据主管部门的指令或用户需求，对监测对象实施监督控制，保证法规政令落到实处。

从信息技术角度看，环境监测是环境信息的捕获→传递→解析→综合的过程，只有在对监测信息进行解析、综合的基础上，才能全面、客观、准确地揭示监测数据的内涵，对环境质量及其变化做出正确的评价。

一、环境监测工作分类

(一)环境监测的目的

环境监测的目的是准确、及时、全面地反映环境质量现状及发展趋势，为环境管理、污染源控制、环境规划等提供科学依据。具体可归纳如下：

(1)根据环境质量标准，评价环境质量；

(2)根据污染特点、分布情况和环境条件，追踪寻找污染源，分析污染变化趋势，为实现监督管理、控制污染提供依据；

(3)收集本底数据，积累长期监测资料，为研究环境容量、实施总量控制、进行目标管理、预测预报环境质量提供数据；

(4)为保护人类健康、保护环境，合理使用自然资源，制定环境法规、标准、规划等服务；

(5)通过监测确定环保设施运行效果，以便采取措施和管理对策，达到减少污染、保护环境的目的；

(6)为环境科学研究提供科学依据。

(二)环境监测的任务

针对上述环境监测的目的，具体来说，环境监测的任务相应如下：

(1)确定环境中污染物质的浓度或污染因素的强度，判断环境质量是否合乎国家制定的环境质量标准，定期提出环境质量报告。

(2)确定污染物质的浓度或因素的强度、分布现状、发展趋势和扩散速度,以追究污染途径,确定污染源。

(3)确定污染源造成的污染影响,判断污染物在时间上和空间上的分布迁移、转化和发展规律;掌握污染物作用大气、水体、土壤和生态系统的规律性,判断浓度最高的时间和空间,确定污染潜在危害最严重的区域,以确定控制和防治的对策,评价防治措施的效果。

(4)为环境科学研究提供数据资料,以便研究污染扩散模式,发现新污染源,进行污染源对环境质量影响的预测、评价及环境污染的预测预报。

(5)收集环境本底数据,积累长期监测资料,为研究环境容量、实施总量控制和完善环境管理体系、保护人类健康、保护环境提供基础数据。

(三)环境监测的分类

环境污染物的种类庞大、性质各异,污染物在环境中的形态多样、迁移转化复杂。污染源的多样性、环境介质及被污染对象的多样性和复杂性,加之环境监测的目的与任务多层次的要求等多种因素决定了环境监测的类型划分方式的多样性和环境监测类型的多样性。

1.按监测目的或监测任务划分

1)监视性监测(例行监测、常规监测)

监视性监测(例行监测、常规监测)是指按照预先布置好的网点对指定的有关项目进行定期的、长时间的监测,包括对污染源的监督监测和环境质量监测,以确定环境质量及污染源状况,评价控制措施的效果、衡量环境标准实施情况和环境保护工作的进展。这是监测工作中量最大、面最广的工作,是纵向指令性任务,是监测站第一位的工作,其工作质量是环境监测水平的主要标志。

2)特定目的监测(特例监测、应急监测)

(1)污染事故监测。是在环境应急情况下,为发现和查明环境污染情况和污染范围进行的环境监测。包括:在发生污染事故时及时深入事故地点进行应急监测,确定污染物的种类、扩散方向、速度和污染程度及危害范围,查找污染发生的原因,为控制污染事故提供科学依据。这类监测常采用流动监测(车、船等)、简易监测、低空航测、遥感等手段。

(2)纠纷仲裁监测。主要针对污染事故纠纷、环境执法过程中所产生的矛盾进行监测,以提供公证数据。

(3)考核验证监测。包括人员考核、方法验证、新建项目的环境考核评价、排污许可证制度考核监测、“三同时”项目验收监测、污染治理项目竣工时的验收监测。

(4)咨询服务监测。为政府部门、科研机构、生产单位所提供的服务性监测。为国家政府部门制定环境保护法规、标准、规划提供基础数据和手段。如建设新企业应进行环境影响评价,需要按评价要求进行监测。

3)研究性监测(科研监测)

研究性监测(科研监测)是针对特定目的的科学研究而进行的高层次监测,是通过监测了解污染机制、弄清污染物的迁移变化规律、研究环境受到污染的程度,例如环境本底的监测及研究、有毒有害物质对从业人员的影响研究、统一方法和标准分析方法的研究、标准物质研制、预防监测等。

2. 按环境监测的介质与对象划分

按环境监测的介质与对象不同,可分为大气污染监测、水质污染监测、土壤污染监测、生物污染监测、固体废弃物监测以及包括四种环境要素在内的生态监测等。

3. 按环境监测的工作性质划分

1) 环境质量监测

环境质量监测分为大气、水、土壤、生物等环境要素以及固体废弃物的环境质量监测,主要由各级环境监测站负责,都有一系列环境质量标准以及环境质量监测技术规范等。

2) 污染源监测(排放污染物监测)

污染源监测(排放污染物监测)由各级监测站和企业本身负责。按污染源的类型划分为工业污染源、农业污染源、生活污染源(包括交通污染源)、集中式污染治理设施和其他产生、排放污染物的设施。

4. 按其他方式划分

按进行环境监测的专业部门划分,可分为气象监测、卫生监测、生态监测、资源监测等。按环境监测的区域划分,可分为厂区监测和区域监测。

上述各种分类方式不是孤立的和一成不变的,在实际环境监测工作中,常根据需要进行多种方式相结合的监测。

二、环境监测特点与环境监测技术

(一) 环境监测的发展

1. 被动监测

环境污染虽然自古就有,但环境科学作为一门学科是在 20 世纪 50 年代才开始发展起来的。最初危害较大的环境污染事件主要由化学毒物所造成,因此对环境样品进行化学分析以确定其组成和含量的环境分析就产生了。由于环境污染物通常处于痕量级甚至更低,并且基体复杂,流动性、变异性大,又涉及空间分布及变化,所以对分析的灵敏度、准确度、分辨率和分析速度等提出了很高的要求。因此,环境分析实际上促进了分析化学的发展。这一阶段称为污染监测阶段或被动监测阶段。

2. 主动监测

20 世纪 70 年代,随着科学的发展,人们逐渐认识到影响环境质量的因素不仅有化学因素,还有物理因素,例如噪声、振动、光、热、电磁辐射、放射性等,所以用生物(动物、植物)的受害症状等的变化作为判断环境质量的标准更为确切可靠,于是出现了生物监测,并从生物监测向生态监测发展,即在时间上和空间上对特定区域范围内生态系统或生态系统组合体的类型、结构和功能及其组合要素进行系统的观测和测定,以了解、评价和预测人类活动对生态系统的影响,为合理利用自然资源、改善生态环境提供科学依据。此外,某一化学毒物的含量仅是影响环境质量的因素之一,环境中各种污染物之间、污染物与其他物质、其他因素之间还存在着相加和拮抗作用,所以环境分析只是环境监测的一部分。因此,环境监测的手段除了化学的,还发展了物理的、生物的,等等,同时监测范围也从点污染的监测发展到面污染以及区域性的立体监测,这一阶段称为环境监测的主动监测或目的监测阶段。

3. 自动监测

监测手段和监测范围的扩大，虽然能够说明区域性的环境质量，但由于受采样手段、采样频率、采样数量、分析速度、数据处理速度等限制，仍不能及时地监视环境质量变化，预测变化趋势，更不能根据监测结果发布采取应急措施的指令。20 世纪 80 年代初，发达国家相继建立了自动连续监测系统，并使用了遥感、遥测手段，监测仪器用电子计算机遥控，数据用有线或无线传输的方式送到监测中心控制室，经电子计算机处理，可自动打印成指定的表格，绘制污染态势、浓度分布；可以在极短时间内观察到空气、水体污染浓度变化、预测预报未来环境质量；当污染程度接近或超过环境标准时，可发布指令、通告，并采取保护措施。这一阶段称为污染防治监测阶段或自动监测阶段。

（二）环境污染和环境监测的特点

1. 环境污染的特点

环境污染是各种污染因素本身及其相互作用的结果。同时，环境污染还受社会评价的影响而具有社会性。它的特点可归纳为如下几点。

1）时间分布性

污染物的排放量和污染因素的强度随时间而变化。例如，工厂排放污染物的种类和浓度往往随时间而变化。河流的潮汛和丰水期、枯水期的交替，都会使污染物浓度随时间而变化，随着气象条件而改变，进而造成同一污染物在同一地点的污染浓度相差数十倍。交通噪声的强度随着不同时间内车辆流量的变化而变化。

2）空间分布性

污染物和污染因素进入环境后，随着水和空气的流动而被稀释扩散。不同污染物的稳定性和扩散速度与污染物性质有关。因此，不同空间位置上污染物的浓度和强度分布是不同的。为了正确表述一个地区的环境质量，单靠某一点监测结果是不完整的，必须根据污染物的时间、空间分布特点，科学地制订监测计划（包括监测网点设置，监测项目和采样频率设计等），然后对监测数据进行统计分析，才能较全面而客观地反映。

3）环境污染与污染物含量（或污染因素强度）的关系

有害物质引起毒害的量与其无害的自然本底值之间存在一界限。所以，污染因素对环境的危害有一个阈值。对阈值的研究，是判断环境污染及污染程度的重要依据，也是制定环境标准的科学依据。

4）污染因素的综合效应

环境是一个由生物（动物、植物、微生物）和非生物所组成的复杂体系，必须考虑各种因素的综合效应。从传统毒理学的观点看，多种污染物同时存在对人或生物体的影响有以下几种情况：

（1）单独作用。只是由于混合物中某一组分对机体中某些器官发生危害，没有因污染物的共同作用而加深危害的，称为污染物的单独作用。

（2）相加作用。混合污染物各组分对机体的同一器官的毒害作用彼此相似，且偏向同一方向，当这种作用等于各污染物毒害作用的总和时，称为污染的相加作用。如大气中二氧化硫和硫酸气溶胶之间、氯和氯化氢之间，当它们在低浓度时，其联合毒害作用即为相加作用，而在高浓度时则不具备相加作用。

(3)相乘作用。当混合污染物各组分对机体的毒害作用超过个别毒害作用的总和时,称为相乘作用。如二氧化硫和颗粒物之间、氮氧化物与一氧化碳之间,就存在相乘作用。

(4)拮抗作用。当两种或两种以上污染物对机体的毒害作用彼此抵消一部分或大部分时,称为拮抗作用。如动物实验表明,当食物中有 30 mg/kg 甲基汞,同时又存在 12.5 mg/kg 硒时,就可能抑制甲基汞的毒性。

5)环境污染的社会评价

环境污染的社会评价与社会制度、文明程度、技术经济发展水平、民族的风俗习惯、哲学、法律等有关。有些具有潜在危险的污染因素,因其表现为慢性危害,往往不能引起人们的注意,而某些现实的、直接感受到的因素容易受到社会重视。如河流被污染程度逐渐增大,人们往往不予注意,而因噪声、烟尘等引起的社会纠纷却很普遍。

2. 环境监测的特点

环境监测就其对象、手段、时间和空间的多变性,污染组分的复杂性等,其特点可归纳为如下几点。

1)环境监测的综合性

环境监测的综合性表现在以下几个方面:

(1)监测手段。包括化学、物理、生物、物理化学、生物化学及生物物理等一切可以表征环境质量的方法。

(2)监测对象。包括空气、水体(江、河、湖、海及地下水)、土壤、固体废弃物、生物等客体,只有对这些客体进行综合分析,才能确切描述其环境质量状况。

(3)监测数据的处理。对监测数据进行统计处理、综合分析时,需涉及该地区的自然和社会各个方面的情况,因此必须综合考虑才能正确阐明数据的内涵。

2)环境监测的连续性

由于环境污染具有时空性等特点,因此只有坚持长期测定,才能从大量的数据中揭示其变化规律,预测其变化趋势,数据样本越多,预测的准确度就越高。因此,监测网络、监测点位的选择一定要科学,而且一旦监测点位的代表性得到确认,必须长期坚持监测,以保证前后数据的可比性。

3)环境监测的追踪性

环境监测包括监测目的的确定、监测计划的制订、采样、样品运送和保存、实验室测定、数据整理等,是一个复杂而又相互联系的系统,任何一步出现差错都将影响最终数据的质量。特别是区域性的大型监测,由于参加人员众多、实验室和仪器的不同,必然会存在技术和管理水平不同。为使监测结果具有一定的准确性,并使数据具有可比性、代表性和完整性,需要建立环境监测的质量保证体系,以对监测量值追踪体系予以监督。

(三)环境监测技术

环境监测技术包括采样技术、测试技术和数据处理技术。关于采样以及噪声、放射性等方面的监测技术将在后面有关章节中叙述,这里以污染物的测试技术为重点做一概述。

1. 化学分析法

化学分析法用于对污染组分的化学分析,包括容量分析(酸碱滴定、氧化还原滴定、配位滴定和沉淀滴定）和重量分析。容量分析被广泛用于水中酸度、碱度、化学需氧量、溶解氧、硫化物、氯化物的测定；重量分析常用作残渣、降尘、油类、硫酸盐等的测定。这类方法的主要特点为准确度高，相对误差一般为0.2%；所需仪器设备简单，但是灵敏度低，适用高含量组分的测定，对微量、痕量组分则不宜使用。

2. 仪器分析法

仪器分析法种类很多，其原理多为物理和物理化学原理，是污染物分析中采用最多的方法，可用于污染物化学组分分析和其他污染因素强度的测定。它包括光谱分析法（可见分光光度法、紫外分光光度法、红外光谱法、原子吸收光谱法、原子发射光谱法、X射线荧光分析法、荧光分析法、化学发光分析法等）、色谱分析法（气相色谱法、高效液相色谱法、薄层色谱法、离子色谱法、色谱质谱联用技术），电化学分析法（极谱法、溶出伏安法、电导分析法、电位分析法、离子选择电极法、库仑分析法）、放射分析法（同位素稀释法、中子活化分析法）和流动注射分析法等。仪器分析方法被广泛用于对环境中污染物进行定性和定量的测定，如分光光度法常用于大部分金属、无机非金属的测定；气相色谱法常用于有机物的测定；对于污染物状态和结构的分析常采用紫外光谱、红外光谱、质谱及核磁共振等技术。仪器分析法的共同特点是灵敏度高，可用于微量或痕量组分的分析；选择性强，对试样预处理简单；响应速度快，容易实现连续自动测定；有些仪器组合使用效果更好。

3. 生物监测法

生物（微生物）法是利用生物个体、种群或群落对环境污染或变化所产生的反应阐明环境污染状况，从生物学角度为环境质量的监测和评价提供依据的一种方法，也叫生物监测法。生物监测手段很多，包括生物体内污染物含量的测定；观察生物在环境中受伤害症状；生物的生理生化反应；生物群落结构和种类变化等，可用于大气与水体污染生物监测。一般地讲，生物监测应与化学、仪器监测结合起来，才能取得更好的效果。

（四）环境优先污染物和优先监测

有毒化学污染物的监测和控制，无疑是环境监测的重点。世界上已知的化学品有700万种之多，而进入环境的化学物质已达10万种以上。因此，不论从人力、物力、财力或从化学毒物的危害程度和出现频率的实际情况，某一实验室不可能对每一种化学品都进行监测，实行控制，而只能有重点、针对性地对部分污染物进行监测和控制。这就必须确定一个筛选原则，对众多有毒污染物进行分级排队，从中筛选出潜在危害性大，在环境中出现频率高的污染物作为监测和控制对象，这一筛选过程就是数学上的优先过程，经过优先选择的污染物称为环境优先污染物，简称为优先污染物。对优先污染物进行的监测称为优先监测。

在初期，人们控制污染的主要对象是一些进入环境数量大（或浓度高）、毒性强的物质，如重金属等，其毒性多以急性毒性反应为主，且数据容易获得，而有机污染物则由于种类多、含量低、分析水平有限，故以综合指标COD、BOD、TOD等来反映。但随着生产和科学技术的发展，人们逐渐认识到一批有毒污染物（其中绝大部分是有机物），可在极低的浓度下在生物体内累积，对人体健康和环境造成严重的甚至不可逆的影响。许多痕量有毒有机物对综合指标COD、BOD、TOD等贡献甚小，但对环境的危害很大，此时常用的综合指标已不能反映有机污染状况。这些就是需要优先控制的污染物，它们具有如下特点：

①难以降解;②在环境中有一定的残留水平;③出现频率较高;④具有生物积累性;⑤"三致"(致癌、致畸、致突变)、毒性较大;⑥现代已有检出方法能检测出来。

美国是最早开展优先监测的国家。早在20世纪70年代中期,就在《清洁水法》中明确规定了129种优先污染物,它一方面要求排放优先污染物的工厂采用最佳可利用技术,控制点源污染排放;另一方面制定环境质量标准,对各水域实施优先监测。其后又提出了43种空气优先污染物名单。中国环境优先监测研究也提出了"中国环境优先污染物黑名单",包括14种化学类别共68种有毒化学物质,其中有机物占58种,见表0-1。

表0-1　中国环境优先污染物黑名单

化学类别	名称
1. 卤代(烷、烯)烃	二氯甲烷、三氯甲烷、四氯化碳、1,2-二氯乙烷、1,1,1-三氯乙烷、1,1,2-三氯乙烷、1,1,2,2-四氯乙烷、三氯乙烯、四氯乙烯、三溴甲烷
2. 苯系物	苯、甲苯、乙苯、邻二甲苯、间二甲苯、对二甲苯
3. 氯代苯类	氯苯、邻二氯苯、对二氯苯、六氯苯
4. 多氯联苯类	多氯联苯
5. 酚类	苯酚、间甲酚、2,4-二氯酚、2,4,6-三氯酚、五氯酚、对硝基酚
6. 硝基苯类	硝基苯、对硝基苯、2,4-二硝基苯、三硝基苯、对三硝基苯、三硝基甲苯
7. 苯胺类	苯胺、二硝基苯胺、对硝基苯胺、二氯硝基苯胺
8. 多环芳烃类	萘、萤蒽、苯并(b)萤蒽、苯并(k)萤蒽、苯并(a)芘、茚并(1,2,3,c,d)芘
9. 酞酸酯类	酞酸二甲酯、酞酸二丁酯、酞酸二辛酯
10. 农药	六六六、DDT、敌敌畏、乐果、对硫磷、甲基对硫磷、除草醚、敌百虫
11. 丙烯腈	丙烯腈
12. 亚硝胺类	N-亚硝基二乙胺、N-亚硝基二正丙胺
13. 氰化物	氰化物
14. 重金属及其化合物	砷及其化合物、铍及其化合物、镉及其化合物、铬及其化合物、铜及其化合物、铅及其化合物、汞及其化合物、镍及其化合物、铊及其化合物

(五)环境监测的要求

为确保环境监测结果准确可靠,正确判断并能科学反映实际,环境监测要满足以下几个方面要求:

1. 代表性

代表性主要是要取得具有代表性的能够反映总体真实状况的样品,所以样品必须按照有关规定的要求、方法采集。

2. 完整性

完整性主要是指强调总体工作规划要切实完成,既保证按照预期计划取得有系统性和连续性的有效样品,而且要无缺漏地获得这些样品的监测结果及有关信息。

3. 可比性

可比性主要是指不同实验室之间,同一实验室不同人员之间,相同项目历年的资料之间可比。

4. 准确性

准确性主要是指测定值与真值的符合程度达到一定标准。

5. 精密性

精密性主要是指多次测定值要有良好的重复性和再现性。

三、环境标准

环境标准是为了保护人群健康,防治环境污染,使生态良性循环,同时又合理利用资源,促进经济发展,依据环境保护法和有关政策,对有关环境的各项工作(例如,有害成分含量及其排放源规定的限量阈值和技术规范)所做的规定。环境标准是政策、法规的具体体现。

(一)环境标准的作用

(1)环境标准是环境保护的工作目标,它是制定环境保护规划和计划的重要依据。

(2)环境标准是判断环境质量和衡量环保工作优劣的准绳。评价一个地区环境质量的优劣、一个企业对环境的影响,只有与环境标准相比较才有意义。

(3)环境标准是执法的依据。不论是环境问题的诉讼、排污费的收取,还是环境治理的目标等,执法的依据都是环境标准。

(4)环境标准是组织现代化生产的重要手段和条件。通过实施标准可以制止任意排污,促使企业对污染进行治理和管理;采用先进的无污染、少污染工艺;更新设备;对资源和能源进行综合利用等。

总之,环境标准是环境管理的技术基础。

(二)环境标准的分类和分级

环境保护标准将环境介质作为分类的依据,即分为水、大气、环境噪声与振动、固体废弃物与化学品、土壤、核辐射与电磁辐射、生态环境保护等几大类。无法划入具体介质类型的,列入“其他环境保护标准”之中。在介质分类下再按标准属性划分,我国环境标准分为环境质量标准、污染物排放标准(或污染控制标准)、环境基础标准、环境方法标准、环境标准物质标准等五类;将环境影响评价技术导则、清洁生产标准、环境标志产品标准以及其他技术导则、规范等纳入“其他环境保护标准”类目之中。按照标准的主管单位,环境标准分为国家标准和地方标准两级,其中环境基础标准、环境方法标准和标准物质标准等只有国家标准,并尽可能与国际标准接轨。国家环境保护标准(GB、GB/T)和环境保护行业标准(HJ、HJ/T),分别纳入到相应的介质分类体系中,不再做专门分类。(注:T代表推荐性标准,其余为强制性标准)

1. 环境质量标准

环境质量标准是为了保护人类健康,维持生态平衡和保障社会物质财富,并考虑技术经济条件,对环境中有害物质和因素所做的限制性规定,它是衡量环境质量的依据、环保政策的目标、环境管理的依据,也是制定污染物控制标准的基础。

2. 污染物控制标准

污染物控制标准是为了实现环境质量目标,结合技术经济条件和环境特点,对排入环境的有害物质或有害因素所做的控制性规定。由于我国幅员辽阔,各地情况差别较大,因此不少省(市)制定了地方标准。地方标准应该符合两点:一是国家标准中所没有规定的项目;二是地方标准应严于国家标准,以起到补充、完善的作用。

3. 环境基础标准

环境基础标准是在环境标准化工作范围内,对有指导意义的符号、代号、指南、程序、规范等所做的统一规定,是制定其他环境标准的基础。

4. 环境方法标准

环境方法标准是在环境保护工作中以实验、检查、分析、抽样、统计计算为对象制定的标准。

5. 环境标准样品标准

环境标准样品是在环境保护工作中,用来标定仪器、验证测量方法、进行量值传递或质量控制的材料或物质。对这类材料或物质必须达到的要求所做的规定称为环境标准样品标准。

(三)制定环境标准的原则

环境标准体现国家的技术经济政策。因此,它的制定要充分体现科学性与现实性的统一,才能满足既保护环境质量的良好状况,又促进国家经济技术发展的要求。

1. 要有充分的科学依据

标准中指标值的确定,要以科学研究的结果为依据。如环境质量标准,要以环境质量基准为基础。所谓环境质量基准,是指经科学实验确定污染物(或因素)不会对人或生物产生不良或有害影响的最大剂量或浓度。例如,经研究证实,大气中二氧化硫年平均浓度超过0.115 mg/m^3时对人体健康就会产生有害影响,这个浓度值就是大气中二氧化硫的基准。制定监测方法标准要对方法的准确度、精密度、干扰因素及各种方法的比较等进行实验。制定控制标准的技术措施和指标,要考虑它们的成熟程度、可行性及预期效果等。

2. 既要技术先进又要经济合理

基准和标准是两个不同的概念。环境质量基准是由污染物(或因素)与人或生物之间的剂量反应关系确定的,不考虑社会、经济、技术等人为因素,也不随时间而变化。而环境质量标准是以环境质量基准为依据,注重社会、经济、技术等因素的影响,它既具有法律强制性,又可以根据技术、经济以及人们对环境保护的认识变化而不断修改、补充。污染控制标准制定的焦点是如何正确处理技术先进和经济合理之间的矛盾,标准要定在最佳实用点上。这里有最佳实用技术法(简称 BPT 法)和最佳可行技术法(简称 BAT 法)两种。BPT 法是指工艺和技术可靠,从经济条件上国内能够普及的技术。BAT 法是指技术上证明可靠、经济上合理,但属于代表工艺改革和污染治理方向的技术。环境污染从根本上讲是资源、能源的浪费,因此标准应促使工矿企业技术改造,采用少污染、无污染的先进工艺。按照环境功能、企业类型、污染物危害程度、生产技术水平区别对待,这些也应在标准中明确规定或具体反映。

3. 与有关标准、规范、制度协调配套

质量标准与排放标准、排放标准与收费标准、国内标准与国际标准之间应该相互协调才能得到有效的贯彻执行。

4. 积极采用或等效采用国际标准

一个国家的标准反映该国的技术、经济和管理水平。积极采用或等效采用国际标准是我国重要的技术经济政策，也是技术引进的重要部分，它能了解当前国际先进技术水平和发展趋势。

(四)水质标准

水是一切生物生存的前提，水质污染是环境污染中最主要的方面之一。目前我国已经颁布的水质标准主要有水环境质量标准与排放标准。

水环境质量标准：《地表水环境质量标准》(GB 3838—2002)、《海水水质标准》(GB 3097—1997)、《生活饮用水卫生标准》(GB 5749—2006)、《渔业水质标准》(GB 11607—89)、《农田灌溉水质标准》(GB 5084—2005)等。

排放标准：《污水综合排放标准》(GB 8978—1996)、《钢铁工业水污染物排放标准》(GB 13498—2012)、《合成氨工业水污染物排放标准》(GB 13458—2013)、《炼焦化学工业污染物排放标准》(GB 16171—2012)、《城镇污水处理厂污染物排放标准》(GB 18918—2002)等。

根据技术、经济及社会发展情况，标准通常几年修订一次，但每一标准的标准号通常是不变的，仅改变发布年份，新标准自然代替老标准。例如，GB 8978—1996 代替 GB 8978—1988。环境质量标准和排放标准，一般多配套测定方法标准，以便于执行。

1.《地表水环境质量标准》(GB 3838—2002)

《地表水环境质量标准》(GB 3838—2002)适用于全国领域内江河、湖泊、运河、水道、水库等具有使用功能的地表水域。具有特定功能的水域，执行相应的专业用水水质标准。其目的是保障人体健康、维护生态平衡、保护水资源、控制水污染，以及改善地表水质量和促进生产。依据地表水水域环境功能和保护目标、控制功能高低依次划分为5类：

Ⅰ类：主要适用于源头水、国家自然保护区；

Ⅱ类：主要适用于集中式生活饮用水地表水源地一级保护区、珍稀水生生物栖息地、鱼虾类产卵场、仔稚幼鱼的索饵场等；

Ⅲ类：主要适用于集中式生活饮用水地表水源地二级保护区、鱼虾类越冬场、洄游通道、水产养殖区等渔业水域及游泳区；

Ⅳ类：主要适用于一般工业用水区及人体非直接接触的娱乐用水区；

Ⅴ类：主要适用于农业用水区及一般景观要求水域。

对应地表水上述5类水域功能，将地表水环境质量标准基本项目标准值分为5类，不同功能类别分别执行相应类别的标准值。水域功能类别高的标准值严于水域功能类别低的标准值。同一水域兼有多类使用功能的，执行最高功能类别对应的标准值。实现水域功能与达到功能类别标准为同一含义。

地表水环境质量标准限值见表0-2～表0-4。

表 0-2 地表水环境质量标准基本项目标准限值 （单位：mg/L）

序号	项目	Ⅰ	Ⅱ	Ⅲ	Ⅳ	Ⅴ
1	水温(℃)	人为造成的环境水温变化应限制在：周平均最大温升≤1；周平均最大温降≤2				
2	pH 值(无量纲)	6～9				
3	溶解氧≥	7.5	6	5	3	2
4	高锰酸盐指数≤	2	4	6	10	15
5	化学需氧量(COD)≤	15	15	20	30	40
6	生化需氧量(BOD_5)≤	3	3	4	6	10
7	氨氮(NH_3-N)≤	0.15	0.5	1.0	1.5	2.0
8	总磷(以 P 计)≤	0.02(湖、库 0.01)	0.1(湖、库 0.025)	0.2(湖、库 0.05)	0.3(湖、库 0.1)	0.4(湖、库 0.2)
9	总氮(湖、库，以 N 计)≤	0.2	0.5	1.0	1.5	2.0
10	铜≤	0.01	1.0	1.0	1.0	1.0
11	锌≤	0.05	1.0	1.0	2.0	2.0
12	氟化物(以 F^- 计)≤	1.0	1.0	1.0	1.5	1.5
13	硒≤	0.01	0.01	0.01	0.02	0.02
14	砷≤	0.05	0.05	0.05	0.1	0.1
15	汞≤	0.000 05	0.000 05	0.000 1	0.001	0.001
16	镉≤	0.001	0.005	0.005	0.005	0.01
17	铬(六价)≤	0.01	0.05	0.05	0.05	0.1
18	铅≤	0.01	0.01	0.05	0.05	0.1
19	氰化物≤	0.005	0.05	0.2	0.2	0.2
20	挥发酚≤	0.002	0.002	0.005	0.01	0.1
21	石油类≤	0.05	0.05	0.05	0.5	1.0
22	阴离子表面活性剂≤	0.2	0.2	0.2	0.3	0.3
23	硫化物≤	0.05	0.1	0.2	0.5	1.0
24	粪大肠菌群(个/L)≤	200	2 000	10 000	20 000	40 000

表 0-3 集中式生活饮用水地表水源地补充项目标准限值 （单位：mg/L）

序号	项目	标准值
1	硫酸盐(以 SO_4^{2-} 计)	250
2	氯化物(以 Cl^- 计)	250
3	硝酸盐(以 N 计)	10
4	铁	0.3
5	锰	0.1

表0-4　集中式生活饮用水地表水源地特定项目标准限值　(单位:mg/L)

序号	项目	标准值	序号	项目	标准值
1	三氯甲烷	0.06	41	丙烯酰胺	0.000 5
2	四氯化碳	0.002	42	丙烯腈	0.1
3	三溴甲烷	0.1	43	邻苯二甲酸二丁酯	0.003
4	二氯甲烷	0.02	44	邻苯二甲酸二(2-乙基己基)酯	0.008
5	1,2-二氯乙烷	0.03	45	水合肼	0.01
6	环氧氯丙烷	0.02	46	四乙基铅	0.000 1
7	氯乙烯	0.005	47	吡啶	0.2
8	1,1-二氯乙烯	0.03	48	松节油	0.2
9	1,2-二氯乙烯	0.05	49	苦味酸	0.5
10	三氯乙烯	0.07	50	丁基黄原酸	0.005
11	四氯乙烯	0.04	51	活性氯	0.01
12	氯丁二烯	0.002	52	DDT	0.001
13	六氯丁二烯	0.000 6	53	林丹	0.002
14	苯乙烯	0.02	54	环氧七氯	0.000 2
15	甲醛	0.9	55	对硫磷	0.003
16	乙醛	0.05	56	甲基对硫磷	0.002
17	丙烯醛	0.1	57	马拉硫磷	0.05
18	三氯乙醛	0.01	58	乐果	0.08
19	苯	0.01	59	敌敌畏	0.05
20	甲苯	0.7	60	敌百虫	0.05
21	乙苯	0.3	61	内吸磷	0.03
22	二甲苯①	0.5	62	百菌清	0.01
23	异丙苯	0.25	63	甲萘威	0.05
24	氯苯	0.3	64	溴氰菊酯	0.02
25	1,2-二氯苯	1.0	65	阿特拉津	0.003
26	1,4-二氯苯	0.3	66	苯并(a)芘	2.8×10^{-6}
27	三氯苯②	0.02	67	甲基汞	1.0×10^{-6}
28	四氯苯③	0.02	68	多氯联苯⑥	2.0×10^{-5}
29	六氯苯	0.05	69	微囊藻毒素	0.001
30	硝基苯	0.017	70	黄磷	0.003
31	二硝基苯④	0.5	71	钼	0.07

续表 0-4

序号	项目	标准值	序号	项目	标准值
32	2,4－二硝基甲苯	0.000 3	72	钴	1.0
33	2,4,6－三硝基甲苯	0.5	73	铍	0.002
34	硝基氯苯[⑤]	0.05	74	硼	0.5
35	2,4－二硝基氯苯	0.5	75	锑	0.005
36	2,4－二氯苯酚	0.093	76	镍	0.02
37	2,4,6－三氯苯酚	0.2	77	钡	0.7
38	五氯酚	0.009	78	钒	0.05
39	苯胺	0.1	79	钛	0.1
40	联苯胺	0.000 2	80	铊	0.000 1

注:①二甲苯:指对二甲苯、间二甲苯、邻二甲苯。

②三氯苯:指 1,2,3－三氯苯、1,2,4－三氯苯、1,3,5－三氯苯。

③四氯苯:指 1,2,3,4－四氯苯、1,2,3,5－四氯苯、1,2,4,5－四氯苯。

④二硝基苯:指对二硝基苯、间二硝基苯、邻二硝基苯。

⑤硝基氯苯:指对硝基氯苯、间硝基氯苯、邻硝基氯苯。

⑥多氯联苯:指 PCB－1016、PCB－1221、PCB－1232、PCB－1242、PCB－1248、PCB－1254、PCB1260。

表中基本要求和水温属于感官性状指标。pH 值、生化需氧量、高锰酸盐指数和化学需氧量是保证水质自净的指标。磷和氮是防止封闭水域富营养化的指标,大肠菌群是细菌学指标,其他属于化学、毒理指标。

2. 生活饮用水卫生标准

目前我国有生活饮用水卫生标准(GB 5749—2006)和由卫生部颁布的“生活饮用水水质卫生规范”(2001 年)。后者与国际卫生组织(WHO)的饮用水水质指南基本接轨,它包括生活饮用水水质常规检验项目及限值 34 项;生活饮用水水质非常规检验项目及限值 62 项,共有 96 项指标。规范中对生活饮用水水源水质和监测方法均做了详细规定。

生活饮用水是由集中式供水单位直接供给居民作为饮水和生活用水,该水的水质必须确保居民终生饮用安全,它与人体健康有直接关系。集中式供水指由水源集中取水,经统一净化处理和消毒后,由输水管网送到用户的供水方式,它可以由城建部门建设,也可以由单位自建。制定标准的原则和方法基本上与《地表水环境质量标准》(GB 3838—2002)相同,所不同的是饮用水不存在自净问题,因此无 BOD、DO 等指标。

细菌总数是指 1 mL 水样在营养琼脂培养基上,于 37 ℃经 24 h 培养后生长的细菌菌落总数。细菌不一定都有害,因此这一指标主要反映微生物情况。对人体健康有害的病菌很多,如果在标准中一一列出,那么不仅在制定标准,并且在执行标准过程中会带来很多困难,因此在实用上只需选择一种在消毒过程中抗消毒剂能力最强、在环境水域中最常见(有代表性)、监测方法容易的为代表。大肠菌群是一种需氧及兼性厌氧,在 37 ℃生长时能使乳糖发酵,在 24 h 内产酸、产气的革兰氏阴性无芽孢杆菌,有动物生存的有关水域中常见,它对消毒剂的抵抗能力大于伤寒、副伤寒、痢疾杆菌等,通常当它的浓度降低到每升13个时，其他病原菌均已被杀死(但对肝炎病毒不一定有效)，因此以它作为代表比较合适。

我国饮用水用氯气或漂白粉消毒，游离性余氯是表征消毒效果的指标。接触30 min后游离氯不低于0.3 mg/L，可保证杀灭大肠杆菌和肠道致病菌，但也不应过高。首先它是强氧化剂，直接饮用对人体有害；其次，如果水中含有机物，会生成氯胺、氯酚，前者有毒，后者有强烈臭味，故国外已普遍改用臭氧和二氧化氯作为消毒剂，以避免这些弊病。

表0-5为生活饮用水水质常规检验项目及限值。

表0-5 生活饮用水水质常规检验项目及限值

项目	限值
感官性状和一般化学指标	
色	色度不超过15度，并不得呈现其他异色
混浊度	不超过1度(NTU)①；特殊情况下不超过5度(NTU)
臭和味	不得有异臭、异味
肉眼可见物	不得含有
pH值	6.5~8.5
总硬度(以$CaCO_3$计)	450 mg/L
铝	0.2 mg/L
铁	0.3 mg/L
锰	0.1 mg/L
铜	1.0 mg/L
锌	1.0 mg/L
挥发酚类(以苯酚计)	0.002 mg/L
阴离子合成洗涤剂	0.3 mg/L
硫酸盐	250 mg/L
氯化物	250 mg/L
溶解性总固体	1 000 mg/L
耗氧量(以O_2计)	3 mg/L，特殊情况下不超过5 mg/L②
毒理学指标	
砷	0.05 mg/L
镉	0.005 mg/L
铬(六价)	0.05 mg/L
氰化物	0.05 mg/L
氟化物	1.0 mg/L

续表 0-5

项目	限值
铅	0.01 mg/L
汞	0.001 mg/L
硝酸盐(以N计)	20 mg/L
硒	0.01 mg/L
四氯化碳	0.002 mg/L
氯仿	0.06 mg/L
细菌学指标	
细菌总数	100(CFU/mL)[③]
总大肠菌群	每100 mL水样中不得检出
粪大肠菌群	每100 mL水样中不得检出
游离余氯	在与水接触30 min后应不低于0.3 mg/L,管网末梢水不应低于0.05 mg/L(适用于加氯消毒)
放射性指标[④]	
总α放射性	0.5 Bq/L
总β放射性	1 Bq/L

注:①表中NTU为散射浊度单位。
②特殊情况包括水源限制等情况。
③CFU为菌落形成单位。
④放射性指标规定数值不是限值,而是参考水平。放射性指标超过表0-5中所规定的数值时,必须进行核素分析和评价,以决定能否饮用。

3.《污水综合排放标准》(GB 8978—1996)

污水排放标准是为了保证环境水体质量,对排放污水的一切企事业单位所做的规定。这里可以是浓度控制,也可以是总量控制。前者执行方便,后者是基于受纳水体的功能和实际,得到允许总量,再予分配的方法,它更科学,但实际执行较困难。发达国家大多采用排污许可证和行业排放标准相结合的方法,这是以总量控制为基础的双重控制,许可证规定了在有效期内向指定受纳水体排放限定的污染物种类和数量,实际是以总量为基础,而行业排放标准则是根据各行业特点所制定,符合生产实际。这种方法需要以大量的基础研究为前提,例如美国有超过100个行业标准,每个行业标准下还有很多子类。中国由于基础工作尚有待完善,总体上采用按受纳水体的功能区类别分类规定排放标准值,重点行业实行行业排放标准,非重点行业执行综合污水排放标准,分时段、分级控制。部分地区也已实施排污许可证相结合,总体上逐步向国际接轨。

《污水综合排放标准》(GB 8978—1996)适用于排放污水和废水的一切企事业单位。按地表水域使用功能要求和污水排放去向,分别执行一、二、三级标准,对于保护区,禁止新建排污口,已有的排污口应按水体功能要求,实行污染物总量控制。

标准将排放的污染物按其性质及控制方式分为两类：

第一类污染物，不分行业和污水排放方式，也不分受纳水体的功能类别，一律在车间或车间处理设施排放口采样，其最高允许排放浓度必须符合表0-6的规定。第一类污染物是指能在环境或动植物体内蓄积，对人体健康产生长远不良影响者。

表0-6 第一类污染物最高允许排放浓度 （单位：mg/L）

序号	污染物	最高允许排放浓度
1	总汞	0.05
2	烷基汞	不得检出
3	总镉	0.1
4	总铬	1.5
5	六价铬	0.5
6	总砷	0.5
7	总铅	1.0
8	总镍	1.0
9	苯并(a)芘	0.000 03
10	总铍	0.005
11	总银	0.5
12	总α放射性	1 Bq/L
13	总β放射性	10 Bq/L

第二类污染物，指长远影响小于第一类的污染物质，在排污单位排放口采样，其最高允许排放浓度必须符合GB 8978—1996的规定。对第二类污染物分1997年12月31日前和1998年1月1日后建设的单位，分别执行不同标准值；同时有29个行业的行业标准纳入本标准（最高允许排水量、最高允许排放浓度）。

4. 回用水标准

我国人均淡水资源仅为2 620 m^3，为世界人均水平的1/4，特别是北方和西北地区水资源非常短缺，因此水资源经使用、处理后再回用十分重要。回用水水质应根据生活杂用、行业及生产工艺要求来制定，在美国有近30种回用水水质标准，我国正在逐步制定，已经颁布的有：《城市污水再生利用 景观环境用水水质》（GB/T 18921—2002）和《城市污水再生利用 城市杂用水水质》（GB/T 18920—2002）等一系列回用水标准，可根据需求查阅相关标准。

（五）大气标准

为改善环境空气质量，创造清洁适宜的环境，保护人体健康，我国的大气标准主要包括大气环境质量标准、大气污染物排放标准和相关监测规范、方法标准等。

1.《环境空气质量标准》（GB 3095—2012）

《环境空气质量标准》（GB 3095—2012）制定的目的是控制和改善空气质量，为人民生活和生产创造清洁适宜的环境，防止生态破坏，保护人民健康，促进经济发展。

环境空气功能区分为两类：一类区为自然保护区、风景名胜区和其他需要特殊保护的区域;二类区为居住区、商业交通居民混合区、文化区、工业区和农村地区。一类区适用一级浓度限值,二类区适用二级浓度限值。环境空气污染物基本项目浓度限值见表 0-7,环境空气污染物其他项目浓度限值见表 0-8。

表 0-7 环境空气污染物基本项目浓度限值

序号	污染物项目	平均时间	浓度限值		单位
			一级	二级	
1	二氧化硫(SO_2)	年平均	20	60	$\mu g/m^3$
		24 h 平均	50	150	
		1 h 平均	150	500	
2	二氧化氮(NO_2)	年平均	40	40	
		24 h 平均	80	80	
		1 h 平均	200	200	
3	一氧化碳(CO)	24 h 平均	4	4	mg/m^3
		1 h 平均	10	10	
4	臭氧(O_3)	日最大 8 h 平均	100	160	$\mu g/m^3$
		1 h 平均	160	200	
5	颗粒物(粒径小于等于 10 μm)	年平均	40	70	
		24 h 平均	50	150	
6	颗粒物(粒径小于等于 2.5 μm)	年平均	15	35	
		24 h 平均	35	75	

表 0-8 环境空气污染物其他项目浓度限值

序号	污染物项目	平均时间	浓度限值		单位
			一级	二级	
1	总悬浮颗粒物(TSP)	年平均	80	200	$\mu g/m^3$
		24 h 平均	120	300	
2	氮氧化物(NO_x)	年平均	50	50	
		24 h 平均	100	100	
		1 h 平均	250	250	
3	铅(Pb)	年平均	0.5	0.5	
		季平均	1	1	
4	苯并(a)芘(BaP)	年平均	0.001	0.001	
		24 h 平均	0.002 5	0.002 5	

2.《室内空气质量标准》(GB/T 18883—2002)

《室内空气质量标准》(GB/T 18883—2002)是我国第一部室内空气质量标准,已于2003年3月1日正式实施。它规定了室内空气质量参数及检验方法,适用于住宅和办公建筑物,其他室内环境可参照本标准执行。标准中规定的控制项目不仅有化学性污染,还有物理性、生物性和放射性污染。对影响室内空气质量的物理因素(温度、湿度和空气流速)视季节性规定了达标限值;化学性污染物质中不仅有人们熟悉的甲醛、苯、氨等污染物质,还有可吸入颗粒物、二氧化碳、二氧化硫等污染物质;对两种生物性和放射性指标也分别规定了达标限值。

3.《大气污染物综合排放标准》(GB 16297—1996)

该标准规定了33种大气污染物的排放限值,其指标体系为最高允许浓度、最高允许排放速率和无组织排放监控浓度限值,适用于现有污染源大气污染物排放管理,以及建设项目的环境影响评价、设计、环境保护设施竣工验收及其投产后的大气污染物排放管理。

4. 行业性大气污染物排放标准

为改善大气质量,控制污染物排放,除综合性排放指标外,还有若干行业性排放指标共同存在,如《锅炉大气污染物排放标准》(GB 13271—2014)、《火电厂大气污染物排放标准》(GB 13223—2011)、《火葬场大气污染物排放标准》(GB 13801—2015)、《轻型汽车污染物排放限值及测量方法(中国第五阶段)》(GB 18352. 5—2013)、《饮食业油烟排放标准》(GB 18483—2001)、《工业炉窑大气污染物排放标准》(GB 9078—1996)、《恶臭污染物排放标准》(GB 14554—93),等等。

(六)固体废弃物标准

为防止农用污泥、建材农用粉煤灰、农药、农用城镇垃圾及有色金属、建材工业固体废弃物等对土壤、农作物、地表水、地下水的污染,保障农牧渔业生产和人体健康,我国制定了一系列有关固体废弃物标准,主要包括危险废物鉴别标准、固体废弃物与化学品其他标准、固体废弃物与化学品污染控制标准、固体废弃物与化学品监测方法标准、生活垃圾处理规范、标准。如《生活垃圾填埋场污染控制标准》(GB 16889—2008)、《危险废物焚烧污染控制标准》(GB 18484—2001)、《生活垃圾焚烧污染控制标准》(GB 18485—2014)、《危险废物贮存污染控制标准》(GB 18597—2001)、《危险废物填埋污染控制标准》(GB 18598—2001),等等。

(七)土壤标准

我国土壤环境标准包括土壤环境质量标准和相关监测规范、方法标准。如《土壤环境质量 农用地土壤污染风险管控标准》(GB 15618—2018)按土壤应用功能、保护目标和土壤主要性质规定了土壤中污染物的最高允许浓度指标值及相应的监测方法,适用于农田、蔬菜地、茶园、果园、牧场、林地、自然保护区等地的土壤。

(八)噪声标准

我国目前已颁布的噪声标准包括声环境质量标准、环境噪声排放标准及噪声监测规范方法标准。包括《工业企业厂界环境噪声排放标准》(GB 12348—2008)、《建筑施工场界环境噪声排放标准》(GB 12523—2011)、《铁路边界噪声限值及其测量方法》(GB 12525—90)、《城市区域环境振动标准》(GB 10070—1988)、《声环境质量标准》(GB

3096—2008)、《机场周围飞机噪声环境标准》(GB 9660—88),等等。

有关核辐射和电磁辐射涉及的环境保护标准本教材不做叙述。

【思考题】

1. 环境监测的主要任务是什么?
2. 环境监测的基本程序如何?
3. 什么叫优先监测?
4. 环境监测技术有哪些?
5. 我国环境标准的体系如何?

维 0-3

项目一　水和废水监测

【知识目标】

1. 了解水体污染的种类、特点及水质标准；
2. 熟悉水体监测方案的制订；
3. 掌握水样的采集、运输和保存的方法；
4. 掌握水样的主要预处理方法；
5. 掌握水样项目的监测分析方法。

维 1-1

【技能目标】

1. 能够制订水体监测方案；
2. 能够对主要水质项目（色度、浊度、硬度、悬浮物、化学需氧量、生化需氧量、总磷、重金属等）进行监测。

【项目导入】

水体监测基本知识

维 1-2

水体是指河流、湖泊、沼泽、地下水、冰川、海洋等地表及地下储水体的总称。从自然地理角度来看，水体是指地表水覆盖地段的自然综合体，在这个综合体中，不仅有水，而且还包括水中的悬浮物及底泥、水生生物等。水体可以按"类型"区分，也可以按"区域"区分。按"类型"区分时，水体可分为海洋水体和陆地水体，陆地水体又可分为地表水体和地下水体。按区域划分的水体，是指某一具体的被水覆盖的地段，如太湖、洞庭湖、鄱阳湖，是三个不同的水体，但按陆地水体类型划分，它们同属于湖泊。又如长江、黄河、珠江，它们同为河流，而按区域划分，则分属于三个流域的三条水系。

一、水体污染

水体污染是指排入水体的污染物在数量上超过了该物质在水体中的本底含量和水体的环境容量，从而导致水体的物理特征、化学特征和生物特征发生不良变化，破坏了水中固有的生态系统，破坏了水体的功能，从而影响水的有效利用和使用价值的现象。引起水体污染的物质叫水体污染物。

水体污染分为两类：一类是自然污染；另一类是人为污染。自然污染主要是指自然的原因造成的，由自然污染所产生的有害物质的含量一般称为自然本底值或背景值。人为污染即指人为因素造成的水体污染。人为污染是水体污染的主要原因。

二、水体污染物

水体污染物根据其性质的不同可分为化学性污染物、物理性污染物和生物性污染物三大类。

（一）化学性污染物

1. 无机无毒污染物

污水中的无机无毒物质大致可以分为三种类型：一是属于砂粒、土粒及矿渣一类的颗粒状的物质；二是酸、碱和无机盐类；三是氮、磷等营养物质。

1）颗粒状污染物

砂粒、土粒及矿渣一类的污染物质和有机性颗粒的污染物质混在一起统称悬浮物或悬浮固体。由于悬浮固体在污水中是能看到的，而且它能使水混浊，因此悬浮物属于感官性的污染指标。

悬浮物是水体的主要污染物之一。水体被悬浮物污染，可能造成以下主要危害：

（1）大大降低光的穿透能力，减少了水生植物的光合作用并妨碍水体的自净作用。

（2）对鱼类产生危害，可能堵塞鱼鳃，导致鱼死亡。制浆造纸废水中的纸浆对此最为明显。

（3）水中的悬浮物有可能是各种污染物的载体，它可能吸附一部分水中的污染物并随水流动而迁移。

2）酸、碱和无机盐类污染物

水体中的酸主要来自矿山排水和工业废水，其他如金属加工、酸洗车间、黏胶纤维、染料及酸法造纸等工业都排放酸性废水。

水体中的碱主要来源于碱法造纸、化学纤维、制碱、制革及炼油等工业废水。

酸性废水与碱性废水相互中和产生各种盐类，它们与地表物质相互反应，也可能生成无机盐类，因此酸与碱的污染必然伴随着无机盐类的污染。

酸碱污染水体，使水体的 pH 值发生变化，腐蚀船舶和水下建筑，破坏自然缓冲作用，消灭或抑制微生物生长，妨碍水体自净，如长期遭受酸碱污染，水质逐渐恶化、周围土壤酸化，危害渔业生产。

酸碱污染不仅能改变水体的 pH 值，而且可大大增加水中的一般无机盐类和水的硬度。水中无机盐的存在能增加水的渗透压，对淡水生物和植物生长不利。水体的硬度增加，使工业用水的水处理费用提高。

3）氮、磷等营养物质

营养物质是指促使水中植物生长，从而加速水体富营养化的各种物质，主要指氮和磷。

污水中的氮可分为有机氮和无机氮两类。前者是含氮化合物，如蛋白质、多肽、氨基酸和尿素等，后者指氨氮、亚硝酸态氮、硝酸态氮等，它们中大部分直接来自污水，但也有一部分是有机氮经微生物分解转化而形成的。

城市生活污水中含有丰富的氮、磷，粪便是生活污水中氮的主要来源。由于使用含磷洗涤剂，所以在生活污水中也含有大量的磷。另外，未被植物吸收利用的化肥绝大部分被农田排水和地表径流带至地下水和地表水中，农业废弃物（植物秸秆、牲畜粪便等）也是水体中含氮化合物的主要来源。

植物营养物污染的危害是水体富营养化，如果氮、磷等大量而连续地进入湖泊、水库及海湾等缓流水体，将促进各种水生生物的活性，刺激藻类的异常繁殖，带来一系列严重的后果。藻类在水体中占据的空间越来越大，减小了鱼类活动的空间。藻类过度生长繁殖，造成水体中溶解氧的急剧变化，藻类的呼吸作用和死亡藻类的分解作用消耗大量的氧，使水体处于缺氧状态，影响鱼类生存。严重的还可能导致水草丛生，湖泊退化，近海则形成大面积赤潮。

2. 无机有毒污染物

无机有毒污染物主要是重金属等有潜在长期不良影响的物质及氰化物等。重金属污染是指我国《污水综合排放标准》(GB 8978—1996)规定的第一类污染物中的汞、烷基汞、总镉、总铬、六价铬、总砷、总铅、总镍及第二类污染中的铜、锌、锰等金属的污染。重金属在自然界分布很广泛，在自然环境的各部分均存在着本底含量，正常的天然水中重金属含量均很低，如汞的含量介于 $10^{-3}\sim10^{-2}$ mg/L 量级。化石燃料的燃烧、采矿和冶炼是向环境释放重金属的最主要污染源。

重金属污染物在水体中可以氢氧化物、硫化物、硅酸盐、配位化合物或离子态存在，其毒性以离子状态最为严重；重金属不能被生物降解，有时还可转化为极毒的物质，如无机汞转化为甲基汞，且大多数重金属离子能被富集于生物体内，通过食物链危害人类。

水体中氰化物主要来源于电镀废水、焦炉和高炉的煤气洗涤冷却水、某些化工厂的含氰废水及金、银选矿废水等。

氰化物是剧毒物质，急性中毒可抑制细胞呼吸，造成人体组织严重缺氧，氰对许多生物有害，能毒死水中微生物，妨碍水体自净。

3. 有机无毒污染物(需氧有机污染物)

生活污水、牲畜污水以及屠宰、肉类加工、罐头等食品工业，制革、造纸等工业废水中所含碳水化合物、蛋白质、脂肪等有机物可在微生物的作用下进行分解，在分解过程中，需要消耗氧气，故称为需氧有机物。

如果这类有机物排入水体过多，将会大量消耗水体中的溶解氧，造成缺氧，从而影响水中鱼类和其他水生生物的生长。水中溶解氧耗尽后，有机物将进行厌氧分解而产生大量硫化氢、氨、硫醇等难闻物质，水质变黑发臭，水质进一步恶化。需氧污染物是目前水体中量最大、最常见和面最广的一种污染物质。

4. 有机有毒污染物

水体中有机有毒污染物的种类很多，大多属于人工合成的有机物质，如农药(DDT、六六六等有机氯农药)、醛、酮、酚以及多氯联苯、多环芳烃、芳香族氨基化合物等。这类物质主要来源于石油化学工业的合成生产过程及有关的产品使用过程中排放出的废水。

这类污染物大多比较稳定，不易被微生物降解，所以又称为难降解有机污染物。如有机农药在环境中的半衰期为十几年到几十年，它们都危害人体健康，有些还具有致癌、致畸、致遗传变异作用。如多氯联苯是较强的致癌物质，水生生物对有机氯农药有很强的富集能力，在水生生物体内的有机氯农药含量可比水中含量高几千到几百万倍，通过食物链进入人体，达到一定浓度后，显示出对人体的毒害作用。

5. 石油类污染物

近年来，石油及石油类制品对水体的污染比较突出，在石油开采、运输、炼制和使用过程中，排出的废油和含油废水使水体遭受污染。石油化工、机械制造行业排放的废水也含有各种油类。

石油进入海洋后不仅影响海洋生物的生长、降低海滨环境的使用价值、破坏海岸设施，还可能影响局部地区的水文气象条件和降低海洋的自净能力。

（二）物理性污染物

1. 热污染

因能源的消费而引起环境增温效应的污染叫热污染。水体热污染主要来源于工矿企业向江河排放的冷却水。其中以电力工业为主，其次是冶金、化工、石油、建材、机械等工业，如一般以煤为燃料的大电站通常只有40%的热能转变为电能，剩余的热能则随冷却水带走进入水体或大气。

热污染致使水体水温升高，增加水体中化学反应速率，会使水体中有毒物质对生物的毒性提高，如当水温从8 ℃升高到18 ℃时，氰化钾对鱼类的毒性提高1倍；水温升高会降低水生生物的繁殖率，此外水温升高可使一些藻类繁殖加快，加速水体富营养化的过程，使水体中溶解氧下降，破坏水体的生态和影响水体的使用价值。

2. 放射性污染

水中所含有的放射性核素构成一种特殊的污染，它们总称放射性污染。核武器实验是全球放射性污染的主要来源，原子能工业特别是原子能电力工业的发展致使水体的放射性物质含量日益增高，铀矿开采、提炼、转化、浓缩过程均产生放射性废水和废物。

污染水体最危险的放射性物质有锶－90、铯－137等，这些物质半衰期长，化学性能与人体组织的主要元素钙和钾相似，经水和食物进入人体后，能在一定部位积累，从而增加人体的放射线辐射，严重时可引起遗传变异或癌症。

（三）生物性污染物

各种病菌、病毒等致病微生物、寄生虫等都属于生物性污染物，它们主要来自生活污水、医院污水、制革、屠宰及畜牧污水。

生物性污染物的特点是数量大、分布广、存活时间长、繁殖速度快，易产生抗药性。一般的污水处理不能彻底消灭微生物，这类微生物进入人体后，一旦条件适合，会引起疾病。常见的病菌有大肠杆菌、绿脓杆菌等；病毒有肝炎病毒、感冒病毒等；寄生虫有血吸虫、蛔虫等。对于人类，上述病原微生物引起传染病的发病率和死亡率都很高。

水质监测中常将细菌总数和大肠杆菌总数作为致病微生物污染的衡量指标。

三、水质指标

水广泛应用于工农业生产和人民生活中。人们在利用水时，要求水必须符合一定的质量标准要求。由于水中含有各种成分，其含量不同，水的感观性状（色、嗅、混浊度等）、物理化学性质（温度、pH值、电导率、放射性、硬度等）、生物组成（种类、数量、形态等）和底质情况也就不同，这种由水和水中所含的杂质共同表现出来的综合特性即为水质。描述水质的参数就是水质指标，即水质指标是水中杂质的具体衡量尺度。水质指标数目繁多,因用途的不同而各异,根据杂质的性质不同可分为物理性水质指标、化学性水质指标和生物性水质指标三大类。

(一)物理性水质指标

1. 温度

许多工业企业排出的废水都有较高的温度,这些废水排入水体使水温升高,引起水体的热污染。水温升高影响水生生物的生存和对水资源的利用。氧气在水中的溶解度随水温的升高而减小。这样,一方面水中溶解氧减少,另一方面水温升高加速耗氧反应,最终导致水体缺氧或水质恶化。

2. 色度

色度是一项感官性指标。一般纯净的天然水是清澈透明的,即无色的。但带有金属化合物或有机化合物等有色污染物的污水呈各种颜色。

3. 臭和味

臭和味同色度一样也是感官性指标,可定性反映某种污染物的多寡。天然水是无臭无味的。当水体受到污染后会产生异样的气味。水的异臭来源于还原性硫和氮的化合物、挥发性有机物和氯气等污染物质。不同盐分会给水体带来不同的异味。如氯化钠带咸味,硫酸镁带苦味,硫酸钙略带甜味等。

4. 固体物质

水中所有残渣的总和称为总固体(TS),总固体包括溶解性固体(DS)和悬浮固体(SS)。水样经过过滤后,滤液蒸干所得的固体即为溶解性固体,滤渣脱水烘干后即是悬浮固体。固体残渣根据挥发性能可分为挥发性固体(VS)和固定性固体(FS)。将固体在600 ℃的温度下灼烧,挥发掉的量即是挥发性固体,灼烧残渣则是固定性固体。溶解性固体表示盐类的含量,悬浮固体表示水中不溶解的固态物质的量,挥发性固体反映固体中有机成分的量。

(二)化学性水质指标

1. 有机物指标

生活污水和某些工业废水中所含的碳水化合物、蛋白质、脂肪等有机化合物在微生物作用下最终分解为简单的无机物质、二氧化碳和水等。这些有机物在分解过程中需要消耗大量的氧,故属耗氧污染物。耗氧有机污染物是使水体产生黑臭的主要原因之一。

污水的有机污染物的组成较复杂,现有技术难以分别测定各类有机物的含量,通常也没有必要。从水体有机污染物来看,其主要危害是消耗水中溶解氧。在实际工作中,一般采用生物化学需氧量、化学需氧量、总有机碳、总需氧量等指标来反映水中需氧有机物的含量。

(1)生物化学需氧量(BOD),简称生化需氧量。是指在规定的条件下,微生物分解一定体积水中的某些可被氧化物质,特别是有机物质所消耗的溶解氧的数量。在 BOD 的测量中,通常规定使用20 ℃、5 d 的测试条件,并将结果以氧的浓度(mg/L)表示,记为五日生化需氧量(BOD_5)。它是反映水中有机污染物含量的一个综合指标。

(2)化学需氧量(COD)是以化学方法测量水样中需要被氧化的还原性物质的量。水样在一定条件下,以氧化1 L 水样中还原性物质所消耗的氧化剂的量为指标,折算成每升水样全部被氧化后,需要的氧的质量(mg),以 mg/L 表示。它反映了水中受还原性物质污染的程度。该指标也作为有机物相对含量的综合指标之一。

(3)总有机碳(TOC)是指水体中溶解性和悬浮性有机物含碳的总量。水中有机物的种类很多,目前还不能全部进行分离鉴定。

(4)总需氧量(TOD)是指水中能被氧化的物质,主要是有机物质在燃烧中变成稳定的氧化物时所需要的氧量,结果以 O_2 的浓度(mg/L)表示。

2. 无机物指标

(1)植物营养元素污水中的氮、磷为植物营养元素,从农作物生长角度看,植物营养元素是宝贵的物质,但过多的氮、磷进入天然水体却易导致富营养化。水体中氮、磷含量的高低与水体富营养化程度有密切关系。

(2)pH 值主要是指示水样的酸碱性。

(3)重金属主要是指汞、镉、铅、铬、镍,以及类金属砷等生物毒性显著的元素,也包括具有一定毒害性的一般重金属,如锌、铜、钴、锡等。

(三)生物性水质指标

1. 细菌总数

水中细菌总数反映了水体受细菌污染的程度。细菌总数不能说明污染的来源,必须结合大肠菌群数来判断水体污染的来源和安全程度。

2. 大肠菌群

水是传播肠道疾病的一种重要媒介,而大肠菌群被视为最基本的粪便传染指示菌群。大肠菌群的值可表明水样被粪便污染的程度,间接表明有肠道病菌(伤寒、痢疾、霍乱等)存在的可能性。

四、水体监测项目

监测项目依据水体功能和污染源的类型不同而异,其数量繁多,但受人力、物力、经费等各种条件的限制,不可能也没有必要一一监测,而应根据实际情况,选择环境标准中要求控制的危害大、影响范围广,并已建立可靠分析测定方法的项目。根据该原则,发达国家相继提出优先监测污染物。例如,美国环境保护局(EPA)在《清洁水法》(CWA)中规定了 129 种优先监测污染物,苏联卫生部公布了 561 种有机污染物在水中的极限允许浓度,我国环境监测总站提出了 68 种水环境优先监测污染物名单。

(一)地表水监测项目

地表水监测项目见表 1-1。

表 1-1 地表水监测项目

水源	必测项目	选测项目
河流	水温、pH 值、悬浮物、总硬度、电导率、溶解氧、化学需氧量、五日生化需氧量、氨氮、亚硝酸盐氮、硝酸盐氮、挥发酚、氰化物、砷、汞、六价铬、铅、镉、石油类等	硫化物、氟化物、氯化物,有机氯农药、有机磷农药、总铬、铜、锌、大肠菌群、总 α 放射性、总 β 放射性、铀、镭、钍等

续表 1-1

水源	必测项目	选测项目
饮用水水源地	水温、pH 值、浊度、总硬度、溶解氧、化学需氧量、五日生化需氧量、氨氮、亚硝酸盐氮、硝酸盐氮、挥发酚、氰化物、砷、汞、六价铬、铅、镉、氟化物、细菌总数、大肠菌群等	锰、铜、锌、阴离子洗涤剂、硒、石油类、有机氯农药、有机磷农药、硫酸盐、碳酸盐等
湖泊、水库	水温、pH 值、悬浮物、总硬度、溶解氧、透明度、总氮、总磷、化学需氧量、五日生化需氧量、挥发酚、氰化物、砷、汞、六价铬、铅、镉等	钾、钠、藻类(优势种)、浮游藻、可溶性固体总量、铜、大肠菌群等
排污河(渠)	根据纳污情况确定	
底泥	砷、汞、铬、铅、镉、铜等	硫化物、有机氯农药、有机磷农药等

注:1. 潮汐河流潮汐界内必测项目应增加氯度、总氮、总磷等的测定;

2. 饮用水保护区或饮用水水源的江河除监测常规项目外,必须注意剧毒和“三致”有毒化学品的监测。

(二)工业废水监测项目

工业废水监测项目见表 1-2。

表 1-2　工业废水监测项目

类别	监测项目
黑色金属矿山(包括磁铁矿、赤铁矿、锰矿等)	pH 值、悬浮物、硫化物、铜、铅、锌、镉、汞、六价铬等
黑色冶金(包括选矿、烧结、炼焦、炼铁、炼钢、轧钢等)	pH 值、悬浮物、化学需氧量、硫化物、氟化物、挥发酚、氰化物、石油类、铜、铅、锌、砷、镉、汞等
选矿药剂	化学需氧量、生化需氧量、悬浮物、硫化物、挥发酚等
有色金属矿山及冶炼(包括选矿、烧结、冶炼、电解、精炼等)	pH 值、悬浮物、化学需氧量、硫化物、氟化物、挥发酚、铜、铅、锌、砷、镉、汞、六价铬等
火力发电、热电	pH 值、悬浮物、硫化物、砷、铅、镍、挥发酚、石油类、水温等
煤矿(包括洗煤)	pH 值、悬浮物、砷、硫化物等
焦化	化学需氧量、生化需氧量、悬浮物、硫化物、挥发酚、氯化物、石油类、氨氮、苯类、多环芳烃、水温等
石油开发	pH 值、化学需氧量、生化需氧量、悬浮物、硫化物、挥发酚、石油类等
石油炼制	pH 值、化学需氧量、生化需氧量、悬浮物、硫化物、挥发酚、氯化物、石油类、苯类、多环芳烃等

续表 1-2

类别		监测项目
化学矿开采	硫铁矿	pH 值、悬浮物、硫化物、铜、铅、锌、镉、汞、砷、六价铬等
	雄黄矿	pH 值、悬浮物、硫化物、砷等
	磷矿	pH 值、悬浮物、氟化物、硫化物、砷、铅、磷等
	萤石矿	pH 值、悬浮物、氟化物等
	汞矿	pH 值、悬浮物、硫化物、砷、汞等
无机原料	硫酸	pH 值(或酸度)、悬浮物、硫化物、氟化物、铜、铅、锌、镉、砷等
	氯碱	pH 值(或酸、碱度)、化学需氧量、悬浮物、汞等
	铬盐	pH 值(或酸度)、总铬、六价铬等
有机原料		pH(或酸、碱度)、化学需氧量、生化需氧量、悬浮物、挥发酚、氰化物、苯类、硝基苯类、有机氯等
化肥	磷肥	pH 值(或酸度)、化学需氧量、悬浮物、氟化物、砷、磷等
	氮肥	化学需氧量、生化需氧量、挥发酚、氰化物、硫化物、砷等
橡胶	合成橡胶	pH 值(或酸、碱度)、化学需氧量、生化需氧量、石油类、铜、锌、六价铬、多环芳烃等
	橡胶加工	化学需氧量、生化需氧量、硫化物、六价铬、石油类、苯、多环芳烃等
塑料		化学需氧量、生化需氧量、硫化物、氰化物、铅、砷、汞、石油类、有机氯、苯类、多环芳烃等
化纤		pH 值、化学需氧量、生化需氧量、悬浮物、铜、锌、石油类等
农药		pH 值、化学需氧量、生化需氧量、悬浮物、硫化物、挥发酚、砷、有机氯、有机磷等
制药		pH 值(或酸、碱度)、化学需氧量、生化需氧量、石油类、硝基苯类、硝基酚类、苯胺类等
染料		pH 值(或酸、碱度)、化学需氧量、生化需氧量、悬浮物、挥发酚、硫化物、苯胺类、硝基苯类等

(三)生活污水监测项目

化学需氧量、生化需氧量、悬浮物、氨氮、总氮、总磷、阴离子洗涤剂、细菌总数、大肠菌群等。

(四)医院污水监测项目

pH 值、色度、浊度、悬浮物、余氯、化学需氧量、生化需氧量、致病菌、细菌总数、大肠菌群等。

（五）地下水监测项目

地下水监测项目主要根据地下水在本地区的天然污染，工业与生活污染状况和环境管理的需要确定。地下水水质监测项目要求如下：

（1）全国重点基本站应符合表 1-3 中必测项目。

表 1-3　地下水监测项目

必测项目	选测项目
pH 值、溶解性总固体、总硬度、氯化物、氟化物、硫酸盐、氨氮、硝酸盐氮、亚硝酸盐氮、高锰酸钾指数、挥发酚、氰化物、砷、汞、六价铬、铅、铁、锰、大肠菌群	色、臭和味、浊度、肉眼可见物、铜、锌、钼、钴、阴离子合成洗涤剂、碘化物、硒、铍、钡、镍、六六六、DDT、细菌总数、总 α 放射性、总 β 放射性

（2）源性地方病源流行地区应另增测碘、钼等项目。

（3）工业用水应另增测侵蚀性二氧化碳、磷酸盐、总可溶性固体等项目。

（4）沿海地区应另增测碘等项目。

（5）矿泉水应增测硒、锶、偏硅酸等项目。

（6）农村地下水，可选测有机氯、有机磷农药及凯氏氮等项目；有机污染严重区域选测苯系物、烃类、挥发性有机碳和可溶性有机碳等项目。

【任务分析】

任务一　水样的采集和预处理

一、水样的采集和保存

维 1-3

水样的采集和保存是水质分析的重要环节之一。一旦这个环节出现问题，后续的分析测试工作无论多么严密、准确无误，其结果也是毫无意义的，也将会误导环境执法或环境评价工作。因此，欲获得准确、可靠的水质分析数据，水样采集和保存方法必须规范、统一，并要求各个环节都不能有疏漏。

水样采集和保存的主要原则如下：

（1）水样必须具有足够的代表性；

（2）水样必须不受任何意外的污染。

水样的代表性是指水样中各种组分的含量都能符合被测水体的真实情况，真实代表性的水样必须选择合理的采样位置、采样时间和科学的采样技术。

（一）认识水样

对于天然水体，为了采集具有代表性的水样，就要根据分析目的和现场实际情况来选定采集样品的类型和采样方法；对于工业废水和生活污水，应根据生产工艺、排污规律和监测目的，针对其流量和浓度都随时间而变化的非稳态流体特性，科学、合理地设计水样采集的种类和采样方法。归纳起来，水样类型有如下六种。

1. 瞬时水样

瞬时水样是指在某一定的时间和地点从天然水体或废水排水中随机采集的分散水样。其特点是监测水体的水质比较稳定，瞬时采集的水样已具有很好的代表性。对一些水质略有变化的天然水体或工业废水，也可按一定时间间隔采集多个瞬时水样，绘制出浓度(c)—时间(t)关系曲线，并计算其平均浓度和高峰浓度，掌握水质的变化规律。

2. 等时混合水样(平均混合水样)

等时混合水样是指某一时段内(一般为一昼夜或一个生产周期)，在同一采样点按照相等时间间隔采集等体积的多个水样，经混合均匀后得到等时混合水样。此采样方式适用于废水流量较稳定(变化小于20%时)，但水体中污染物浓度随时间有变化的废水。

3. 等时综合水样

综合水样是指在不同采样点同时采集的各个瞬时水样经混合后所得到的水样。这种水样在某些情况下更具有实际意义，适用于在河流主流、多个支流和多个排污点处同时采样，或在工业企业内各个车间排放口同时采集水样的情况，以综合水样得到的水质参数作为水处理工艺设计的依据更有价值。

4. 等比例混合水样(平均比例混合水样)

等比例混合水样是指某一时段内，在同一采样点所采集水样量随时间或流量成比例变化，经混合均匀后得到等比例混合水样。

有些工业企业由于生产的周期性，废水的组分和浓度以及排放量都会随时间发生变化，这时就应采集等比例混合水样。即在一段时间内，间隔一定的时间采样按相应的流量比例混合均匀后组成的混合水样；或在一段时间内，根据流量情况，适时增减采样量和采样频次，采集的水样立即混合后即得到等比例混合水样。

多支流河流、多个废水排放口的工业企业等经常需要采集等比例混合水样。因为，等比例混合水样可以保证监测结果具有代表性，并使工作量不会增加过多，从而节省人力和财力。

5. 流量比例混合水样

流量比例混合水样为在有自动连续采样器的条件下，在一段时间内按流量比例连续采集而混合均匀的水样。流量比例混合水样一般采用与流量计相连的自动采样器采样。比例混合水样分为连续比例混合水样和间隔比例混合水样两种。连续比例混合水样是在选定采样时段内，根据废水排放流量，按一定比例连续采集的混合水样。间隔比例混合水样是根据一定的排放量间隔，分别采集与排放量有一定比例关系的水样并混合而成。

6. 单独水样

有些天然水体和废水中，某些成分的分布很不均匀，如油类或悬浮固体；某些成分在放置过程中很容易发生变化，如溶解氧或硫化物；某些成分的现场固定方式相互影响，如氧化物或 COD 等综合指标。如果从采样大瓶中取出部分水样来进行这些项目的分析，其结果往往已失去了代表性。这时必须采集单独水样，分别进行现场固定和后续分析。

(二)采样前的准备

采样前，要根据监测项目的性质和采样方法的要求，选择适宜材质的盛水容器和采样器，并清洗干净。

1. 水样容器的选择

1)容器材质与水样之间的相互作用

容器材质对于水样在保存期间的稳定性影响很大。一般来说,容器材质与水样的相互作用主要有三个方面。

(1)容器材质可溶于水样中,如从塑料容器溶解下来的有机质、填料以及从玻璃容器溶解下来的钠、硅和硼等。

(2)容器的材质可吸附水样中某些组分,如玻璃吸附痕量金属,塑料吸附有机质和痕量金属。

(3)水样和容器的材质之间直接发生化学反应,如水样中的氟化物与玻璃容器之间的反应。

所以,对水样容器及其材质应具有明确的要求。

2)容器的材质选择的注意事项

(1)容器不能引起新的玷污。一般的玻璃在储存水样时可溶出钠、钙、镁、硅、硼等元素,在测定这些项目时应避免使用玻璃容器,以防止新的污染。

(2)容器器壁不应吸收或吸附某些待测组分。一般的玻璃容器吸附金属、聚乙烯等塑料、有机物质、磷酸盐和油类,在选择容器材质时应予以考虑。

(3)容器不应与某些待测组分发生反应。如测氟时,水样不能储存于玻璃瓶中,因为玻璃与氟化物反应。

(4)抗极端温度性能好,抗震性能好,其大小、形状和质量适宜。

(5)能严密封口,且易于开启。

(6)材料易得,成本较低。

(7)容易清洗,并可反复使用。

3)主要的容器材质

实验室使用的容器材质主要有以下四大类。

(1)玻璃石英类。主要有软质玻璃(普通玻璃)、硬质玻璃(硼硅玻璃)、高硅氧玻璃和石英。

(2)金属类。主要有铂,还有银、铁、镍、锆等。

(3)非金属类。主要有瓷、玻璃和石墨等。

(4)塑料类。主要有聚乙烯、聚丙烯和聚四氟乙烯等。

其中,实验室较常用的水样容器材质主要是硬质玻璃和聚乙烯塑料。

硬质玻璃:又称硼硅玻璃,主要成分是二氧化硅、碳酸钾、碳酸钠、碳酸镁、四硼酸钠、氧化锌和氧化铝等。硬质玻璃耐高温、耐腐蚀、耐电压及抗击性能好,透明,但易碎。硬质玻璃材质的容器主要用来作为测定有机物和生物等的水样容器。

聚乙烯塑料:聚乙烯分为低压聚乙烯和高压聚乙烯两种。低压聚乙烯的熔点为120~130 ℃,高压聚乙烯的熔点为110~115 ℃。聚乙烯是一种软质材料,呈乳白色,是最轻的一种塑料。聚乙烯的化学稳定性和力学性能好,不易破碎。在室温下,不受浓盐酸、氢氟酸、磷酸或强碱溶液的影响,只被浓硫酸(>60%)、浓硝酸、溴水及其他强氧化剂慢慢侵蚀。有机溶剂会侵蚀聚乙烯塑料。聚乙烯材质的容器常作为测定金属、放射性元素和其他无机物的水样容器。

2. 水样容器的清洗

容器的洗涤是处理容器内壁,以减少其对样品的污染或其他相互作用。容器的洗涤要根据水样测定项目的要求来确定清洗容器的方法。

通用的洗涤方法是,玻璃瓶和塑料瓶首先用自来水和清洗剂清洗,以除去灰尘和油垢,再用自来水冲洗干净后用去离子水充分荡洗3次。

对有特殊要求的容器的洗涤方法是,首先用自来水和清洗剂清洗,以除去灰尘和油垢,并用自来水冲洗干净后,再分别按特殊要求进行处理。测定金属类的容器,使用前先用洗涤液清洗后,再用自来水冲洗干净,必要时用10%硝酸或盐酸剧烈振荡或浸泡,再用自来水冲净后用蒸馏水清洗干净;测定有机物的玻璃容器,先用洗涤剂清洗,再用自来水冲洗,然后用蒸馏水清洗干净,加盖存放备用;测定铬的容器,不能用铬酸洗液或盐酸洗液,只能用10%硝酸泡洗;测定总汞的采样容器,用1:3硝酸洗后放置数小时,然后用自来水和蒸馏水漂洗干净;测定油类的容器,应按通常洗涤方法洗涤后,还要用萃取的洗涤液洗2~3次;细菌检验的采样容器,除做普通清洗外,还要做灭菌处理,并在14 d内使用。

采样容器清洗后应做质量检验,若因洗涤不彻底而有待测物质检出,整批容器应重新洗涤。

3. 采样量

采样量应满足分析的需要,并应该考虑重复测试所需的水样量和留作备份测试的水样量。如果被测物的浓度很低而需要预先浓缩,采样量应增加。

每种分析方法一般不会对相应监测项目的用水体积提出明确要求。但有些监测项目的采样或分样过程也有特殊要求,需要特别指出:

(1)当水样应避免与空气接触(如测定含溶解性气体或游离CO_2水样的pH值或电导率)时,采样器和盛水器都应完全充满,不留气泡空间。

(2)当水样在分析前需要摇荡均匀(如测定油类或不溶解物质)时,则不应充满盛水器,装瓶时应使容器留有1/10顶空,保证水样不外溢。

(3)当被测物的浓度很低而且是以不连续的物质形态存在(如不溶解物质、细菌、藻类等)时,应从统计学的角度考虑单位体积里可能的质点数目而确定最小采样量。假如,水中所含的某种质点为10个/L,但每100 mL水样里所含的却不一定都是1个,有的可能含有2个、3个;而有的1个也没有。采样量越大,所含质点数目的变率就越小。

(4)将采集的水样总体积分装于几个盛水器内时,应考虑到各盛水器水样之间的均匀性和稳定性。

水样采集后,应立即在盛水器(水样瓶)上贴上标签,填写好水样采样记录,包括水样采样地点、日期、时间、水样类型、水体外观、水位情况和气象条件等。

(三)地表水样的采集

地表水水样采样时,通常采集瞬时水样;有重要支流的河段,有时需要采集综合水样或平均比例混合水样。

地表水表层水的采集,可用适当的容器如水桶等采集。在湖泊、水库等处采集一定深度的水样,可用直立式或有机玻璃采样器,并借助船只、桥梁、索道或涉水等方式进行。

1. 采样方法

1)船只采样

利用船只到指定的地点,按深度要求,把采水器浸入水面下采样。该方法比较灵活,适用于一般河流和水库的采样,但不容易固定采样地点,往往使数据不具有可比性。同时,一定要注意采样人员的安全。

2)桥梁采样

确定采样断面应考虑交通方便,并应尽量利用现有的桥梁采样。在桥上采样安全、可靠、方便,不受天气和洪水的影响,适合频繁采样,并能在横向和纵向准确控制采样点位置。

3)索道采样

在地形复杂、险要,地处偏僻处的小河流,可架设索道采样。

4)涉水采样

较浅的小河和靠近岸边水浅的采样点可涉水采样,但要避免搅动沉积物而使水样受污染。涉水采样时,采样者应站在下游,向上游方向采集水样。

2. 采样设备(采水器)

采集表层水时,可用桶、瓶等容器直接采取。一般将其沉至水面下 0.3 ~ 0.5 m 处采集。

采集深层水时,可使用如图 1-1 所示的带重锤的采样器沉入水中采集。将采样容器沉降至所需深度(可从绳上的标度看出),上提细绳打开瓶塞,待水样充满容器后提出。对于水流急的河段,宜采用如图 1-2 所示的急流采样器。它是将一根长钢管固定在铁框上,管内装一橡胶管,其上部用夹子夹紧,下部与瓶塞上的短玻璃管相连,瓶塞上另有一长玻璃管通至采样瓶底部。采样前塞紧橡胶塞,然后沿船身垂直伸入要求水深处,打开上部橡胶管夹,水样即沿长玻璃管流入样品瓶中,瓶内空气由短玻璃管沿橡胶管排出。这样采集的水样也可用于测定水中溶解性气体。因为它是隔绝空气的。

测定溶解气体(如溶解氧)的水样常用如图 1-3 所示的双瓶采样器采集。将采样器沉入要求水深处后,打开上部的橡胶管夹,水样进入小瓶(采样瓶)并将空气驱入大瓶,从连接大瓶短玻璃管的橡胶管排出,直到大瓶中充满水样,提出水面后迅速密封。

地表水监测采样常用的有机玻璃采水器如图 1-4 所示。该采水器由桶体、带轴的两个半圆上盖和活动底板等组成。桶体内装有水银温度计。采水器桶体容积为 1 ~ 5 L 不等,常用的一般为 2 L。有机玻璃采水器用途较广,除油类、细菌学指标等监测项目所需水样不能使用该采水器外,适用于水质、水生生物大部分监测项目测定用样品的采集。

(四)地下水采样

地下水的水质比较稳定,一般采集瞬时水样即能有较好的代表性。

对于自喷的泉水,可在泉涌处直接采集水样;采集不自喷泉水时,先将积留在抽水管的水汲出,新水更替之后,再进行采样。

采集自来水水样时,应先将水龙头完全打开,放水数分钟,使积留在水管中的陈旧水排出,再采集水样。

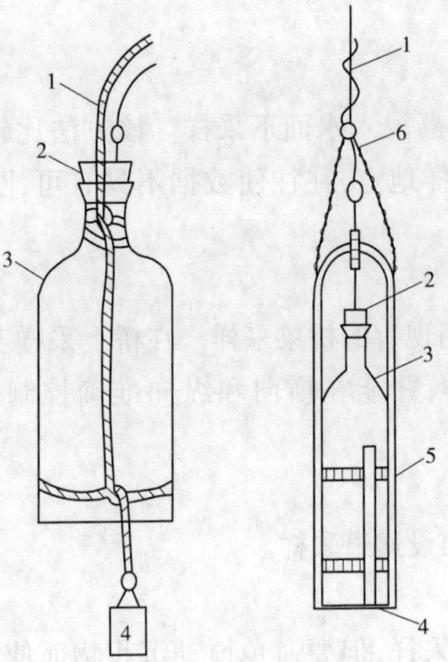

1—绳子;2—带有软绳的橡胶塞;
3—采样瓶;4—铅锤;5—铁框;6—挂钩

图1-1　常用采样器

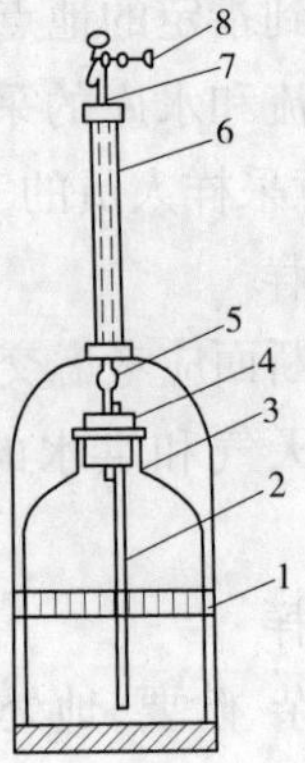

1—铁框;2—长玻璃管;3—采样瓶;4—橡胶塞;
5—短玻璃管;6—钢管;7—橡胶管;8—夹子

图1-2　急流采样器

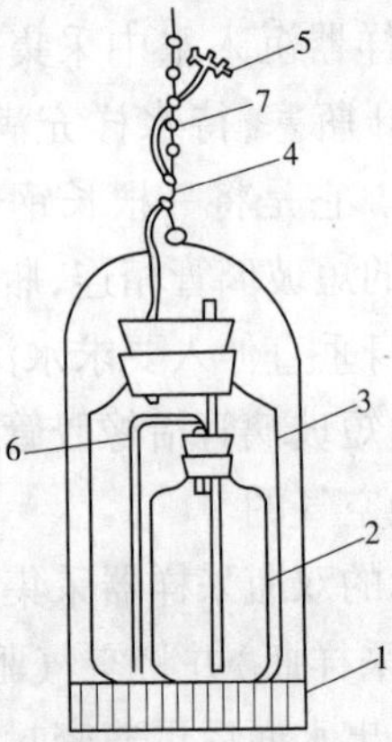

1—带重锤的铁框;2—小瓶;3—大瓶;
4—橡胶管;5—夹子;6—塑料管;7—绳子

图1-3　溶解氧采样器

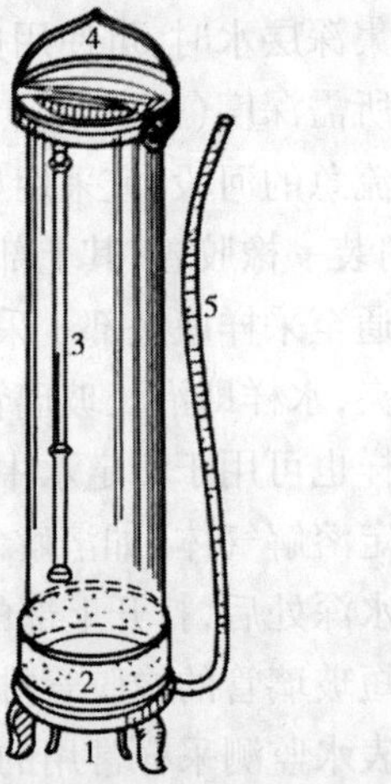

1—进水阀门;2—压重铅阀;
3—温度计;4—溢水门;5—橡皮管

图1-4　有机玻璃采水器

从井水中采集水样时,必须在充分抽汲后进行,以保证水样能代表地下水水源。

专用的地下水水质监测井,井口比较窄(5~10 cm),但井管深度视监测要求不等(1~20 m),采集水样常利用抽水设备或虹吸管采样方式。通常应提前数日将监测井中积留的陈旧水排出,待新水重新补充入监测井管后再采集水样。

（五）废水或污水的采样

工业废水和生活污水的采样种类和采样方法取决于生产工艺、排污规律和监测目的，采样涉及采样时间、地点和采样频数。由于工业废水是流量和浓度都随时间变化的非稳态流体，可根据能反映其变化并具有代表性的采样要求，采集合适的水样（瞬时水样、等时混合水样、等时综合水样、等比例混合水样和流量比例混合水样等）。

对于生产工艺连续、稳定的企业，所排放废水中的污染物浓度及排放流量变化不大，仅采集瞬时水样就具有较好的代表性；对于排放废水中污染物浓度及排放流量随时间变化无规律的情况，可采集等时混合水样、等比例混合水样或流量比例混合水样，以保证采集的水样的代表性。

废水和污水的采样方法有以下三种。

（1）浅水采样。当废水以水渠形式排放到公共水域时，应设适当的堰，可用容器或用长柄采水勺从堰溢流中直接采样。在排污管道或渠道中采样时，应在液体流动的部位采集水样。

（2）深层水采样。适用于废水或污水处理池中的水样采集，可使用专用的深层采样器采集。

（3）自动采样。利用自动采样器或连续自动定时采样器采集。可在一个生产周期内，按时间程序将一定量的水样分别采集到不同的容器中自动混合。采样时，采样器可定时连续地将一定量的水样或按流量比采集的水样汇集于一个容器中。

自动采样对于制备混合水样（尤其是连续比例混合水样）及在一些难以抵达的地区采样等都是十分有用和有效的。

（六）底质样品的采样

1. 采样点位

底质监测断面的设置原则与水质监测断面相同，其位置尽可能和水质监测断面重合，以便于将沉积物的组成及其物理化学性质与水质监测情况进行比较。

（1）底质采样点应尽量与水质采样点一致。底质采样点位通常为水质采样点位垂线的正下方。当正下方无法采样时，如水浅，因船体或采泥器冲击搅动底质，或河床为砂卵石，应另选采样点重采。采样点不能偏移原设置的断面（点）太远。采样后，应对偏移位置做好记录。

（2）底质采样点应避开河床冲刷、底质沉积不稳定、水草茂盛表层及底质易受搅动之处。

（3）湖（库）底质采样点一般应设在主要河流及污染源排放口与湖（库）水混合均匀处。

2. 采样时间与频率

由于底质比较稳定，受水文、气象条件影响较小，故采样频率较低，一般每年枯水期采样 1 次，必要时，可在丰水期加采 1 次。

3. 采样方法

采集表层底质样品一般采用掘式采样器（见图 1-5）或锥式采样器。前者适用于采样量较大的情况，后者适用于采样量少的情况。管式泥芯采样器用于采集柱状样品，以供监测底质中污染物质的垂直分布情况。如果水域水深小于 3 m,可将竹竿粗的一端削成尖头斜面,插入床底采样。当水深小于 0.6 m 时,可用长柄塑料勺直接采集表层底质。

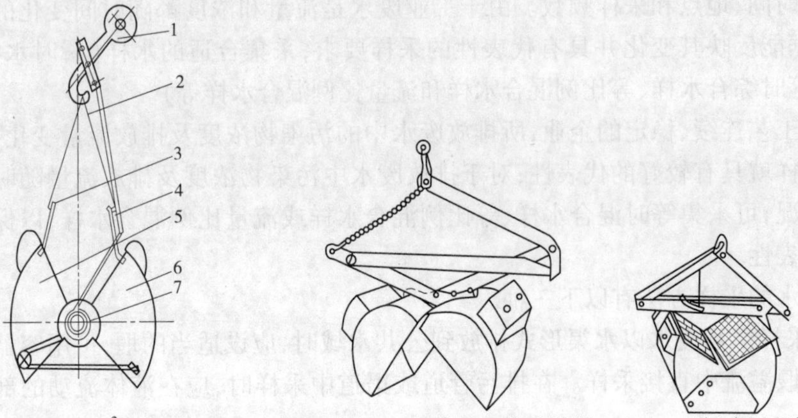

(a)0.025 m^2掘式采泥器　(b)Petersen掘式沉积物采样器　(c)Ponar掘式沉积物采样器

1—吊钩;2—采泥器的钢丝绳;3、4—铁门;5、6—内、外斗壳;7—主轴

图 1-5　常用掘式采样器

(七)水样的运输和保存

由于从采集地到分析实验室有一定距离,各种水质的水样在运送的时间里都会由于物理、化学和生物的作用发生各种变化。为了使这些变化降低到最低程度,需要采取必要的保护性措施(如添加保护性试剂或制冷剂等措施),并尽可能地缩短运输时间(如采用专门的汽车、卡车甚至直升机运送)。

1. 水样的运输

水样在运输过程中,需要特别注意以下四点。

(1)盛水器应当妥善包装,以免它们的外部受到污染,运送过程中不应破损或丢失。特别是水样瓶的颈部和瓶塞在运送过程中不应破损或丢失。

(2)为避免水样容器在运输过程中因震动、碰撞而破损,最好将样品瓶装箱,并采用泡沫塑料减震。

(3)需要冷藏、冷冻的样品,需配备专用的冷藏、冷冻箱或车运送;条件不具备时,采用隔热容器,并加入足量的制冷剂达到冷藏、冷冻的要求。

(4)冬季水样可能结冰。如果盛水器用的是玻璃瓶,则采取保温措施以免破裂,水样的运输时间,一般以 24 h 为最大允许时间。

2. 水样的保存

水样采集后,应尽快进行分析测定。能在现场做的监测项目要求在现场测定,如水中的溶解氧、温度、电导率、pH 值等。但由于各种条件(如仪器、场地等)所限,往往只有少数测定项目可在现场测定,大多数项目仍需送往实验室内进行测定。有时因人力、时间不足,还需在实验室内存放一段时期后才能分析。因此,从采样到分析的这段时间里,水样的保存技术就显得至关重要。

有些监测项目在采样现场采取一些简单的保护性措施后,能够保存一段时间。水样允许保存的时间与水样的性质、分析指标、溶液的酸度、保存的容器和存放温度等多种因素有关。不同的水样允许的存放时间也有所不同。一般认为,水样的最大存放时间为:清洁水样 72 h、轻污染水样 48 h、重污染水样 12 h。

采取适当的保护措施,虽然能够降低待测成分的变化程度或减缓变化的速度,但并不能完全抑制这种变化。水样保存的基本要求只能是应尽量减少其中各种待测组分的变化,所以要求做到:

(1)减缓水样的生物化学作用。

(2)减缓化合物或络合物的氧化还原作用。

(3)减少被测组分的挥发损失。

(4)避免沉淀、吸附或结晶物析出所引起的组分变化。

水样主要的保护性措施加下:

(1)选择合适的保存容器。不同材质的容器对水样的影响不同,有的容器可能存在吸附待测组分或自身杂质溶出污染水样的情况,因此应该选择性质稳定、杂质含量低的容器。一般常规监测中,常使用聚乙烯和硼硅玻璃材质的容器。

(2)冷藏或冷冻。水样保存能抑制微生物的活动,减缓物理作用和化学反应速度。如将水样保存在 -18 ~ -22 ℃的冷冻条件下,会显著提高水样中磷、氮、硅化合物以及生化需氧量等监测项目的稳定性。而且,这类保存方法对后续分析测定无影响。

(3)加入保存药剂。在水样中加入合适的保存试剂,能够抑制微生物活动,减缓氧化还原反应。可以在采样后立即加入;也可以在水样分样时,根据需要分瓶分别加入。

不同的水样、同一水样的不同的监测项目要求使用的保存药剂不同,保存药剂主要有生物抑制剂、pH 值调节剂、氧化剂或还原剂等类型,具体的作用如下。

①生物抑制剂。在水样中加入适量的生物抑制剂可以阻止生物作用。常用的试剂有氯化汞($HgCl_2$),加入量为每升水样 20 ~ 60 mL;对于需要测汞的水样,可加入苯或三氯甲烷,每升水样加 0.1 ~ 1.0 mL;对于测定苯酚的水样,用 H_3PO_4 调水样的 pH 值为 4 时,加入 $CuSO_4$,可抑制苯酚菌的分解活动。

②pH 值调节剂。加入酸或碱调节水样的 pH 值,可以使一些处于不稳定态的待测成分转变成稳定态。例如,对于水样中的金属离子,需加酸调节水样的 pH 值小于 2,达到防止金属离子水解沉淀或被容器壁吸附的目的。测定氧化物或挥发酚的水样,需要加入 NaOH 调节其 pH 值大于 12,使两者分别生成稳定的钠盐或酚盐。

③氧化剂或还原剂。在水样中加入氧化剂或还原剂可以阻止或减缓某些组分氧化、还原反应的发生。例如,在水样中加入抗坏血酸,可以防止硫化物被氧化;测定溶解氧的水样则需要加入少量硫酸锰和碘化钾—叠氮化钠试剂将溶解氧固定在水中。

对保存药剂的一般要求是:有效、方便、经济,而且加入的任何试剂都不应对后续的分析测试工作造成影响。对于地表水和地下水,加入的保存试剂应该使用高纯品或分析纯试剂,最好用优级纯试剂。当添加试剂的作用相互有干扰时,建议采用分瓶采样、分别加入的方法保存水样。

(4)过滤和离心分离。水样混浊也会影响分析结果。用适当孔径的滤器可以有效地除去藻类和细菌,滤后的样品稳定性提高。一般而言,可用澄清、离心、过滤等措施分离水样中的悬浮物。

国际上,通常将孔径为0.45 μm的滤膜作为分离可滤态与不可滤态的介质,将孔径为0.25 μm的滤膜作为除去细菌处理的介质。采用澄清后取上清液或用滤膜、中速定量滤纸、砂芯漏斗或离心等方式处理水样时,其阻留悬浮性颗粒物的能力大体为:滤膜>离心>滤纸>砂芯漏斗。

欲测定可滤态组分,应在采样后立即用0.45 μm的滤膜过滤,暂时无0.45 μm的滤膜时,泥沙性水样可用离心方法分离;含有有机物多的水样可用滤纸过滤;采用自然沉降取上清液测定可滤态物质是不妥当的。如果要测定全组分含量,则应在采样后立即加入保存药剂,分析测定时充分摇匀后再取样。

国家相关标准中有详细的推荐保存技术,实际应用时,具体分析指标的保存条件应该和分析方法的要求一致,相关国家标准中有规定保存条件的应该严格执行国家标准。

二、水样的预处理

由于环境样品中污染物种类多,成分复杂,而且多数待测组分浓度低,形态各异,而且样品中存在大量干扰物质。更重要的是,随着环境科学技术的发展,对大多数有机污染物仍以综合指标(如COD、BOD、TOC等)进行定量描述已不能满足当今社会对环境监测工作的要求。很多有机物属持久性、生物可积累的有毒污染物,并且具有"三致"作用,可这些有机物在环境介质中浓度极小,对上述综合指标的贡献极小,或根本反映不出来。这说明在分析测定之前,需要进行程度不同的样品预处理,以得到待测组分适合分析方法要求的形态和浓度,并与干扰性物质最大限度地分离。因此,环境样品的预处理技术是保证分析数据有效、准确,以及环境影响评价结论正确和可靠的重要基础。正是基于这一点,本节将对环境样品的预处理技术进行较全面的介绍。

(一)样品的消解

在进行环境样品(水样、土壤样品、固体废弃物和大气采样时截留下来的颗粒物等)中的无机元素的测定时,需要对环境样品进行消解处理。消解处理的作用是破坏有机物溶解颗粒物,并将各种价态的待测元素氧化成单一高价态或转换成易于分解的无机化合物。消解后的水样应清澈、透明、无沉淀。

消解水样的方法有湿式消解法和干灰化法。

1. 湿式消解法

1)硝酸消解法

对于较清洁的水样,可用硝酸消解。

其方法要点是:取混匀的水样50~200 mL于烧杯中,加入5~10 mL浓硝酸,在电热板上加热煮沸,蒸发至小体积,试液应清澈透明,呈浅色或无色;否则应补加硝酸继续消解。蒸至近干,取下烧杯,稍冷后加2% HNO_3(或HCl)20 mL,温热溶解可溶盐。若有沉淀,应过滤,滤液冷至室温后于50 mL容量瓶中定容备用。

2)硝酸—高氯酸消解法

两种酸都是强氧化性酸,联合使用可消解含难氧化有机物的水样方法要点是:取适量水样于烧杯或锥形瓶中,加5~10 mL硝酸,在电热板上加热、消解至大部分有机物被分解。取下烧杯,稍冷,加 2 ~ 5 mL 高氯酸,继续加热至开始冒白烟,如试液呈深色,再补加硝酸,继续加热至冒浓厚白烟将尽(不可蒸至干稠)。取下烧杯冷却,用 2% HNO_3溶解,如有沉淀,应过滤,滤液冷至室温定容备用。

注:因为高氯酸能与羟基化合物反应生成不稳定的高氯酸酯,有发生爆炸的危险,故先加入硝酸,氧化水样中的羟基化合物,稍冷后再加高氯酸处理。

3)硝酸—硫酸消解法

两种酸都有较强的氧化能力,其中硝酸沸点低,而硫酸沸点高,二者结合使用,可提高消解温度和消解效果。常用的硝酸与硫酸的比例为 5∶2。

消解时,先将硝酸加入水样中,加热蒸发至小体积,稍冷,再加入硫酸、硝酸,继续加热蒸发至冒大量白烟,冷却,加适量水,温热溶解可溶盐,若有沉淀,应过滤。为提高消解效果,常加入少量过氧化氢。

该方法不适用于处理测定易生成难溶硫酸盐组分(如铅、钡、锆)的水样。

4)硫酸—磷酸消解法

两种酸的沸点都比较高,其中硫酸氧化性较强,磷酸能与一些金属离子如 Fe^{3+} 等络合,故二者结合消解水样,有利于测定时消除 Fe^{3+} 等离子的干扰。

5)硫酸—高锰酸钾消解法

该方法常用于消解测定汞的水样。高锰酸钾是强氧化剂,在中性、碱性、酸性条件下都可以氧化有机物。

消解要点是:取适量水样,加适量硫酸和 5% 高锰酸钾,混匀后加热煮沸,冷却,滴加盐酸羟胺溶液破坏过量的高锰酸钾。

6)多元消解方法

为提高消解效果,在某些情况下需要采用三元以上酸或氧化剂消解体系。例如,处理测总铬的水样时,用硫酸、磷酸和高锰酸钾消解。

7)碱分解法

当用酸体系消解水样造成易挥发组分损失时,可改用碱分解法。

方法是在水样中加入氢氧化钠和过氧化氢溶液,或者氨水和过氧化氢溶液,加热煮沸至近干,用水或稀碱溶液温热溶解。

2. 干灰化法

干灰化法又称干式消解法或高温分解法。多用于固态样品如沉积物、底泥等底质以及土壤样品的消解。

操作过程是:取适量水样于白瓷或石英蒸发皿中,于水浴上先蒸干,因样品可直接放入坩埚中,然后将蒸发皿或坩埚移入马弗炉内,于 450 ~ 550 ℃灼烧到残渣呈灰白色,使有机物完全分解去除。取出蒸发皿,稍冷却,用适量 2% HNO_3(或 HCl)溶解样品灰分,过滤后滤液经定容后,待分析测定。

(二)样品的分离与富集

在水质分析中,由于水样中的成分复杂,干扰因素多,而待测物的含量大多处于痕量水平,常低于分析方法的检出下限,因此在测定前必须进行水样中待测组分的分离与富集,以排除分析过程中的干扰,提高待测物浓度,满足分析方法检出限的要求。为了选择与评价分离、富集技术,要先明确下面两个概念。

(1)回收因数(R_T)。指样品中目标组分在分离、富集过程中回收的完全程度,即

$$R_T = \frac{Q_T}{Q_T^v} \tag{1-1}$$

式中 Q_T^v、Q_T——分离、富集前和分离、富集后目标组分的量,必要时也可以用回收百分率表示。

由于实验操作过程中目标组分会有一定的损失,痕量回收一般小于100%,而且会随组分浓度的不同而有差异,一般情况下,浓度越低则损失对分析结果的影响越大。在大多数无机痕量分析中要求回收率至少大于90%,但如果有足够的重现性,回收率再低一些也可以认可。

(2)富集倍数或浓缩系数(F)。定义为欲分离或富集组分的回收率与基体的回收率之比,即

$$F = \frac{Q_1/Q_M}{Q_T^v/Q_M^0} = \frac{R_T}{R_M} \tag{1-2}$$

式中 Q_T^v、Q_M——富集前、后基体的量;

R_M——基体的回收率。

富集倍数的大小依赖于样品中待测痕量组分的浓度和所采用的测试技术。若采用高效、高选择性的富集技术,高于10^5的富集倍数是可以实现的。随着现代仪器技术的发展,仪器检测下限不断降低,富集倍数提高的压力相对减轻,因此富集倍数为$10^2 \sim 10^3$就能满足痕量分析的要求。

当欲分离组分在分离富集过程中没有明显损失时,适当地采用多级分离方法可有效地提高富集倍数。

传统的样品分离与富集方法有过滤、挥发、蒸馏、溶剂萃取、离子交换、吸附、共沉淀、层析和低温浓缩等。比较先进的方法有固相萃取、微波萃取和超临界流体萃取等技术,应根据具体情况选择使用。下面将分别做简要介绍。

1. 挥发和蒸发浓缩法

挥发法是将易挥发组分从液态或固态样品中转移到气相的过程,包括蒸发、蒸馏、升华等多种方式。一般而言,在一定温度和压力下,当待测组分或基体中某一组分的挥发性和蒸气压足够大,而另一种小到可以忽略时,就可以进行选择性挥发,达到定量分离的目的。

物质的挥发性与其分子结构有关,即与分子中原子间的化学键有关。挥发效果则依赖于样品量大小、挥发温度、挥发时间以及痕量组分与基体的相对量。样品量的大小将直接影响挥发时间和完全程度。汞是唯一在常温下具有显著蒸气压的金属元素,冷原子荧光测汞仪就是利用汞的这一特性进行液体样品中汞含量的测定。

利用外加热源使样品的待测组分或基体加速挥发的过程称为蒸发浓缩。如加热水样,使水分慢慢蒸发,可以达到大幅度浓缩水样中重金属元素的目的。为了提高浓缩效率、缩短蒸发时间,常常可以借助惰性气体的参与实现欲挥发组分的快速分离。

2. 蒸馏浓缩法

蒸馏是基于气 - 液平衡原理实现组分分离的,其方法就是利用各组分的沸点及其蒸气压大小的不同实现分离目的的。在水溶液中,不同组分的沸点不尽相同。当加热时,较易挥发的组分富集在蒸气相,对蒸气相进行冷凝或吸收时,挥发性组分在馏出液或吸收液中得到富集。

蒸馏主要有常压蒸馏和减压蒸馏两类。

常压蒸馏适用于沸点为 40 ~ 150 ℃的化合物的分离。常压蒸馏装置见图 1-6。测定水样中的挥发酚、氰化物和氨氮等监测项目时,均采用的是常压蒸馏方法。

减压蒸馏组适合沸点高于 150 ℃(常压下),或沸点虽低于此温度但在蒸馏过程中极易分解的化合物的分离。减压蒸馏装置除减压系统外,与常压蒸馏装置基本相同,但所用的减压蒸馏瓶和接收瓶要求必须耐压。整个系统的接口必须严密不漏。克莱森(claisen)蒸馏头常用于防爆沸和消泡沫,它通过一根开口毛细管调节气流向蒸馏液内不断充气以击碎泡沫并抑制爆沸。图 1-7 是减压蒸馏装置。减压蒸馏方法在分析水中痕量农药、植物生长调节剂等有机物时的分离富集过程中应用十分广泛,也是液—液萃取溶液高倍浓缩的有效手段。

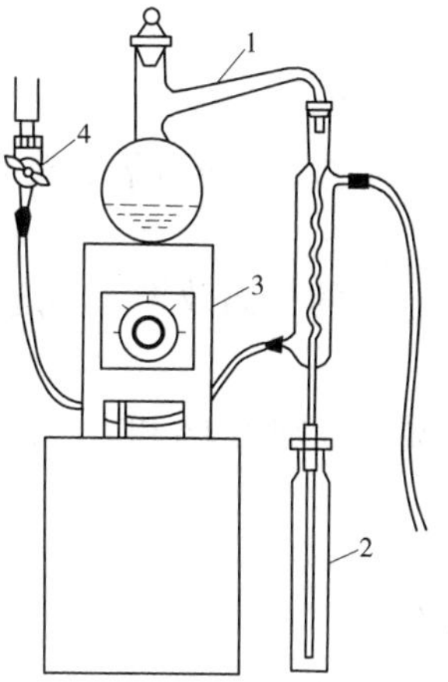

1—500 mL 全玻璃蒸馏器;2—收集瓶;3—加热电炉;4—克莱森蒸馏头

图 1-6　常压蒸馏装置

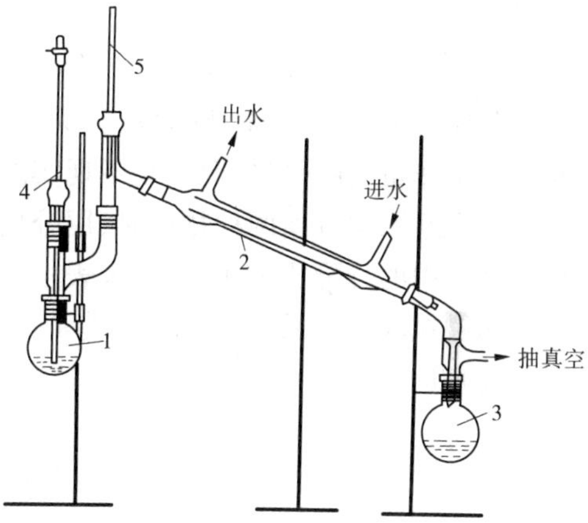

1—蒸馏瓶;2—冷凝管;3—收集瓶;4—冷凝水调节阀;5—温度计

图 1-7　减压蒸馏装置

3. 液—液萃取法

液—液萃取也叫溶剂萃取,是基于物质在不同的溶剂相中分配系数不同,而达到组分的富集与分离。物质在水相—有机相中的分配系数(K_D)可用分配定律表示。

$$[M]_{水} \rightleftharpoons [M]_{有} \tag{1-3}$$

$$K_D = \frac{[M]_{有}}{[M]_{水}} \tag{1-4}$$

由于待分离的组分往往在两相(或者在某一相)中存在副反应,例如在水相中可能发生离解、络合作用等,在有机相中可能发生聚合作用等,导致组分在两相中的存在形式有所不同。因此,采用一个新的参数——“分配比”来描述溶质在两相中的分配。分配比的定义为:溶质在有机相中的各种存在形态的总浓度 $C_{有}$ 与水相中各种形态的总浓度 $C_{水}$ 之比,用 D 表示。

$$D = C_{有}/C_{水} \tag{1-5}$$

D 值越大,表示被萃取物质转入有机相的数量越多(当两相体积相等时),萃取就越完全。在萃取分离中,一般要求分配比在 10 以上。分配比反映萃取体系达到平衡时的实际分配情况,具有较大的实用价值。

被萃取物质在两相中的分配也可以用萃取百分率 $E(\%)$ 表示,即

$$E = \frac{被萃取物质在有机相中的总量}{被萃取物质总量} \times 100\% \tag{1-6}$$

E 与分配比的关系为

$$E = \frac{C_{有} V_{有}}{C_{有} V_{有} + C_{水} V_{水}} \times 100\% = \frac{D}{D + \frac{V_{水}}{V_{有}}} \times 100\% \tag{1-7}$$

当用等体积萃取时,$V_{水} = V_{有}$

$$E = \frac{D}{1 + D} \times 100\% \tag{1-8}$$

若要求 E 大于 90%,则 D 必须大于 9。增加萃取的次数,可提高萃取效率,增大萃取操作的工作量,在很多情况下是不现实的。

当用萃取法分离两种物质时,用分离系数来表示它们的分离效果。其定义为在有机相和水相中的分配比之比,用 β 来表示。

如果在同一体系中有两种溶质 A 和 B,它们的分配比分别为 D_A 和 D_B,分离系数即可用下式表达:

$$\beta = \frac{D_A}{D_B} = \frac{\dfrac{[A]_{有}}{[A]_{水}}}{\dfrac{[B]_{有}}{[B]_{水}}} = \frac{\dfrac{[A]_{有}}{[B]_{有}}}{\dfrac{[A]_{水}}{[B]_{水}}} \tag{1-9}$$

β 值越大,表示分离得越完全,即萃取的选择性越高。在痕量组分的分离、富集中,希望 β 值越大越好,同时,D_A 不要太小,因为若 D_A 太小,意味着需要大量的有机溶剂才能把显著量的该物质萃取到有机相中。

(1)无机物萃取。这类萃取体系是利用金属离子与螯合剂形成疏水性的螯合物后被萃取到有机相,广泛用于金属阳离子的萃取。金属阳离子在水溶液中与水分子配位以水合离子的形式存在,如 CaH_2O_4、$Co(H_2O)_4^{2-}$、$Al(H_2O)_4^{3+}$ 等,螯合剂可中和其电荷,并用疏水基团取代与金属阳离子配位的水分子。

(2)离子缔合物萃取。阳离子和阴离子通过较强的静电引力相结合形成的化合物叫离子缔合物。在这类萃取体系中,被萃取物质是一种疏水性的离子缔合物,可用有机溶剂萃取。许多金属阳离子如 $Cu(H_2O)^{2+}$、金属络阴离子如 $FeCl_4^-$、$GaCl_4^-$,以及某些酸根离子如 ClO_4^-,都能形成可被萃取的离子缔合物。离子的体积越大,电荷越高,越容易形成

疏水性的离子缔合物。

(3)有机物的萃取。分散在水相中的有机物易被有机溶剂萃取，利用此原理可以富集分散在水样中的有机污染物。常用的溶剂有三氯甲烷、四氯甲烷和正己烷等。

为了提高萃取效率，常加入适量盐析剂，其作用的原理如下。

(1)使被萃取物中某种阴离子的浓度增加，产生同离子效应，有利于萃取平衡向发生萃取作用的方向进行。

(2)盐析剂为电解质，且加入的浓度较大，因而使水分子活性减小，降低了被萃取物质与水结合的能力，增加了其进入有机相的趋势，从而提高了萃取效率。

(3)高浓度的电解质使水的介电常数降低，有利于离子缔合物的形成。一般来说，离子的价态越高，半径越大，其盐析作用越强。

液—液萃取有间歇萃取和连续萃取两种方式。

间歇萃取在圆形或梨形分液漏斗中进行，萃取次数视预期效果而定。因为每次用部分萃取剂进行多次萃取的效果较之使用全量萃取剂的一次萃取的效果更好。但萃取次数过多，不仅增加了工作量，而且加大了操作误差。

在萃取过程中，循环使用一定量的萃取剂保持其体积基本不变的萃取方法，为连续萃取法。这种方法不仅可用于液态样品的萃取，在固态样品的萃取中也得到了广泛应用。常用的连续萃取装置如图1-8所示。

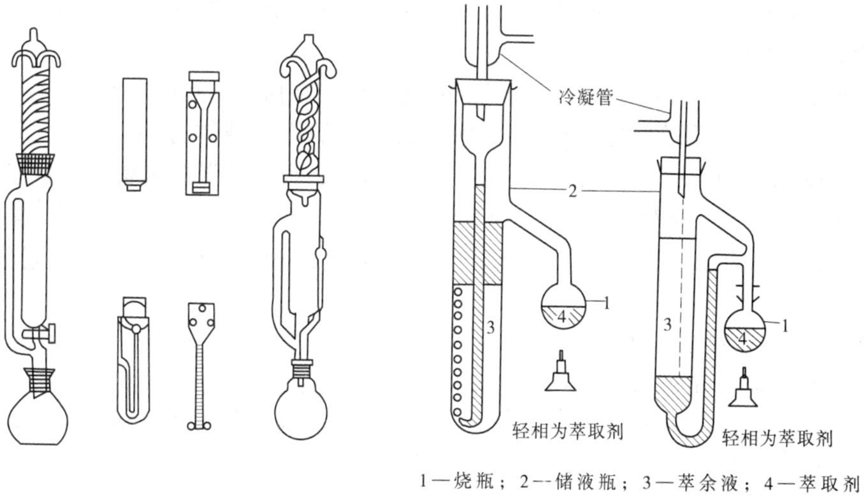

(a)样式萃取器和各种插管　(b)索式萃取器　(c)液—液连续萃取器

图1-8　连续萃取装置

4. 沉淀分离法

沉淀分离法是根据溶度积原理，利用沉淀反应进行分离的方法。在待分离试液中，加入适当的沉淀剂，在一定条件下，使欲测组分沉淀出来，或者待干扰组分析出沉淀，以达到除去干扰的目的。沉淀分离法包括沉淀、共沉淀两种方法。

1)沉淀法

在常量组分的分离中，可采用两种方式。

(1)将待测组分与试样中的其他组分分离,再将沉淀过滤、洗涤、烘干,最后称重,计算其含量,即重量分析法。

(2)将干扰组分以微溶化合物的形式沉淀出来与待测组分分离。

但对于痕量组分,采用前一种方式是不可行的。首先,要达到沉淀的溶度积,需加入大量的沉淀剂,可能引起副反应(如盐效应等),反而使沉淀的溶解度增大,其次含量太小,以致无法处理(过滤、称重等)。因此,在痕量分析中沉淀法仅可用于常量—痕量组分的分离,即除去对测定痕量组分有干扰的样品主要成分。

沉淀条件选择的原则是:使相当量的主要干扰组分沉淀完全,而后继测定的痕量组分不会因为共沉淀而损失,或共沉淀的损失可忽略不计。

应用实例:在 6 mol/L 硫酸中沉淀硫酸铅,使主要成分铅与痕量的组分 Ag、Cd、Cr、Cu 等分离。Karabash 借助于放射性示踪原子证明了这些痕量元素几乎定量(85% ~100%)地保留在溶液中,这足以满足痕量分析的要求。

2)共沉淀法

共沉淀是指溶液中一种难溶化合物在形成沉淀过程中,将共存的某些痕量组分一起沉淀出来的现象。共沉淀现象是一种分离、富集微量组分的手段。例如,测定水中含量为 1 μg/L Pb 时,由于浓度低,直接测定有困难。当将 1 000 mL 水样调至微酸性,加入 Hg^{2+},通入 H_2S 气体,使 Hg^{2+} 与 S^{2-} 生成 HgS 沉淀,同时将 Pb 共沉淀下来,然后用 2 mL 酸将沉淀物溶解后测定。此时,Pb 的浓度提高了 500 倍,测定就容易实现了。其中 HgS 称为载体,也叫捕集剂。

共沉淀的原理基于表面吸附、形成混晶、异电核胶态物质相互作用等。

(1)利用吸附作用的共沉淀分离。该方法常用的无机载体有 $Fe(OH)_3$、$Al(OH)_3$、$Ga(OH)_3$、$Mn(OH)_2$及 H_2S 等。由于它们是表面积大、吸附力强的非晶形胶体沉淀,因此吸附和富集效率高。例如,用分光光度法测定水样中的 Cr^{6+},当水样有色度、混浊、Fe^{3+} 浓度低于 200 mg/L 时,可在 pH 值为 8 ~9 条件下,用 $Zn(OH)_2$ 做共沉淀剂吸附分离干扰物质。

(2)利用生成混晶的共沉淀分离。当待分离微量组分及沉淀剂组分生成沉淀时,如具有相似的晶格,就可能生成混晶而共同析出。例如,硫酸铅和硫酸锶的晶形相同,当分离水样中的痕量 Pb^{2+} 时,可加入适量 Sr^{2+} 和过量可溶性硫酸盐,则生成 $PbSO_4-SrSO_4$ 的混晶,将 Pb^{2+} 共沉淀出来。

(3)利用有机共沉淀剂进行共沉淀分离。有机共沉淀剂的选择性较无机沉淀剂的高,得到的沉淀也比较纯净,通过灼烧可除去有机沉淀剂,留下待测元素。例如,痕量 Ni^{2+} 与丁二酮肟生成螯合物,分散在溶液中,若加入丁二肟二烷酯(难溶于水)的乙醇溶液,则析出固体的丁二酮肟二酯,便将丁二酮肟镍螯合物共沉淀出来。丁二肟二烷酯只起载体作用,称为惰性共沉淀剂。

5.吸附分离法

吸附是利用多孔性的固体吸附剂将水中的一种或多种组分吸附于表面,以达到组分分离的目的。被吸附富集于吸附剂表面的组分可用有机溶剂或加热等方式解析出来,供分析测定。常用的吸附剂主要有活性炭、硅胶、氧化铝、分子筛和大孔树脂等。吸附剂以往多用于饮用水的净化处理工艺中。近20年来，正是由于选择性吸附剂的不断推出，吸附剂在水中痕量有机物的高效富集、样品制备等方面的应用日益广泛，逐渐形成了一门专门的萃取技术，即固相萃取技术（SPE）。

一般而言，应根据水中待测组分的性质选择适合的吸附剂。水溶性或极性化合物通常选用极性的吸附剂，而非极性的组分则选择非极性的吸附剂更为合适，对于可电离的酸性或碱性化合物则适于选择离子交换型吸附剂。例如，欲富集水中的杀虫剂或药物，通常均选择键合硅胶 C_{18} 吸附剂，杀虫剂或药物被稳定地吸附于键合硅胶表面，当用小体积甲醇或乙氰等有机溶剂解吸后，目标物被高倍富集。

吸附剂的用量与目标物性质（极性、挥发性）及其在水样中的浓度直接相关。通常，增加吸附剂用量可以增加对目标物的吸附容量，可通过绘制吸附曲线来确定吸附剂的合适用量。

任务二　物理性质的测定

一、水温的测定

维 1-4

水温是主要的水质物理指标。水的物理、化学性质与水温密切相关。如对密度、黏度、蒸气压、水中溶解性气体的溶解度等有直接的影响。同时，水温对水的 pH 值、盐度等化学性质，以及水生生物和微生物活动、化学和生物化学反应速度也存在着明显影响。

水温对水中气体溶解的影响，以氧为例，随着水温的升高，氧在水中的溶解度逐渐降低。在 1atm（1.01×10^5 Pa）大气压下，氧在淡水中的溶解度 10 ℃时为 11.33 mg/L，20 ℃时为 9.17 mg/L，30 ℃时为 7.63 mg/L。

水温对水中进行的化学和生物化学反应的速度有显著影响。一般情况下，化学和生化反应的速度随温度的升高而加快。通常温度每升高 10 ℃，反应速率约增加 1 倍。

水温影响水中生物和微生物的活动。温度的变化能引起水生生物品种的变化，水温偏高时可加速一些藻类和污水细菌的繁殖，影响水体的景观。

水的温度因水源不同而有很大的差异。通常，地下水温度比较稳定，一般为 8 ~ 12 ℃。地表水的温度随季节和气候而变化，大致变化范围为 0 ~ 30 ℃。生活污水水温通常为 10 ~ 15 ℃。工业废水的水温因工业类型、生产工艺的不同而有较大差别。

水温为现场观测项目之一。若水层较浅，可只测表层水温，对于深水应分层测温。

常用的测量水温的方法有水温度计法、深水温度计法、颠倒温度计法和热敏电阻温度计法。

（一）水温度计法

水温度计是安装于金属半圆槽壳内的水银温度表，下端连接一金属储水杯，温度表水银球部悬于杯中，其顶端的壳带一圆环，拴以一定长度的绳子。水温度计通常测量范围为 -6 ~ 41 ℃，分度值为 0.2 ℃。

测量时，将水温度计沉入水中至待测深度，放置 5 min 后，迅速提出水面并立即读数。

从水温度计离开水面至读数完毕应不超过 20 s,读数完毕后,将储水杯内水倒净。必要时,重新测定。

水温度计法适用于测量水的表层温度。

(二)深水温度计法

深水温度计结构与水温度计相似,储水杯较大,并有上下活门,利用其放入水中和提升时的自动开启和关闭,使杯内装满所测温度的水样。深水温度计的测量范围是 -2 ~40 ℃,分度值为 0.2 ℃。

测量时,将深水温度计投入水中,用与水温度计法相同的测量步骤进行测定。深水温度计法适用于水深 40 m 以内的水温测量。

(三)颠倒温度计法

颠倒温度计由主温表和辅温表组装在厚壁玻璃套管内组成,主温表是双端式水银温度计,其测量范围为 -2 ~35 ℃,分度值为 0.10 ℃。辅温表是普通的水银温度计,测量范围一般为 -20 ~50 ℃,分度值为 0.5 ℃。前者用于测量水温,后者与前者配合使用,用于校正因环境温度改变而引起的主温表读数的变化。

测量时,将温度计随采水器沉入一定深度的水层,放置 7 min 提出水面后立即读数,并根据主、辅温度表的读数,用海洋常数表进行校正。

颠倒温度计法适用于测量水深 40 m 以内的各层水温。

以上各种水温计应定期由计量检定部门进行校核。

(四)热敏电阻温度计法

测量水温时,启动仪器,按使用说明书进行操作。将仪器探头放入预定深度的水中,放置感温 1 min 后,读取水温数。读完后取出探头,用棉花擦干备用。

热敏电阻温度计法适用于表层和深层水温的测定。

二、色度的测定

纯水无色透明,清洁水在水层浅时应为无色,深层为浅蓝绿色。天然水中存在腐殖质、泥土、浮游生物、铁和锰等金属离子,均可使水体着色。生活污水和工业废水如纺织、印染、造纸、食品等工业废水中常含有大量的染料、生物色素和有色悬浮颗粒等,这些有色废水常给人以不愉快感,排入环境使水体变色,减弱水体透光性,影响水生生物的生长。

水体颜色与水的种类有关。颜色是反映水体的外观指标。水的颜色分为真色和表色。真色是指去除悬浮物后的水的颜色,是由水中胶体物质和溶解性物质所造成的。表色是指没有去除悬浮物的水所具有的颜色。对于清洁水和浊度很低的水,真色和表色相接近,对于着色很深的工业废水,两者差别较大。

测定真色时,要先将水样静置澄清或者离心分离取上层清液,也可用孔径为 0.45 μm 的滤膜过滤去除悬浮物,但不可以用滤纸过滤,因为滤纸能吸收部分颜色。有些水样含有颗粒太细的有机物或无机物,不能用离心机分离,只能测定表色,这时需要在结果报告上注明。

色度是衡量颜色深浅的指标。水的色度一般指水的真色。常用的测定方法有铂钴标准比色法、稀释倍数法和分光光度法。

(一)铂钴标准比色法

铂钴标准比色法是利用氯铂酸钾(K_2PtCl_6)和氯化钴($CoCl_2 \cdot 6H_2O$)配成标准色列，与水样进行目视比色。

每升水中含有1 mg铂和0.5 mg钴时所具有的颜色，称为1度，作为标准色度单位。该法所配成的标准色列，性质稳定，可较长时间存放。由于氯铂酸钾价格较贵，可以用铬钴比色法代替。即将一定量重铬酸钾和硫酸钴溶于水中制成标准色列，进行目视比色确定水样色度。该法所制成标准色列保存时间比较短。

铂钴标准比色法适用于较清洁的、带有黄色色调的天然水和饮用水的测定。

(二)稀释倍数法

稀释倍数法是将水样用蒸馏水稀释至接近无色时的稀释倍数表示颜色的深浅。测定时，首先用文字描述水样颜色的性质，如微绿、绿、微黄、浅黄、棕黄、红等文字。将水样在比色管中稀释不同倍数，与蒸馏水相比较，直到刚好看不出颜色，记录此时的稀释数。稀释倍数法适用于受工业废水污染的地表水、工业废水和生活污水。

(三)分光光度法

采用分光光度法求出水样的三激励值：水样的色调(红、绿、黄等)，以主波长表示；亮度，以明度表示；饱和度(柔和、浅淡等)，以纯度表示。用主波长、色调、明度和纯度四个参数来表示该水样的颜色。近年来某些行业用分光光度法检验排水水质。

分光光度法适用于各种水样颜色的测定。

三、残渣的测定

水中固体物质根据其溶解性不同可分为溶解性固体物质和不溶解性固体物质。前者如可溶性无机盐和有机物等，后者如悬浮物等。残渣是用来表征水中固体物质的重要指标之一。残渣的测定，有着重要的环境意义。若环境水体中的悬浮物含量过高，不仅影响景观，还会造成淤积，同时也是水体受到污染的一个标志。溶解性固体含量过高同样不利于水的功能的发挥。如溶解性矿物质过高，既不适于饮用，也不适于灌溉，有些工业用水(如纺织、印染等)也不能使用含盐量高的水。

残渣分为总残渣、总可滤残渣和总不可滤残渣三种，是反映水中溶解性物质和不溶解性物质含量的指标。

(一)总残渣

总残渣是水或废水在一定温度下蒸发、烘干后剩留在器血中的物质，包括总不可滤残渣和总可滤残渣。测定时，取适量(如50 mL)振荡均匀的水样(使残渣量大于25 mg)，置于称至恒重的蒸发皿中，在蒸汽浴或水浴上蒸干，移入103～105 ℃烘箱内烘至恒重(两次称重相差不超过0.000 5 g)。蒸发皿所增加的质量即为总残渣(mg/L)。

计算公式为

$$\text{总残渣} = V(A - B) \times 1\,000 \times 1\,000 \qquad (1\text{-}10)$$

式中 A——总残渣和蒸发皿质量，g；

B——蒸发皿质量，g；

V——取水样体积，mL。

(二)总可滤残渣

总可滤残渣指将过滤后的水样放在称至恒重的蒸发皿内蒸干,再在一定温度下烘至恒重,蒸发皿所增加的质量。测定时,将用0.45 μm滤膜或中速定量滤纸过滤后的水样放在称至恒重的蒸发皿中,在蒸汽浴或水浴上蒸干,移入103~105 ℃烘箱内烘至恒重(两次称重相差不超过0.000 5 g)。蒸发皿所增加的质量即为总可滤残渣。一般测定温度为103~105 ℃,有时要求测定(180±2)℃烘干的总可滤残渣。在(180±2)℃烘干所得的结果与化学分析结果所计算的总矿物质含量较接近。

计算公式为

$$总可滤残渣 = V(A - B) \times 1\,000 \times 1\,000 \tag{1-11}$$

式中 A——总残渣和蒸发皿质量,g;

B——蒸发皿质量,g;

V——取水样体积,mL。

(三)总不可滤残渣

总不可滤残渣即悬浮物,指水样经过滤后留在过滤器上的固体物质,于103~105 ℃烘干至恒重得到的物质质量。它是决定工业废水和生活污水能否直接排放或需处理到何种程度才能排入水体的重要指标之一,主要包括不溶于水的泥沙,各种污染物、微生物及难溶无机物等。常用的滤器有滤纸、滤膜和石棉坩埚。由于滤孔大小对测定结果有很大影响,报告结果时,应注明测定方法。石棉坩埚法常用于测定含酸或含碱浓度较高的水样的悬浮物。

计算公式为

$$总不可滤残渣 = V(A - B) \times 1\,000 \times 1\,000 \tag{1-12}$$

式中 A——总不可滤残渣和滤器质量,g;

B——滤器质量,g;

V——取水样体积,mL。

四、浊度的测定

浊度是指水中悬浮物对光线透过时所发生的阻碍程度。由于水中含有泥土、粉砂、有机物、无机物、浮游生物和其他微生物等悬浮物质和胶体物质,对进入水中的光产生散射或吸附,从而表现出混浊现象。

色度是由水中的溶解物质引起的,而浊度则是由不溶解物质引起的。浊度是水的感官指标之一,也是水体可能受到污染的标志之一。水体浊度高,会影响水生生物的生存。

一般情况下,浊度的测定主要用于天然水、饮用水和部分工业用水。在污水处理中,经常通过测定浊度选择最经济有效的混凝剂,并达到随时调整所投加化学药剂的量,获得好的出水水质的目的。

测定浊度的方法主要有目视比浊法、分光光度法和浊度计法。

(一)目视比浊法

将水样与用硅藻土(或白陶土)配制的标准浊度溶液进行比较,以确定水样的浊度。规定用1 L蒸馏水中含有1 mg一定粒度的硅藻土所产生的浊度称为1度。

测定时，用硅藻土（或白陶土）经过处理后，配成浊度标准原液。将浊度标准原液逐级稀释为一系列浊度标准液，取待测水样进行目视比浊，与水样产生视觉效果相近的标准溶液的浊度即为水样的浊度。该法测得的水样浊度单位为 JTU。

目视比浊法适用于饮用水和水源水等低浊度水，最低检测浊度为 1 度。

（二）分光光度法

在适当温度下，一定量的硫酸肼[$(NH_4)_2SO_4 \cdot H_2SO_4$]与六次甲基四胺[$(CH_2)_6N_4$]聚合，生成白色高分子聚合物，以此作为参比浊度标准液，在一定条件下与水样浊度比较。规定 1 L 溶液中含有 0.1 mg 硫酸肼和 1 mg 六次甲基四胺为 1 度。

测定时，将用硫酸肼和六次甲基四胺配成的浊度标准储备液逐级稀释成系列浊度标准液，在波长 680 nm 处测定吸光度，绘制吸光度—浊度标准曲线，再测定水样的吸光度，在曲线上查得水样的浊度。水样若经过稀释，需乘上稀释倍数方为原水样的浊度。

计算公式为

$$浊度 = \frac{A(V + V_0)}{V} \tag{1-13}$$

式中　A——经稀释水样的浊度，度；

V——水样体积，mL；

V_0——无浊度水的体积，mL。

分光光度法适用于测定天然水、饮用水和高浊度水，最低检测浊度为 3 度。所测得浊度单位为 NTU。

（三）浊度计法

浊度计是应用光的散射原理制成的。在一定条件下，将水样的散射光强度与相同条件下的标准参比悬浮液（硫酸肼与六次甲基四胺聚合，生成的白色高分子聚合物）的散射光强度相比较，即得水样的浊度。浊度仪要定期用标准浊度溶液进行校正。用浊度仪法测得的浊度单位为 NTU。

目前普遍使用的测量浊度的仪器为散射浊度仪，它可以实现水的浊度的在线监测。

五、电导率的测定

电导率用来表示水溶液传导电流的能力，以数字表示。电导率的大小取决于溶液中所含离子的种类、总浓度以及溶液的温度、黏度等因素。

不同类型的水有不同电导率。常用电导率间接推测水中离子成分的总浓度（因水溶液散射中绝大部分无机化合物都有良好的导电性，而有机化合物分子难以离解，基本不具备导电性）。

新鲜蒸馏水的电导率为 0.5 ~ 2 μs/cm，但放置一段时间后，因吸收了二氧化碳，增加到 2 ~ 4 μs/cm；超纯水的电导率小于 0.1 μs/cm；天然水的电导率多为 50 ~ 500 μs/cm；矿化水可达 500 ~ 1 000 μs/cm；含酸、碱、盐的工业废水的电导率往往超过 10 000 μs/cm；海水的电导率约为 30 000 μs/cm。

电导率随温度的变化而变化，温度每升高 1 ℃，电导率增加约 2%，通常规定 25 ℃ 为测定电导率的标准温度。如温度不是 25 ℃，必须进行温度校正。

经验公式为

$$K_t = K_s[1 + \alpha(t - 25)] \tag{1-14}$$

式中 K_t——25 ℃时电导率；

K_s——温度为 t 时的电导率；

α——各种离子电导率的平均温度系数，定为0.022。

电导的计算公式为

$$G = K/C \tag{1-15}$$

式中 K——电导率，为电阻率的倒数；

C——电导池常数。

一般采用电导率仪来测定水的电导率。它的基本原理是：已知标准KCl溶液的电导率（见表1-4），用电导率仪测某一浓度KCl溶液的电导值，根据电导的计算公式求得电导池常数 C。用电导率仪测待测水样的电导，即可求得水样的电导率。

表1-4 不同浓度KCl溶液的电导率

浓度（mol/L）	0.000 1	0.000 5	0.001 2	0.005	0.01	0.02	0.05	0.1	0.2	0.5	1
电导率（μs/cm）	14.9	73.9	146.9	717.5	1 412	2 765	6 667	12 890	24 800	58 670	111 900

任务三 金属化合物的测定

维1-5

水体中含有大量无机金属化合物，一般以金属离子的形式存在。这些金属元素有些是人体健康必需的常量和微量元素，如常量的钠、钾、钙、镁，微量的铁、锰、硒、锡、钴等。有些是对人体健康有害的元素，如铅、镉、汞、钡、砷、镍等。尤其当水体中金属离子浓度超过一定数值时，其毒害作用更大，其毒性的大小与金属种类、理化性质、浓度及存在的价态和形态有关。金属元素还可经食物链和生物放大作用迅速富集，使毒性剧增。即使有益的金属元素，其浓度若超过一定数值，也有剧烈的毒性。因此，测定金属元素是水质监测项目的重要内容。

根据金属离子在水中存在的状态，可分为可过滤金属和不可过滤金属。由于以不同形态存在的金属离子其毒性大小不同，需要分别测定可过滤金属、不可过滤金属和金属总量。可过滤金属又称“溶解的金属”，指能通过孔径0.45 μm滤膜的金属。不可过滤金属指不能通过孔径0.45 μm滤膜的金属（悬浮态）。金属总量指未过滤的水样经过消解处理后测得的金属含量，是可过滤金属和不可过滤金属之和。

金属化合物的监测重点是毒性较大的汞、镉、铬、铅、铜、锌等金属离子。常用的监测方法有分光光度法、原子吸收光谱法、极谱法和滴定法等。

一、汞的测定

汞及其化合物属于剧毒物质，特别是有机汞化合物，由食物链进入人体，通过生物富集，作用于人体。如发生在日本的水俣病。天然水含汞极少，一般不超过0.1 mg/L。我国规定，生活饮用水标准限值0.001 mg/L，工业污水中汞的最高允许排放浓度为0.05 mg/L。氯碱工业、仪表制造、油漆、电池生产、军工等行业排放的废液、废渣都是水和土壤汞污染的来源。

汞的测定方法有很多种，本书主要介绍冷原子吸收法、冷原子荧光法和双硫腙分光光度法。

（一）冷原子吸收法

冷原子吸收法的原理是汞原子蒸气对波长253.7 nm的紫外光具有选择性吸收作用，在一定范围内，吸收值与汞蒸气的浓度成正比。在硫酸—硝酸介质和加热条件下，用高锰酸钾将试样消解，或用溴酸钾和溴化钾混合试剂，在20 ℃以上室温和0.6 mol/L的酸性介质中产生溴，将试样消解，使所含汞全部转化为二价汞。用盐酸羟胺将过剩的氧化剂还原，再用氯化亚锡将二价汞还原成金属汞。在室温下通入空气或氮气流，将金属汞汽化，载入冷原子吸收测汞仪，测量吸收值，求得试样中汞的含量。

测定时，用氯化汞配制一系列汞标准溶液，测吸光度做标准曲线进行定量，水样经预处理后按标准溶液的方法测吸光度，从而求出水样中汞的浓度。

冷原子吸收测汞仪主要由光源、吸收管、试样系统、光电检测系统、指示系统等主要部件组成。冷原子吸收法的最低检出浓度为0.1～0.5 μg/L汞；在最佳条件下（测汞仪灵敏度高，基线噪声小及空白实验值稳定），当试样体积为200 mL时，最低检出浓度可达0.05 μg/L汞。此法适用于地表水、地下水、饮用水、生活污水及工业废水的监测。

（二）冷原子荧光法

冷原子荧光法是在原子吸收法的基础上发展起来的，是一种发射光谱法。水样中的汞离子被还原为单质汞，形成汞蒸气，其基态汞原子被波长为253.7 nm的紫外光激发而产生共振荧光，在一定的测量条件和较低的浓度范围内，荧光强度与汞浓度成正比。根据测定的荧光强度的大小，即可测出水样中汞的含量，这是冷原子荧光法的基础。荧光强度的检测器要放置在和汞灯发射光束成直角的位置上。

测定时，方法同冷原子吸收法。

冷原子荧光法的最低检出浓度为0.05 μg/L汞，测定上限可达1 μg/L以上，且干扰因素少，适用于地表水、生活污水和工业废水的测定。

（三）双硫腙分光光度法

双硫腙分光光度法测汞的原理是将水样置于95 ℃温度条件下，在酸性介质中用高锰酸钾和过硫酸钾消解，将无机汞和有机汞转化为二价汞。用盐酸羟胺将过剩的氧化剂还原，在酸性条件下，汞离子与双硫腙生成橙色螯合物，用有机溶剂萃取，再用碱液洗去过剩的双硫腙，于485 nm波长处测定吸光度，以标准曲线法定量，从而测得水样中汞的含量。

双硫腙分光光度法适用于受污染的地表水、生活污水和工业废水的测定。取250 mL水样，汞的最低检出浓度为2 μg/L，测定上限可达40 μg/L。

二、镉的测定

镉不是人体必需的一种元素。镉的毒性非常大,可在人体的肝、肾、骨骼等部位蓄积,对人体健康造成影响,甚至危及生命,如世界著名的痛痛病事件。水中含镉0.1 mg/L时,可轻度抑制地表水的自净作用。镉对鲢鱼的安全浓度为0.014 mg/L。用含镉0.04 mg/L的水进行农田灌溉时,土壤和稻米受到明显污染;农田灌溉水中含镉0.007 mg/L时,即可造成污染。绝大多数淡水的含镉量低于1 μg/L,海水中镉的平均浓度为0.15 μg/L。主要污染源有电镀、采矿、冶炼、染料、电池和化学工业等排放的废水。

测定镉的方法有原子吸收分光光度法、双硫腙分光光度法、阳极溶出伏安法和示波极谱法等。

(一)原子吸收分光光度法

原子吸收分光光度法也称原子吸收光谱法,简称原子吸收法,是根据某元素的基态原子对该元素的特征谱线的选择性吸收来进行测定的分析方法。

对镉的测定有四种方式法:直接吸入火焰原子吸收分光光度法、萃取火焰原子吸收分光光度法、离子交换火焰原子吸收分光光度法和石墨炉原子吸收分光光度法。

(1)直接吸入火焰原子吸收分光光度法。该法是将样品或消解处理好的试样直接吸入火焰,火焰中形成的原子蒸气对光源发射的特征电磁辐射产生吸收。将测得的样品吸光度和标准溶液的吸光度进行比较,确定样品中镉元素的含量。此法测定快速、干扰少,适用于测定地下水、地表水和受污染的水,适用浓度范围为0.05~1 mg/L。

(2)萃取火焰原子吸收分光光度法。是将镉离子与吡咯烷二硫代氨基甲酸铵或碘化钾络合后,萃入甲基异丁基甲酮,然后吸入火焰进行原子吸收分光光度法测定。此法适用于地下水和清洁地表水,适用浓度范围为1~50 μg/L。

(3)离子交换火焰原子吸收分光光度法。是用强酸型阳离子树脂对水样中镉离子进行吸附,用酸作为洗脱液,从而得到金属离子浓缩液,然后吸入火焰进行原子吸收分光光度法测定。此法适用于较清洁地表水的监测。该方法的最低检出浓度0.1 μg/L,测定上限为9.8 μg/L。

(4)石墨炉原子吸收分光光度法。是将水样注入石墨管,用电加热方式使石墨炉升温,样品蒸发离解形成原子蒸气,对来自光源的特征电磁辐射进行吸收。将测得的样品吸光度和标准吸光度进行比较,确定水样中镉离子的含量。此法适用于地下水和清洁地表水,适用浓度范围为0.1~2 mg/L。

(二)双硫腙分光光度法

双硫腙分光光度法测镉的原理:在强碱性溶液中,镉离子与双硫腙生成红色络合物,用三氯甲烷萃取分离后,于518 nm波长处进行分光光度测定,求出水样中镉的含量。当使用光程20 mm比色皿,试样体积为100 mL时,镉的最低检出浓度为0.001 mg/L,测定上限为0.06 mg/L。适用于测定受镉污染的天然水和废水中的镉。

三、铅的测定

铅是一种有毒的金属,可在人体和动植物组织中积蓄。主要的毒性效应表现为贫血、神经机能失调和肾损伤。用含铅 0.1 ~ 4.4 mg/L 的水灌溉水稻和小麦时，作物中含铅量明显增加。世界范围内，淡水中含铅 0.06 ~ 120 μg/L，中值 3 μg/L；海水含铅 0.03 ~ 13 μg/L，中值 0.03 μg/L。铅的主要污染源是蓄电池、冶炼、五金、机械、涂料和电镀工业等部门的排放废水。

铅的测定方法有原子吸收分光光度法、双硫腙分光光度法、阳极溶出伏安法和示波极谱法等。下面主要介绍双硫腙分光光度法。

双硫腙分光光度法测铅的原理：在 pH 值为 8.5 ~ 9.5 的氨性柠檬酸盐—氰化物的还原性介质中，铅与双硫腙形成可被三氯甲烷或四氯化碳萃取的淡红色的双硫腙铅螯合物，在 510 nm 处用标准曲线法得出水样中的铅含量。

当使用光程 10 mm 比色皿，试样体积为 100 mL，用 10 mL 双硫腙三氯甲烷溶液萃取时，铅的最低检出浓度为 0.01 mg/L，测定上限为 0.3 mg/L。适用于测定地表水和废水中的痕量铅。

四、铜的测定

铜是人体必不可少的元素，成人每日的需要量估计为 20 mg。但过量摄入对人体有害。饮用水中铜的含量在很大程度上取决于水管和水龙头的种类，其含量可高至 1 mg/L，这说明通过饮水摄入的铜量可能是很可观的。铜对生物的毒性很大，毒性的大小与其形态有关。通常，淡水中铜的浓度约为 3 μg/L，海水中铜的浓度约为 0.25 μg/L。铜的主要污染源是电镀、冶炼、五金、石油化工和化学工业部门排放的废水。

铜的测定方法有原子吸收法、二乙氨基二硫代甲酸钠萃取分光光度法、新亚铜灵萃取分光光度法、阳极溶出伏安法和示波极谱法。

（一）二乙氨基二硫代甲酸钠萃取分光光度法

二乙氨基二硫代甲酸钠萃取分光光度法的原理：在氨性溶液（pH 值为 9 ~ 10）中，铜与二乙氨基二硫代甲酸钠作用，生成物质的量之比为 1∶2的黄棕色络合物。用四氯化碳或氯仿萃取后，在最大吸收波长 440 nm 处测定吸光度，标准曲线法定量，得水样中铜的含量。

二乙氨基二硫代甲酸钠萃取分光光度法的测定范围为 0.02 ~ 0.06 mg/L，最低检出度为 0.01 mg/L，经适当稀释和浓缩测定上限可达 2.0 mg/L。适用于地表水和各种工业废水中铜的测定。

（二）新亚铜灵萃取分光光度法

新亚铜灵萃取分光光度法的原理：用盐酸羟胺将二价铜离子还原为亚铜离子，在中性或微酸性溶液中，亚铜离子和新亚铜灵反应生成物质的量之比为 1∶2的黄色络合物，用三氯甲烷—甲醇混合溶剂萃取此络合物，在 457 nm 处测定吸光度，标准曲线法定量，得水样中铜的含量。

新亚铜灵萃取分光光度法铜的最低检出浓度为 0.06 mg/L，测定上限为 3 mg/L。适用于测定地表水、生活污水和工业废水中的铜。

五、锌的测定

锌是人体必不可少的有益元素。碱性水中锌的浓度超过 5 mg/L 时，水有苦涩味，出现乳白色。水中含锌量为 1 mg/L 时，对水体的生物氧化过程有轻微抑制作用，对水生生物有轻微毒性。锌的主要污染源是电镀、冶金、颜料及化工等行业排放的废水。

锌的测定方法有原子吸收法、双硫腙分光光度法、阳极溶出伏安法和示波极谱法。原子吸收法测定锌具有较高的灵敏度，干扰少，适合测定各类水中的锌。不具备原子吸收光谱仪的单位，可选用双硫腙分光光度法、阳极溶出伏安法或示波极谱法。这里简单介绍双硫腙分光光度法。

双硫腙分光光度法测定锌的原理：在 pH 值为 4.0～5.5 的醋酸盐缓冲介质中，锌离子与双硫腙形成红色螯合物，用三氯甲烷或四氯化碳萃取，在最大吸收波长 535 nm 处测定吸光度，标准曲线法定量，得水样中锌的含量。

当使用光程 10 mm 比色皿，试样体积为 100 mL 时，锌的最低检出浓度为 0.005 mg/L，测定上限为 0.3 mg/L。适用于测定天然水和轻度污染的地表水中锌的测定。

六、铬的测定

铬是生物体必需的微量元素之一。铬的毒性与其价态关系密切。水中铬主要有三价和六价两种价态。三价铬能参与人体正常的糖代谢过程，六价铬却比三价铬的毒性高 100 倍左右，且易被人体吸收而在体内蓄积，高浓度的铬会引起头痛、恶心、呕吐、腹泻、血便等症状，还有致癌作用。当水中三价铬浓度为 1 mg/L 时，水的浊度明显增加。当水中六价铬浓度为 1 mg/L 时，水呈淡黄色且有涩味。水中的三价铬和六价铬在一定条件下可以相互转化。天然水不含铬，海水中铬的平均浓度为 0.05 μg/L，饮用水中更低。铬的污染源主要是含铬矿石的加工、皮革鞣制、电镀、印染等行业排放的废水。

铬的测定方法有原子吸收分光光度法、二苯碳酰二肼分光光度法、硫酸亚铁铵滴定法、极谱法、气相色谱法和化学发光法等。下面主要介绍二苯碳酰二肼分光光度法和硫酸亚铁铵滴定法。

（一）二苯碳酰二肼分光光度法

1. 测定六价铬

二苯碳酰二肼分光光度法测定六价铬的原理：在酸性介质中，六价铬与二苯碳酰二肼（DPC）反应，生成紫红色络合物，于 540 nm 处测定吸光度，标准曲线法定量，得水样中六价铬的含量。

当使用光程 30 mm 比色皿，试样体积为 50 mL 时，铬的最低检出浓度为 0.004 mg/L，使用光程 10 mm 比色皿，测定上限为 1 mg/L。适用于测定地表水和工业废水中六价铬的测定。

2. 测定总铬

高锰酸钾氧化－二苯碳酰二肼分光光度法测定总铬原理：由于三价铬不与二苯碳酰二肼反应，因此先用高锰酸钾将水样中的三价铬氧化，再用分光光度法测定总铬含量。具体如下：

1）酸性高锰酸钾氧化

在酸性溶液中，用高锰酸钾将水样中的三价铬氧化成六价铬，过量的高锰酸钾用亚硝酸钠分解，过剩的亚硝酸钠用尿素分解，得到的清液用二苯碳酰二肼显色，于540 nm处测定吸光度，标准曲线法定量，得水样中总铬的含量。

2）碱性高锰酸钾氧化

在碱性溶液中，用高锰酸钾将水样中的三价铬氧化成六价铬，过量的高锰酸钾用乙醇分解，加氧化镁使二价锰沉淀，过滤后，在一定酸度下，加二苯碳酰二肼显色，于540 nm处测定吸光度，标准曲线法定量，得水样中总铬的含量。

（二）硫酸亚铁铵滴定法

硫酸亚铁铵滴定法测定总铬原理：在酸性介质中，以银盐作为催化剂，将三价铬用过硫酸铵氧化成六价铬，加少量氯化钠并煮沸，除去过量的过硫酸铵和反应中产生的氯气，以苯基代邻氨基苯甲酸作为指示剂，用硫酸亚铁铵标准溶液滴定，至溶液呈亮绿色。根据硫酸亚铁铵标准溶液的浓度和滴定空白的用量，计算出水样中总铬的含量。

七、砷的测定

砷是人体非必需元素。元素砷的毒性很小，而砷化合物均有剧毒，三价砷化合物比其他砷化合物毒性更强。口服三氧化二砷（俗称砒霜）5～10 mg可造成急性中毒，致死量为60～200 mg。地表水中含砷量因水源和地理条件不同而有很大差异。天然水中通常含有一定量的砷，淡水中砷的浓度为0.2～230 μg/L，海水中砷的浓度为6～30 μg/L，我国一些主要河道干流中砷含量为0.01～0.6 mg/L，长江水中含砷一般小于6 μg/L，松花江水系含砷量为0.3～1.17 μg/L。砷的主要污染源为采矿、冶金、化工、化学制药、纺织、玻璃、制革等部门的工业废水。

砷的测定方法有新银盐分光光度法、二乙氨基二硫代甲酸银分光光度法和原子吸收法等。

（一）新银盐分光光度法

新银盐分光光度法测砷的原理：硼氢化钾在酸性溶液中产生新生态氢，将水样中无机砷还原成砷化氢气体，以硝酸—硝酸银—聚乙烯醇—乙醇溶液为吸收液，砷化氢将吸收液中的银离子还原成单质胶态银，使溶液呈黄色，颜色强度与生成氢化物的量成正比。黄色溶液在400 nm处有最大吸收，峰形对称。以空白吸收液为参比测其吸光度，用标准曲线法定量，得水样中砷的含量。

取最大水样体积250 mL，此法的检出限为0.000 4 mg/L，测定上限为0.012 mg/L。适用于地表水和地下水痕量砷的测定。

（二）二乙氨基二硫代甲酸银分光光度法

二乙氨基二硫代甲酸银分光光度法测砷的原理：锌与酸作用，生成新生态氢；在碘钾和氯化亚锡存在下，使五价砷还原为三价砷，并与新生态氢反应，生成的气态砷化氢用二乙氨基二硫代甲酸银－三乙醇胺的三氯甲烷溶液吸收，生成红色胶体银，在波长510 nm处，以三氯甲烷为参比测其吸光度，用标准曲线法定量，得水样中砷的含量。

取试样量为 50 mL,砷的最低检出浓度为 0.007 mg/L,测定上限浓度为 0.50 mg/L。适用于水和废水中砷的测定。

八、其他金属化合物的测定

根据水和废水污染类型和对用水水质的要求不同,有时还需要监测其他金属元素。常见其他金属化合物监测方法见表 1-5,详细内容可查阅《水和废水监测分析方法》和其他水质监测资料。

表 1-5 常见其他金属化合物监测方法

元素	危害	分析方法	测定浓度范围(mg/L)
铁	具有低毒性,工业用水含量高时,产品上形成黄斑	1. 原子吸收法; 2. 邻菲罗啉分光光度法; 3. EDTA 滴定法	0.03~5.0 0.03~5.00 5~20
锰	具有低毒性,工业用水含量高时,产品上形成斑痕	1. 原子吸收法; 2. 高碘酸钾氧化分光光度法; 3. 甲醛肟分光光度法	0.01~3.0 最低 0.05 0.01~4.0
钙	人体必需元素,但过高引起肠胃不适。结垢	1. EDTA 滴定法; 2. 原子吸收法	2~100 0.02~5.0
镁	人体必需元素,过量有导泄和利尿作用。结垢	1. EDTA 滴定法; 2. 原子吸收法	2~100 0.002~5.0
铍	单质及其化合物毒性都极强	1. 石墨炉原子吸收法; 2. 活性炭吸附—铬天菁 S 分光光度法	0.04~4 最低 0.1
镍	具有致癌性,对水生生物有明显危害,镍盐可引起过敏性皮炎	1. 原子吸收法; 2. 丁二酮分光光度法; 3. 示波极谱法	0.01~8 0.1~4 最低 0.06

任务四 非金属无机化合物的测定

维 1-6

水体中的非金属无机化合物很多,主要的水质监测项目有 pH 值、溶解氧、硫化物、含氮化合物、氰化物、氟化物等。

一、pH 值的测定

pH 值是最常用和最重要的水质监测指标之一,用来表示水的酸碱性的强弱。天然水的 pH 值多在 6～9；饮用水的 pH 值一般需控制在 6.5～8.5；工业用水的 pH 值一般限制较严格，如锅炉用水的 pH 值必须在 7.0～8.5，以防金属管道被腐蚀；水的物化、生化处理过程中，pH 值是重要的控制参数。另外，pH 值对水中有毒物质的毒性有着很大影响，必须加以控制。

pH 值与酸碱度既有联系，又有区别。pH 值表示水的酸碱性的强弱，而酸度或碱度是水中所含酸或碱物质的含量。同样酸度的溶液，如盐酸和醋酸，摩尔浓度相同，则二者酸度一样，但 pH 值却不相同，因两者的电离程度不同。

测定水的 pH 值的方法有玻璃电极法和比色法。

（一）玻璃电极法

玻璃电极法测定 pH 值是以 pH 玻璃电极为指示电极，饱和甘汞电极为参比电极，与被测水样组成原电池。用已用标准溶液校准的 pH 计测定水样，从 pH 计显示器上直接读出水样的 pH 值。

玻璃电极法是测 pH 值最常用的方法，该法测定准确、快速，基本不受水体色度、浊度、胶体物质、氧化剂和还原剂及高含盐量的影响。

（二）比色法

比色法是利用各种酸碱指示剂在不同 pH 值的水溶液中产生不同的颜色来测定 pH 值。在一系列已知 pH 值的标准缓冲溶液中加入适当的指示剂制成标准色列，在待测水样中加入与标准色列同样的指示剂，进行目视比色，从而确定水样的 pH 值。常用 pH 值指示剂及其变色范围见表 1-6。

表 1-6　常用 pH 值指示剂及其变色范围

指示剂	pH 值范围	颜色变化	指示剂	pH 值范围	颜色变化
溴酚蓝	2.8～4.6	黄—蓝紫	酚红	6.8～8.4	黄—红
甲基橙	3.1～4.4	橙红—黄	甲基红	7.2～8.8	黄—红
溴甲酚氯	3.6～5.2	黄—蓝	麝蓝（碱性）	8.0～9.6	黄—蓝
氯酚红	4.8～6.4	黄—红	酚酞	8.3～10.0	无色—红
溴甲酚紫	5.2～6.8	黄—紫	百里酚酞	9.3～10.5	无色—红

该法适用于测定浊度和色度都很低的天然水和饮用水的 pH 值，不适于测定有色、混浊或含有较高游离氯、氧化剂和还原剂的水样。如果粗略地测定水样 pH 值，可使用 pH 值试纸。

二、溶解氧（DO）的测定

溶解在水中的分子态氧称为溶解氧。水中溶解氧的含量与大气压力、水温及含盐量等因素有关。大气压力降低、水温升高、含盐量增加都会导致水中溶解氧含量降低。清洁地表水中溶解氧一般接近饱和。污染水体的有机、无机还原性物质在氧化过程中会消耗溶解氧，若大气中的氧来不及补充，水中的溶解氧就会逐渐降低，以致接近于零，此时厌氧菌繁殖，导致水质恶化。废水中因含有大量污染物质，一般溶解氧含量较低。

水中的溶解氧虽然不是污染物质，但通过溶解氧的测定，可以大体估计水中的有机物为主的还原性物质的含量，是衡量水质优劣的重要指标。

测定溶解氧的方法主要有碘量法及其修正法、膜电极法和电导测定法。

（一）碘量法及其修正法

1. 碘量法

碘量法测溶解氧的原理：水样中加入硫酸锰和碱性碘化钾，水中溶解氧将二价锰氧化成四价锰，并生成氢氧化物棕色沉淀。加酸后，氢氧化物沉淀溶解并与碘离子反应而释放出与溶解氧量相当的游离碘。以淀粉为指示剂，用硫代硫酸钠标准溶液滴定释出碘，可计算出溶解氧含量。

计算公式为

$$DO(O_2, mg/L) = \frac{CV(8 \times 1\,000)}{V_{水}} \tag{1-16}$$

式中 C——硫代硫酸钠标准溶液浓度，mol/L；

V——滴定消耗硫代硫酸钠标准溶液体积，mL；

$V_{水}$——水样的体积，mL；

8——氧换算值，g。

碘量法适用于水源水、地表水等清洁水中溶解氧的测定。

2. 修正的碘量法

普通碘量法测定溶解氧时会受到水样中一些还原剂物质的干扰，必须对碘量法进行修正。修正的碘量法适用于受污染的地表水和工业废水中溶解氧的测定。

（1）当水样中含有亚硝酸盐（亚硝酸盐能与碘化钾作用放出单质碘，引起测定结果的正误差）时，可加入叠氮化钠排除其干扰，该法称为叠氮化钠修正碘量法。加入叠氮化钠先将亚硝酸盐分解，再用碘量法测定 DO。

（2）当水样中含有大量亚铁离子（会对测定结果产生负干扰）时，用高锰酸钾氧化亚铁离子，生成的高价铁离子用氟化钾掩蔽，从而去除，过量的高锰酸钾用草酸盐去除，该法称为高锰酸盐修正法。在酸性条件下，用高锰酸钾将水样中存在的亚硝酸盐、亚铁离子和有机污染物等干扰物质氧化去除，过量的高锰酸钾用草酸钾去除，用氟化钾掩蔽高价铁离子，再用碘量法测定 DO。

（3）如水样有色或含有藻类及悬浮物等，在酸性条件下会消耗碘而干扰测定结果，可采用明矾修正法消除。如水样中含有活性污泥等悬浮物，可用硫酸铜—氨基磺酸絮凝修正法排除其干扰。

（二）膜电极法

尽管修正的碘量法在一定程度上排除或降低了 DO 测定时的干扰，但由于水中污染物的多样性及复杂性，在应用于生活污水和工业废水中 DO 的测定时，该方法还是受到很多限制。用碘量法测 DO 时很难实现现场测定、在线监测。而膜电极法具有操作简便、快速和干扰少（不受水样色度、浊度及化学滴定法中干扰物质的影响）等优点，并可实现现场监测和在线监测，应用广泛。

膜电极法根据分子氧透过薄膜的扩散速率来测定水中溶解氧，膜电极的薄膜只能透过气体，透过膜的氧气在电极上还原，产生的还原电流与氧的浓度成正比，通过测定还原电流就可以得到水样中溶解氧的浓度。

（三）电导测定法

用非导电的金属铊或其他化合物与水中溶解氧反应生成能导电的铊离子。通过测定水样电导率的增量，求得溶解氧的浓度。实验结果表明：每增加 0.035 S/cm 的电导率相当于 1 mg/L 的溶解氧。此法是测定溶解氧最灵敏的方法之一，可连续监测。

三、硫化物的测定

地下水，特别是温泉水中常含有硫化物，通常地表水中硫化物含量不高，受到污染时，水中的硫化物主要来自在厌氧条件下硫酸盐和含硫有机物的微生物的还原和分解，生成硫化氢，产生臭味并使水呈黑色。生活污水中有机硫化物含量较高，某些工业废水，如石油炼制、人造纤维、制革、印染、焦化、造纸等中也会含有硫化物。

硫化氢为强烈的神经毒物，对黏膜有明显刺激作用，在水中达到一定浓度（200 mg/L）会致水生生物死亡，当空气中含有 0.2% 硫化氢气体时，几分钟内就会致人死亡。硫化氢还会腐蚀金属，如被氧化为硫酸，进而腐蚀下水道。

当环境中检出硫化物时，往往说明水质已受到严重污染，因此硫化物是水体污染的一项重要指标。

测定硫化物的方法有对氨基二甲基苯胺分光光度法、碘量法、电位滴定法、离子色谱法、库仑滴定法、比浊法等。本书主要介绍对氨基二甲基苯胺分光光度法、碘量法和电位滴定法。

（一）水样的预处理

1. 乙酸锌沉淀—过滤法

当水样中只含有少量硫代硫酸盐、亚硫酸盐等干扰物质时，可将现场采集并已固定的水样，用中速定量滤纸或玻璃纤维滤膜进行过滤，然后按含量的高低选择适当的方法，直接测定沉淀中的硫化物。

2. 酸化—吹气法

若水样中存在悬浮物或混浊度高、色度深，可将现场采集固定后的水样加入一定量的磷酸，使水样中的硫化锌转变为硫化氢气体，利用载气将硫化氢吹出，乙酸锌溶液或 2% 氢氧化钠溶液吸收，再行测定。

3. 过滤—酸化—吹气分离法

若水样污染严重，不仅含有不溶性物质及影响测定的还原性物质，并且浊度和色度都高时，宜用此法。即将现场采集且固定的水样，用中速定量滤纸或玻璃纤维滤膜过滤后，按酸化—吹气法进行预处理。

预处理操作是测定硫化物的一个关键性步骤，应注意既消除干扰物的影响，又不致造成硫化物的损失。即硫化物测定中样品预处理的目的是消除干扰和提高检测能力。

（二）对氨基二甲基苯胺分光光度法

对氨基二甲基苯胺分光光度法测定硫离子原理：在含高铁离子的酸性溶液中，硫离子与对氨基二甲基苯胺反应，生成蓝色亚甲蓝染料，颜色深度与水样中硫离子浓度成正比，于665 nm处测其吸光度,用标准曲线法定量,得水样中硫化物的含量。

采用该法,硫离子最低检出浓度为0.02 mg/L,测定上限为0.8 mg/L。当采用酸化—吹气法预处理时,可进一步降低检出浓度。酌情减少取样量,测定浓度可高达4 mg/L。当水样中硫化物的含量小于1 mg/L时,采用对氨基二甲基苯胺分光光度法。此法适用于地表水和工业废水中硫化物的测定。

(三)碘量法

碘量法测定硫离子原理:水样中的硫化物与乙酸锌生成白色硫化锌沉淀,将其用酸溶解后,加入过量碘溶液,则碘与硫化物反应析出硫,用硫代硫酸钠标准溶液滴定剩余的碘,根据硫代硫酸钠标准溶液消耗量,间接计算得出硫化物的含量。

碘量法适用于硫化物含量大于1 mg/L的水和废水的测定。采用该法,硫离子最低检出浓度为0.02 mg/L,测定上限为0.8 mg/L。

(四)电位滴定法

电位滴定法测定硫离子原理:用硝酸铅标准溶液滴定硫离子,生成硫化铅沉淀。以硫离子选择电极作为指示电极,双盐桥饱和甘汞电极作为参比电极,与被测水样组成原电池。用晶体管毫伏计或酸度计测量原电池电动势的变化,根据滴定终点电位突跃,求出硝酸铅标准溶液用量,即可计算出水样中硫离子的含量。

该方法不受色度、浊度的影响。但硫离子易被氧化,常加入抗氧缓冲溶液(SAOB)予以保护。SAOB溶液中含有水杨酸和抗坏血酸。水杨酸能与Fe^{3+}、Fe^{2+}、Cu^{2+}、Cd^{2+}、Zn^{2+}、Cr^{3+}等多种金属离子生成稳定的络合物;抗坏血酸能还原Ag^{+}、Hg^{2+}等,消除它们的干扰。

该方法适宜测定硫离子浓度范围为$10^{-1}\sim10^{-3}$mol/L,最低检出浓度为0.2 mg/L。

四、含氮化合物的测定

含氮化合物包括无机氮和有机氮。随生活污水和工业废水中大量含氮化合物进入水体,氮的自然平衡遭到破坏,使水质恶化,是产生水体富营养化的主要原因。有机氮在微生物作用下,逐渐分解变成无机氮,以氨氮、亚硝酸盐氮、硝酸盐氮形式存在,因此测定水样中各种形态的含氮化合物,有助于评价水体被污染和自净情况。

(一)氨氮

氨氮(NH_3—N)以游离氨(NH_3)或氨盐(NH_4^+)形式存在于水中,两者的组成比取决于水的pH值。当pH值偏高时,游离氨的比例较高;当pH值偏低时,氨盐的比例较高。

水中氨氮的来源主要为生活污水中含氮有机物受微生物作用的分解产物,某些工业废水,如焦化废水和合成氨化肥厂废水等以及农田排水。

氨氮的测定方法有纳氏试剂分光光度法、滴定法和水杨酸-次氯酸盐分光光度法及电极法等。

1.水样的预处理

水样带色或混浊以及含有其他一些干扰物质,影响氨氮的测定。为消除干扰需对水样做适当预处理。对较清洁的水,可采用絮凝沉淀法,对污染严重的水或工业废水,可采用蒸馏法。

1)絮凝沉淀法

先在水样中加适量硫酸锌溶液,再加入氢氧化钠溶液,生成氢氧化锌沉淀,经过滤即可除去颜色和混浊等。也可在水样中加入氢氧化铝悬浮液,过滤除去颜色和混浊。

2)蒸馏法

调节水样的 pH 值至6.0~7.4,加入适量氧化镁使其显微碱性(或加入 pH 值为9.5的 $Na_4B_4O_7$—NaOH 缓冲溶液使呈弱碱性)蒸馏,释出的氨被吸收于硫酸或硼酸溶液中。纳氏法和滴定法以硼酸为吸收液,水杨酸-次氯酸盐法以硫酸为吸收液。

2. 纳氏试剂分光光度法

纳氏试剂分光光度法测氨氮的原理:在水样中加入碘化钾和碘化汞的强碱性溶液(纳氏试剂),与氨反应生成黄棕色胶态化合物,此颜色在较宽的波长范围内具有强烈吸收。通常于410~425 nm 波长处测吸光度,采用标准曲线法定量,求出水样中氨氮含量。

纳氏试剂分光光度法测氨氮的最低检出浓度为0.025 mg/L,测定上限为2 mg/L。采用目视比色法,最低检出浓度为0.02 mg/L。水样做适当的预处理后,可适用于地表水、地下水、工业废水和生活污水中氨氮的测定。

3. 滴定法

滴定法原理:取一定体积的水样,调节 pH 值至6.0~7.4,加入氧化镁使其呈微碱性。加热蒸馏,释出的氨被吸收入硼酸溶液中,以甲基红-亚甲蓝为指示剂,用酸标准溶液滴定馏出液中的铵(溶液从绿色到紫色为滴定的终点),得出水样中氨氮的含量。

滴定法适合测定铵离子浓度超过5 mg/L 或严重污染的水体,或水样中伴随有影响使用比色法测定的有色物质。使用滴定法测定氨氮的水样,必须已进行蒸馏预处理。

4. 水杨酸-次氯酸盐分光光度法

水杨酸-次氯酸盐分光光度法测氨氮的原理:在亚硝基铁氰化钠作为催化剂条件下,铵与水杨酸盐和次氯酸离子在碱性条件下反应生成蓝色化合物,其颜色的深浅与氨氮浓度成正比,在波长697 nm 最大吸收处测吸光度,用标准曲线法定量,得水样中氨氮的含量。

水杨酸-次氯酸盐分光光度法测氨氮的最低检出浓度为0.01 mg/L,测定上限为1 mg/L。适用于饮用水、生活污水和大部分工业废水中氨氮的测定。

5. 电极法

氨气敏电极为一复合电极,以 pH 玻璃电极为指示电极,银-氯化银电极为参比电极。此电极对置于盛有0.1 mol/L 氯化铵内充液的塑料套管中,管端部紧贴指示电极敏感膜处装有疏水半渗透膜,使内部电解液与外部试液隔开,半透膜与 pH 玻璃电极间有一层很薄的液膜。当水样中加入强碱溶液将 pH 提高到11以上,使铵盐转化为氨,生成的氨由于扩散作用而通过半透膜(水和其他离子则不能通过),使氯化铵电解质液膜层内 $NH_4^+ - NH_3$ 的反应向左移动,引起氢离子浓度改变,由 pH 玻璃电极测得其变化。在恒定的离子强度下,测得的电动势与水样中氨氮浓度的对数呈一定的线性关系。由此,可从测得的电位值确定样品中氨氮的含量。

电极法测定氨氮的最低检出浓度为0.03 mg/L,测定上限为1 400 mg/L。适用于饮用水、地表水、生活污水和工业废水中氨氮含量的测定。

(二)亚硝酸盐氮

亚硝酸盐(NO_2^- - N)是含氮化合物分解过程中的中间产物,不稳定。根据水环境条件,可被氧化成硝酸盐,也可被还原成氨。亚硝酸盐可使人体正常的血红蛋白氧化成高铁血红蛋白,发生高铁血红蛋白症,失去血红蛋白在体内输送氧的能力,出现组织缺氧的症状。

亚硝酸盐可与仲胺类反应生成具致癌性的亚硝胺类物质,在 pH 值较低的酸性条件下,有利于亚硝胺类物质的形成。

水中亚硝酸盐的测定方法通常采用重氮 - 偶联反应,生成红紫色染料,方法灵敏、选择性强。所用重氮和偶联试剂种类较多,最常用的,前者为对氨基苯磺酰胺和对氨基苯磺酸,后者为 N - (1 - 萘基) - 乙二胺和 a - 萘胺。

亚硝酸盐氮的测定方法有 N - (1 - 萘基) - 乙二胺分光光度法和离子色谱法。

1. N - (1 - 萘基) - 乙二胺分光光度法

N - (1 - 萘基) - 乙二胺分光光度法测亚硝酸盐氮的原理:在磷酸介质中,pH = 1.8 ±0.3 时,亚硝酸盐与对氨基苯磺酰胺反应,生成重氮盐,再与 N - (1 - 萘基) - 乙二胺偶联生成红色染料,于 540 nm 波长处测定吸光度,标准曲线定量,求出水样中亚硝酸盐氮的含量。

N - (1 - 萘基) - 乙二胺分光光度法测亚硝酸盐氮的最低检出浓度为 0.003 mg/L,测定上限为 0.20 mg/L。适用于饮用水、地表水、地下水、生活污水和工业废水中亚硝酸盐氮含量的测定。

2. 离子色谱法

离子色谱法测定亚硝酸盐氮的原理:利用离子交换的原理,连续对多种阴离子进行定性和定量分析。水样注入碳酸盐 - 碳酸氢盐溶液并流经系列的离子交换树脂,基于待测阴离子对低容量强碱性阴离子树脂的相对亲和力不同而分开。被分离的阴离子,在流经强酸性阳离子树脂时,被转换为高电导的酸型,碳酸盐 - 碳酸氢盐则转变为低电导的碳酸。用电导检测器测量被转变为相应酸型的阴离子,与标准比较,根据保留时间定性,峰高或峰面积定量。

离子色谱法测定亚硝酸盐氮的测定下限为 0.1 mg/L。当进样量为 100 mL 时,用 10 ms 满刻度电导检测器时 F^- 为 0.02 mg/L、Cl^- 为 0.04 mg/L、NO_2^- 为 0.05 mg/L、Br^- 为 0.15 mg/L、PO_4^{3-} 为 0.20 mg/L、SO_4^{2-} 为 0.10 mg/L。此法可以连续测定饮用水、地表水、地下水、雨水中的 F^-、Cl^-、NO_2^-、Br^-、PO_4^{3-}、SO_4^{2-}。

(三)硝酸盐氮

水中的硝酸盐是在有氧环境下,各种形态的含氮化合物中最稳定的氮化合物,也是含氮有机物经无机化作用最终阶段的分解产物。亚硝酸盐可经氧化而生成硝酸盐,硝酸盐在无氧环境中,也可受微生物的作用而还原为亚硝酸盐。人摄取硝酸盐后,经肠道中微生物作用转变为亚硝酸盐而出现毒性作用。硝酸盐氮的主要来源为制革、酸洗废水、某些生化处理设施的出水和农田排水。

硝酸盐氮的测定方法有酚二磺酸分光光度法、镉柱还原法、戴氏合金还原法、紫外分光光度法、离子选择电极法和离子色谱法。

1. 酚二磺酸分光光度法

酚二磺酸分光光度法测硝酸盐氮的原理：硝酸盐在无水情况下与酚二磺酸反应，生成硝基二磺酸酚，在碱性溶液中生成黄色硝基酚二磺酸三钾盐化合物，于410 nm 波长处测定吸光度，标准曲线法定量，求出水样中硝酸盐氮含量。

酚二磺酸分光光度法测硝酸盐氮的最低检出限为0.02 mg/L，测定上限为2.0 mg/L，适用于测定饮用水、地下水和清洁地表水。

2. 镉柱还原法

镉柱还原法测定硝酸盐氮的原理：在一定条件下，水样通过镉还原柱（铜－镉、汞－镉、海绵状镉），使硝酸盐还原为亚硝酸盐，然后以重氮－偶联反应，标准曲线定量，求出水样中亚硝酸盐氮的含量。硝酸盐氮含量即测得的总亚硝酸盐氮减去未还原水样中所含亚硝酸盐。

镉柱还原法测定硝酸盐氮的测定范围为0.01～0.4 mg/L，适用于硝酸盐含量较低的饮用水、清洁地表水和地下水。

3. 戴氏合金还原法

戴氏合金还原法测定硝酸盐氮的原理：在碱性介质中，硝酸盐可被戴氏合金在加热情况下定量还原为氨，经蒸馏出后被硼酸溶液吸收，用纳氏分光光度法或酸滴定法测定。

戴氏合金还原法测定硝酸盐氮适用于硝酸盐氮含量大于2 mg/L 的水样，可以测定带深色的严重污染的水及含大量有机物或无机盐的废水中硝酸氮的含量。

4. 紫外分光光度法

紫外分光光度法测定硝酸盐氮的原理：利用硝酸根离子在220 nm 波长处的吸收而定量测定硝酸盐氮。溶解的有机物在220 nm 处也会有吸收，而硝酸根离子在275 nm 处没有吸收。因此，在275 nm 处另做一次测量，以校正硝酸盐氮值。

紫外分光光度法测定硝酸盐氮的最低检出浓度为0.08 mg/L，测定上限为4 mg/L。适用于测定清洁地表水和未受明显污染的地下水中的硝酸盐氮。

五、氰化物的测定

氰化物属于剧毒物，可分为简单氰化物、络合氰化物和有机腈。其中，简单氰化物易溶于水，毒性大；络合氰化物在水体中受pH 值、水温和光照等影响离解为毒性强的简单氰化物。氰化物对人体的毒性主要是引起组织缺氧窒息。地表水一般不含氰化物，主要来源是电镀、化工、选矿、有机玻璃制造等工业废水的排放。

氰化物的测定方法有硝酸银滴定法、异烟酸－吡唑啉酮分光光度法、吡啶－巴比妥酸分光光度法和离子选择电极法。

（一）水样的预处理

（1）向水样中加入酒石酸和硝酸锌，调节pH 值为4，加热蒸馏，简单氰化物和部分络合物以氰化氢形式被蒸馏出，用氢氧化钠溶液吸收待测。

（2）向水样中加入磷酸和EDTA，在pH 值小于2 的条件下加热蒸馏，可将全部简单氰化物和除钴氰化合物外的绝大部分络合氰化物以氰化氢形式蒸馏出来，用氢氧化钠溶液吸收待测。

（二）硝酸银滴定法

硝酸银滴定法测定氰化物的原理：水样经预处理后得到碱性馏出液（调节溶液的 pH 值至 11 以上），用硝酸银标准溶液滴定，氰离子与硝酸银作用形成可溶性的银氰络合离子 $[Ag(CN)_2]^-$，过量的银离子与试银灵指示液反应，溶液由黄色变为橙红色，即为终点。

当水样中氰化物含量在 1 mg/L 以上时，可用硝酸银滴定法进行测定。检测上限为 100 mg/L。硝酸银滴定法适用于测定饮用水、地表水、生活污水和工业废水中的氰化物。

（三）异烟酸－吡唑啉酮分光光度法

异烟酸－吡唑啉酮分光光度法测定氰化物的原理：水样经预处理后得到馏出液，调节溶液的 pH 值至中性，加入氯胺 T 溶液，水样中的氰化物与之反应生成氯化氰，生成的氯化氰再与加入的异烟酸作用，经水解后生成戊烯二醛，生成的戊烯二醛与吡唑啉酮缩合生成蓝色染料，其色度与氰化物的含量成正比，在 638 nm 波长处测其吸光度，采用标准曲线法定量，得出水样中氰化物的含量。

异烟酸－吡唑啉酮分光光度法测定氰化物的最低检出浓度为 0.004 mg/L，测定上限为 0.25 mg/L。适用于测定饮用水、地表水、生活污水和工业废水中的氰化物。

（四）吡啶－巴比妥酸分光光度法

吡啶－巴比妥酸分光光度法测定氰化物的原理：水样经预处理后得到馏出液，调节溶液的 pH 值至中性，加入氯胺 T 溶液，水样中的氰化物与之反应生成氯化氰，生成的氯化氰再与加入的吡啶作用，经水解后生成戊烯二醛，生成的戊烯二醛与两个巴比妥酸分子缩合生成红紫色染料，其色度与氰化物的含量成正比，在 580 nm 波长处测其吸光度，标准曲线法定量，得出水样中氰化物的含量。

吡啶－巴比妥酸分光光度法测定氰化物的最低检测浓度为 0.002 mg/L，测定上限为 0.45 mg/L，适用于测定饮用水、地表水、生活污水和工业废水中的氰化物。

六、氟化物的测定

氟是维持人体健康必需的微量元素之一。我国饮用水中适宜的氟浓度为 0.05～1.0 mg/L。若饮用水中含量过低，摄入不足会引起龋齿病；若摄入量过多，则会患斑齿病，如水中含氟量高于 4 mg/L，则可导致氟骨病。

氟化物分布广泛，天然水中均含有氟。氟化物主要来源于有色冶金、钢铁和铝加工、焦炭、玻璃、陶瓷、电子、电镀、化肥农药厂的废水和含氟矿物废水的排放。

水中氟化物的测定方法有氟离子选择电极法、氟试剂分光光度法、茜素磺酸锆目视比色法、硝酸钍滴定法、离子色谱法。

（一）水样的预处理

通常采用预蒸馏的方法，主要有水蒸气蒸馏法和直接蒸馏法两种。

1. 水蒸气蒸馏法

水中氟化物在含高氯酸（或硫酸）的溶液中，通入水蒸气，以氟硅酸或氟化氢形式而被蒸出。

2. 直接蒸馏法

在沸点较高的酸溶液中，氟化物以氟硅酸或氢氟酸被蒸出，使其与水中干扰物分离。

(二)氟离子选择电极法

氟离子选择电极是一种以氟化镧单晶片为敏感膜的传感器。当氟离子电极与含氟的试液接触时,与参比电极构成的电池的电动势随溶液中氟离子活度的变化而改变。用晶体管毫伏计或电位计测量上述原电池的电动势,并与用氟离子标准溶液测得的电动势相比较,即可求得水样中氟化物的浓度。

氟离子选择电极法测氟化物的最低检出浓度为0.05 mg/L,测定上限为1 900 mg/L,适用于测定地下水、地表水和工业废水中的氟化物。

(三)氟试剂分光光度法

氟试剂分光光度法测定氟化物的原理:氟离子在pH值为4.1的乙酸盐缓冲介质中,与氟试剂和硝酸镧反应,生成蓝色三元络合物,其颜色的强度与氟离子浓度成正比。在620 nm波长处测其吸光度,标准曲线法定量,得出水样中氟化物的含量。

水样体积为25 mL,使用光程30 mm比色皿,氟试剂分光光度法测定氟化物的最低检测浓度为0.05 mg/L,测定上限为1.80 mg/L,适用于测定地下水、地表水和工业废水中的氟化物。

(四)茜素磺酸锆目视比色法

茜素磺酸锆目视比色法测定氟化物的原理:在酸性溶液中,茜素磺酸钠与锆盐生成红色络合物,当水样中有氟离子存在时,能夺取该络合物中锆离子,生成无色的氟化锆离子,释放出黄色的茜素磺酸钠。根据溶液由红褪至黄色的色度不同,与标准色列比色。茜素磺酸锆目视比色法测定氟化物的最低检测浓度为0.05 mg/L,测定上限为2.5 mg/L,适用于测定饮用水、地下水、地表水和工业废水中的氟化物。

(五)硝酸钍滴定法

硝酸钍滴定法测定氟化物的原理:在以氯乙酸为缓冲剂,pH值为3.2~3.5的酸性介质中,以茜素磺酸钠和亚甲蓝作为指示剂,用硝酸钍标准溶液滴定氟离子,当溶液由翠绿色变为蓝灰色,即为反应终点。根据硝酸钍标准溶液的用量即可算出氟离子的浓度。硝酸钍滴定法适用于测定氟含量大于50 mg/L废水中的氟化物。

七、其他非金属无机污染物的测定

其他非金属无机污染物根据水体类型和对水质要求不同,还可能要求测定其他非金属无机物项目,如氯化物、碘化物、硫酸盐、二氧化硅、余磷、余氯等。对于这些项目的测定可参阅《水和废水监测分析方法》等书籍。

任务五　有机化合物的测定

水体中的污染物质除无机化合物外,还含有大量的有机物质。有机污染物主要指以碳水化合物、蛋白质、脂肪、氨基酸等形式存在的天然有机物质及某些人工合成可生物降解的有机物质。有机化合物通常以毒性大、强致癌性和消耗水体中溶解氧的形式对环境和人体产生危害作用,所以有机物污染是水质监测非常重要的指标。

维1-7

衡量有机物污染程度，最好进行有机污染的全分析，但污染物种类多、数量大，在现有的技术水平下，对有机物逐一监测很难做到，目前多采用测定与水中有机化合物相当的需氧量来间接表示有机化合物的含量，如COD、BOD等；或对某一类有机化合物（如油类等）的测定。

有机化合物的测定方法主要有化学分析法、分光光度法、燃烧氧化法等。

一、化学需氧量（COD）

化学需氧量是指在一定条件下，用强氧化剂处理水样时所消耗氧化剂的量，以氧的毫克每升来表示。化学需氧量反映了水中受还原性物质污染的程度。水中还原性物质包括有机物、亚硝酸盐、亚铁盐、硫化物等。水被有机物污染是很普遍的，因此化学需氧量是表征水样中有机物相对含量的指标之一。

水样的化学需氧量可受加入氧化剂的种类及浓度、反应溶液的酸度、反应温度和时间，以及催化剂的有无而获得不同的结果。因此，化学需氧量也是一个条件性指标，必须严格按操作步骤进行。根据所用氧化剂的不同，化学需氧量的测定方法分为重铬酸钾法和高锰酸钾法。这两种方法至今已有100多年的历史，在20世纪50年代以前，环境污染尚不严重，多是用高锰酸钾法和生化需氧量来研究水体污染及其防治。60年代开始，环境污染日益严重，又因高锰酸钾的氧化率（仅50%左右）等因素的限制，重铬酸钾法应用的范围越来越广。

目前，我国新版的环境水质标准把高锰酸钾法测COD称为高锰酸盐指数，把重铬酸钾法测得的COD值称为化学需氧量。重铬酸钾法测COD是国际上广泛认定的标准方法。

COD的测定方法有重铬酸钾法、氧化还原电位滴定和库仑滴定等方法。

（一）重铬酸钾法

重铬酸钾法测定COD的原理：向水样中加入一定量的重铬酸钾溶液氧化水中还原性物质，在强酸性介质下以银盐作为催化剂沸腾回流后，以试亚铁灵为指示剂，用硫酸亚铁铵标准溶液回滴，同样条件做空白，根据硫酸亚铁铵标准溶液的用量计算水样的化学耗氧量。

（1）计算公式。

$$\text{COD}_{\text{Cr}}(\text{O}_2) = \frac{C \times (V_0 - V_1) \times 8 \times 1\,000}{V} \tag{1-17}$$

式中 V_0——滴定空白时消耗硫酸亚铁铵标准溶液体积，mL；

V_1——滴定水样时消耗硫酸亚铁铵标准溶液体积，mL；

V——水样体积，mL；

C——硫酸亚铁铵标准溶液浓度，mol/L；

8——氧的摩尔质量，g/mol。

（2）重铬酸钾氧化性很强（氧化率可达90%），可将大部分有机物氧化，但吡啶不被氧化，芳香族有机物不易被氧化；挥发性直链脂肪族化合物、苯等存在于蒸气相，不能与氧化剂液体接触，氧化不明显。氯离子能被重铬酸钾氧化，并与硫酸银作用生成沉淀，影响测定结果,在回流前加入适量硫酸汞去除。若氯离子含量过高应先稀释水样。

(3)COD 值大于 50 mg/L,用 0.25 mol/L 重铬酸钾氧化,用 0.1 mol/L 硫酸亚铁铵标准溶液回滴;COD 值为 0 ~ 50 mg/L,用 0.025 mol/L 重铬酸钾氧化,用 0.01 mol/L 硫酸亚铁铵标准溶液回滴。

(4)滴定终点颜色变化为由黄色经蓝绿色至红褐色。

(5)重铬酸钾法测定 COD 适用于工业废水。

(二)其他方法

测定 COD 除重铬酸钾法,还可用在酸性高锰酸钾法和重铬酸钾法基础上建立起来的氧化还原电位滴定法和库仑滴定法,配以自动化的检测系统制成的 COD 测定仪测定。目前 COD 测定仪广泛应用于水质 COD 的连续监测。

1. 氧化还原电位滴定法

水样被自动输入到检测水槽与硫酸溶液、硫酸银溶液及高锰酸钾溶液经自动计量后,被自动输送到氧化还原反应槽,温度调节器将水浴温度自动调节到沸点,反应 30 min 立即准确注入 10 mL 草酸标准溶液,终止氧化反应。过量的草酸以高锰酸钾溶液回滴,用电位差计测定铂指示电极和饱和甘汞电极之间的电位差,以确定反应终点,求出高锰酸钾标准溶液的消耗量,用反应终点指示器将其滴定耗去的容量转化为电信号,经运算回路变为 COD 值。由自动记录仪记录。

2. 恒电流库仑分析法

水样与 0.05 mol/L 高锰酸钾混合后在沸水浴中反应 30 min,在反应终了的溶液中加入 Fe^{3+},将恒电流电解产生的 Fe^{2+} 作为库仑滴定剂,与溶液中剩余的高锰酸钾反应,当反应达到终点时,电解停止。由电流与时间可知电解所消耗电量。根据法拉第定律,求出剩余的高锰酸钾的量,计算出高锰酸钾的实际用量,并换算为 COD 值而显示读数。

3. 闭管回流分光光度分析法

在酸性介质中,恒温闭管回流一段时间,使试样中还原性物质被重铬酸钾氧化,同时铬由六价至三价。试样中 COD 与三价铬离子的浓度成正比,在波长 600 nm 处测定试样吸光度,即可计算出水样的 COD。如分光光度计具有浓度直读功能,可直接从仪器上读出 COD 值。

二、高锰酸盐指数的测定

高锰酸盐指数是指在一定条件下,以高锰酸钾为氧化剂氧化水样中的还原性物质所消耗的高锰酸钾的量,以氧的毫克每升来表示。

高锰酸盐指数的测定原理:水样在碱性或酸性条件下,加入一定量高锰酸钾溶液,沸水中加热 30 min(以氧化水中的有机物),剩余的高锰酸钾溶液以过量草酸钠滴定,过量的草酸钠再用高锰酸钾溶液滴定,从而计算出高锰酸盐指数。

(1)国际标准化组织建议高锰酸盐指数仅限于测定地表水、饮用水和生活污水。

(2)高锰酸盐指数按介质不同,分为酸性高锰酸钾法和碱性高锰酸钾法。氯离子含量不超过 300 mg/L 时,采用酸性高锰酸钾法;超过 300 mg/L 时,采用碱性高锰酸钾法。

三、生化需氧量(BOD)的测定

生化需氧量是指在溶解氧充足的条件下,好氧微生物分解水中有机物的生物化学氧化过程中所消耗的溶解氧的量,以氧的毫克每升表示。好氧微生物分解水中有机物的同时,也会因氧化硫化物、亚铁等还原性无机物质消耗溶解氧,但这部分溶解氧所占比例很小。

水体要发生生物化学过程必须具备的三个条件:①好氧微生物;②足够的溶解氧;③能被微生物利用的营养物质。

有机物在微生物作用下好氧分解分为两个阶段。

第一阶段称为碳化阶段,主要是含碳有机物氧化为二氧化碳和水,完成碳化阶段在20 ℃大约需20 d。

第二阶段称为硝化阶段,主要是含氮有机化合物在硝化菌的作用下分解为亚硝酸盐和硝酸盐,完成硝化阶段在20 ℃大约需100 d。

这两个阶段同时进行,但各有主次。微生物分解有机物是一个缓慢的过程。一般在碳化阶段开始5~10 d后,硝化阶段刚刚开始。目前,国内外广泛采用(20 ±1)℃培养5 d所消耗的溶解氧的量,即BOD_5。

BOD_5是反映水体被有机物污染程度的综合指标,也是研究污水的可生化降解性和生化处理效果,以及生化处理污水工艺设计和动力学研究中的重要参数。

(一)标准稀释法(五日培养法)

标准稀释法测BOD_5原理:取两份水样,一份测其当时的溶解氧;另一份在(20 ±1)℃培养5 d后,再测溶解氧,两者之差即为BOD_5。对溶解氧含量高、有机物含量较少的地表水,即水样的BOD_5,未超过7 mg/L,则不必进行稀释,可直接测定。

1. 稀释水

稀释水一般用蒸馏水配制,先通入经活性炭吸附及水洗处理的空气,曝气2~8 h,使水中溶解氧接近于饱和。停止曝气亦可导入适量纯氧。瓶口盖以两层经洗涤晾干的纱布,置于20 ℃培养箱中数小时,使水中溶解氧的含量达8 mg/L左右。临用前,加入少量氯化钙、氯化铁、硫酸镁等营养盐溶液(保证微生物生长需要)及磷酸盐缓冲溶液,混匀备用。稀释水指标pH值7.2,BOD_5应小于0.2 mg/L。

稀释目的是降低水样中有机物的浓度,使整个分解过程在有溶解氧的条件下进行。稀释程度应使培养中所消耗的溶解氧大于2 mg/L,而剩余溶解氧在1 mg/L以上。若剩余溶解氧小于1 mg/L,减小稀释倍数,再测。

稀释倍数的确定有以下两个方面:

(1)地表水可由测得的高锰酸盐指数乘以适当的系数求出稀释倍数,见表1-7。

表1-7 高锰酸盐指数对应的系数

高锰酸盐指数(mg/L)	系数	高锰酸盐指数(mg/L)	系数
<5	—	10~20	0.4、0.6
5~10	0.2、0.3	>20	0.5、0.7、1.0

(2)工业废水可由重铬酸钾法测得的 COD 值确定。通常需做 3 个稀释比,即使用稀释水时,由 COD 分别乘以系数 0.075、0.15、0.225,即获得 3 个稀释倍数;使用接种稀释水时,则分别乘以 0.075、0.15 和 0.25,获得 3 个稀释倍数。

2. 接种

对于不含或少含微生物的工业废水,如酸性废水、碱性废水、高温废水或经过氯化处理的废水,在测定 BOD_5 时应进行接种,以引入能降解废水中有机物的微生物。当废水中存在着难被一般生活污水中的微生物以正常速度降解的有机物或有剧毒物质时,应将驯化后的微生物引入水样中进行接种。

可选择以下任一方法,以获得适用的接种液。

(1)城市污水,一般采用生活污水,在室温下放置一昼夜,取上清液供使用。

(2)表层土壤浸出液,取 100 g 花园土壤或植物生长土壤,加入 1 L 水,混合并静置 10 min,取上清液供使用。

(3)用含城市污水的河水或湖水。

(4)污水处理厂的出水。

(5)当分析含有难以降解物质的废水时,在其排污口下游 3 ~ 8 km 处取水样作为废水的引化接种液。如无此种水源,可取中和或经适当稀释后的废水进行连续曝气,每天加少量该种废水,同时加入适量表层土壤或生活污水,使能适应该种废水的微生物大量繁殖。

当水中出现大量絮状物,或检查其化学需氧量的降低值出现突变时,表明适用的微生物已进行繁殖,可用作接种液。

接种稀释水:分取适量接种液,加于稀释水中,混匀获得。指标 pH 值应为 7.2, BOD_5 值为 0.3 ~ 1.0 mg/L 为宜。

3. 计算公式

对不经稀释直接培养的水样

$$BOD_5 = C_1 - C_2 \tag{1-18}$$

式中　C_1——水样在培养前溶解氧的浓度,mg/L;

C_2——水样经 5 d 培养后剩余溶解氧的浓度,mg/L。

对稀释后培养的水样

$$BOD_5 = \frac{(C_1 - C_2) - (B_1 - B_2)f_1}{f_2} \tag{1-19}$$

式中　B_1——稀释水(或接种稀释水)在培养前的溶解氧的浓度,mg/L;

B_2——稀释水(或接种稀释水)在培养后的溶解氧的浓度,mg/L;

f_1——稀释水(或接种稀释水)在培养液中所占比例;

f_2——水样在培养液中所占比例。

标准稀释法适用于测定 BOD_5 大于等于 2 mg/L,最大不超过 6 000 mg/L 的水样。当水样 BOD_5 大于 6 000 mg/L 时,会因稀释带来一定的误差。

(二)其他方法

目前测定 BOD 值常采用 BOD 测定仪,该方法操作简单,重现性好,并可直接读取

BOD 值。

1. 检压库仑式 BOD 测定仪

在密闭系统中，微生物分解有机物所消耗的氧气量用电解产生的氧气补给，从电解所需的氧气量来求得氧的消耗量，仪器自动显示测定结果，记录生化需氧量曲线。

2. 测压法

在密闭系统中，微生物分解有机物消耗溶解氧会引起气压的变化，通过测定气压的变化，即可得出水样的 BOD 值。

3. 微生物电极法

用微生物电极求得微生物分解有机物消耗溶解氧量，仪器经标准 BOD 物质溶液校准后，可直接显示被测溶液的 BOD 值，并在 20 min 内完成一个水样测定。

除上述测定方法外，还有活性污泥法、相关估算法等。

四、总有机碳（TOC）

总有机碳是以碳的含量表示水体中有机物质总量的综合指标。由于 TOC 的测定采用燃烧法，因此能将有机物全部氧化，它比 BOD_5 或 COD 更能直接表示有机物的总量，常常被用来评价水体中有机物污染的程度。

近年来，国内外已研制成各种 TOC 分析仪。按工作原理不同，可分为燃烧氧化—非分散红外吸收法、电导法、气相色谱法、湿法氧化—非分散红外吸收法等。目前广泛采用燃烧氧化—非分散红外吸收法。

燃烧氧化—非分散红外吸收法测定 TOC 的原理是将一定量水样注入高温炉内的石英管，在 900～950 ℃温度下，以铂和三氧化二铬为催化剂，使有机物燃烧裂解转化为二氧化碳，然后用红外线气体分析仪测定 CO_2 含量，从而确定水样中碳的含量。因为在高温下，水样中的碳酸盐也分解产生 CO_2，故上面测得的为水样中的总碳（TC）。

为获得有机碳含量，可采用以下两种方法。

（一）直接测定法

将水样预先酸化，通入氮气曝气，驱除各种碳酸盐分解生成二氧化碳后注入仪器测定。但由于在曝气过程中会造成水样中挥发性有机物质的损失而产生测定误差，所以所测结果只是不可吹出的有机碳含量。

（二）间接测定法

使用高温炉和低温炉皆有的 TOC 测定仪。将同样等量的水样分别注入高温炉（900 ℃）和低温炉（150 ℃）。高温炉中水样中的有机碳和无机碳均转化为 CO_2，而低温炉的石英管中装有磷酸浸渍的玻璃棉，能使无机碳酸盐在 150 ℃分解为 CO_2，有机物却不能被分解氧化。将高、低温炉中生成的 CO_2 依次导入非色散红外气体分析仪。

由于一定波长的红外线被 CO_2 选择吸收，在一定浓度范围内 CO_2 对红外线吸收的强度与 CO_2 的浓度成正比，所以可对水样总碳（TC）和无机碳（IC）进行定量测定。总碳（TC）和无机碳（IC）的差值，即为总有机碳（TOC）。

TOC 分析仪测定流程见图 1-9。此方法的检测限为 0.5 mg/L，测定上限浓度为 400 mg/L。若变换仪器灵敏度档次，可继续测定大于 400 mg/L 的高浓度样品。

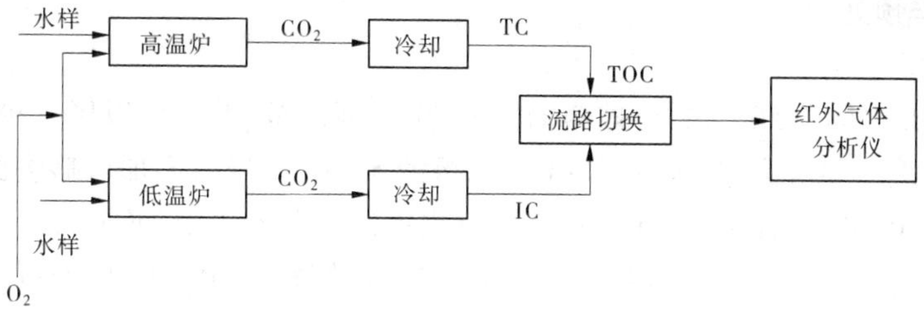

图 1-9　TOC 分析仪测定流程

五、总需氧量(TOD)

总需氧量(TOD)是指水中能被氧化的物质,主要是有机物质在燃烧中变成稳定的氧化物时所需要的氧量,以氧的毫克每升来表示。它是衡量水体中有机物污染程度的一项指标。

总需氧量常用 TOD 测定仪来测定。TOD 测定原理是将一定量水样注入装有铂催化剂的石英燃烧管中,通入含已知氧浓度的载气(氮气)作为原料气,水样中的还原性物质在 900 ℃下被瞬间燃烧氧化。测定燃烧前后原料气中氧浓度的减少量,即可求出水样的总需氧量。TOD 值能反映几乎全部有机物质经燃烧后变成 CO_2、H_2O、NO、SO_2 等所需要的氧量,它比 BOD_5、COD 和高锰酸盐指数更接近于理论需氧量值。

TOD 和 TOC 的比例关系可用来粗略判断水样中有机物的种类。对于含碳化合物,因为一个碳原子消耗两个氧原子,即 $O_2/C = 2.67$,因此从理论上说,$TOD = 2.67TOC$。若某水样的 TOD/TOC 为 2.67 左右,可认为主要是含碳有机物;若 $TOD/TOC > 4.0$,则应考虑水中有较大量的含 S、P 有机物存在;若 $TOD/TOC < 2.6$,可能含有较大量的硝酸盐和亚硝酸盐,它们在高温和催化条件下分解放出氧气,使 TOD 测定出现负误差。

BOD_5、COD 和 TOD 之间没有固定的相关关系,具体比值取决于实际废水水质。

六、挥发酚类的监测

酚类为原生质毒,属高毒物质。人体摄入一定量时,可出现急性中毒症状,长期饮用被酚污染的水,可引起头昏、出疹、瘙痒、贫血及各种神经系统症状。水中含低浓度(0.1 ~0.2 mg/L)酚类时,鱼肉有异味;高浓度(>5 mg/L)时,鱼类会中毒死亡。用含酚浓度高的废水灌溉农田,会使农作物减产或枯死。

常根据酚的沸点、挥发性和能否与水蒸气一起蒸出,分为挥发酚和不挥发酚。通常认为沸点在 230 ℃以下为挥发酚,一般为一元酚;沸点在 230 ℃以上为不挥发酚。酚的主要污染源有煤气洗涤、炼焦、合成氨、造纸、木材防腐和化工行业排出的工业废水。我国规定的各种水质指标中,酚类指标指的是挥发性酚,测定的结果均以苯酚(C_6H_5OH)表示。

测定水中酚的方法很多,较经典的方法有容量法、分光光度法和气相色谱法;近年发展起来的方法还有酚氧化酶生物传感器法、示波极谱法、荧光光谱法、原子吸收光谱法等。但常用的方法只有溴化容量法、4 - 氨基安替比林比色法,这也是中国规定的标准检验方法。

(一)水样预处理

1. 蒸馏法

取250 mL水样于500 mL全玻蒸馏器中,用磷酸调至 pH <4,以甲基橙作为指示剂,使水样由橘黄色变成橙红色,加入5% $CuSO_4$溶液5 mL(采样时已加可略去此操作),加热蒸馏,用内装10 mL蒸馏水的250 mL容量瓶收集(冷凝管插入液面以下),待蒸馏出200 mL左右时,停止加热,稍冷后再向蒸馏瓶中加入蒸馏水50 mL,继续蒸馏,直至收集250 mL。

水样预蒸馏的目的是分离出挥发酚和消除颜色、混浊和金属离子的干扰。当水样中存在氧化剂和还原剂、油类等干扰物时,应在蒸馏前去除。

2. 吸附树脂富集法

吸附树脂富集法是近十几年来发展起来的用于测酚水样分离富集酚的一种新方法,它具有吸附容量大、吸附—解吸的可逆性好及富集倍率高的特点。该法富集倍率达到100倍,配合分光光度法检测,检测限可达到0.002 mg/L。

(二)溴化容量法

溴化容量法测酚的原理是取一定量的水样,加入过量溴化剂($KBrO_3$和 KBr),剩余的溴与加入的碘化钾溶液反应生成碘,以淀粉为指示剂,用标准 $Na_2S_2O_3$溶液滴定生成的碘,同时做空白。根据标准 $Na_2S_2O_3$溶液消耗的体积计算出以苯酚计的挥发酚含量。

溴化容量法测酚适用于含酚浓度高的各种污水,尤其适用于车间排污口或未经处理的总排污口废水。

(三)4-氨基安替比林比色法

4-氨基安替比林比色法测酚的原理是酚类化合物在 pH <10 ±0.2 和铁氰化钾存在的条件下,与4-氨基安替比林反应,生成橙红色的吲哚安替比林染料,于波长510 nm处测定吸光度(若用氯仿萃取此染料,有色溶液可稳定3 h,可于波长460 nm处测定吸光度),求出水样中挥发酚的含量。

4-氨基安替比林比色法测酚的最低检出浓度(用20 nm的比色皿时)为0.1 mg/L萃取后,用30 nm比色皿时,最低检出浓度为0.002 mg/L,测定上限为0.12 mg/L。该法适用于各类污水中酚含量的测定。

七、矿物油的测定

矿物油漂浮于水体表面,直接影响空气与水体界面之间的氧交换。分散于水体中的常被微生物氧化分解,而消耗水中的溶解氧,使水质恶化。另外,矿物油中还含有毒性大的芳烃类。矿物油的主要污染源有工业废水和生活污水,工业废水的石油类(各种烃的混合物)污染物主要来自于原油开采、加工运输、使用及炼油企业等。

矿物油的测量方法有称量法、非色散红外法、紫外分光光度法、荧光法、比浊法等。

(一)称量法

称量法测矿物油的原理是取一定量的水样,加硫酸酸化,用石油醚萃取矿物油,然后蒸发除去石油醚,称量残渣重,计算出矿物油的含量。

称量法测矿物油适用于含10 mg/L矿物油的水样,不受油种类的限制。

（二）非色散红外法

非色散红外法测矿物油的原理：非色散红外法属于红外吸收法。利用石油类物质的甲基（$-CH_3$）、亚甲基（$-CH_2$）在近红外（3.4 μm）有特征吸收，作为测定水样中油含量的基础。标准油采用受污染地点水中石油醚萃取物。根据原油组分特点，也可采用混合石油烃作为标准油，其组分为：十六烷：异辛烷苯 = 25：10（体积比）。测定时，先用硫酸将水样酸化、加氯化钠破乳化，再用三氯三氟乙烷萃取，萃取液经过无水硫酸钠过滤、定容、注入红外油分析仪直接读取油含量。

非色散红外法测矿物油适用范围为 0.1 ~ 200 mg/L 的含油水样。

（三）紫外分光光度法

紫外分光光度法测矿物油的原理：石油及产品在紫外光区有特征吸收。带有苯环的芳香族化合物的主要吸收波长为 250 ~ 260 nm；带有共轭双键的化合物主要吸收波长为 21 ~ 230 nm；一般原油的两个吸收波长为 225 nm；原油与重质油可选 254 nm，轻质油及炼油厂的油品可选择 225 nm。水样用硫酸酸化，加氯化钠破乳化，然后用石油醚萃取物，用紫外分光光度法定量。紫外分光光度法的适用范围为 0.05 ~ 50 mg/L 含矿物油水样。

八、阴离子洗涤剂的监测

阴离子洗涤剂主要指直链烷基苯磺酸钠（LAS）和烷基磺酸钠类物质。洗涤剂的污染会造成水面产生不易消失的泡沫，并消耗水中的溶解氧。水中阴离子洗涤剂的测定方法，常用的是亚甲蓝分光光度法。

亚甲蓝分光光度法的原理：阴离子染料亚甲蓝与阴离子表面活性剂（包括直链烷基苯磺酸钠、烷基磺酸钠和脂肪醇硫酸钠）作用，生成蓝色的离子对化合物，这类能与亚甲蓝作用的物质统称亚甲蓝活性物质（MBAS）。生成的显色物可被三氯甲烷萃取，其色度与浓度成正比，并可用分光光度计在波长 652 nm 处测量三氯甲烷层的吸光度。

亚甲蓝分光光度法适用于测定饮用水、地表水、生活污水及工业废水中溶解态的低浓度亚甲蓝活性物质，亦即阴离子表面活性物质。在实验条件下，主要被测物是直链烷基苯磺酸钠（LAS）、烷基磺酸钠和脂肪醇硫酸钠。但亦可由于含有能与亚甲蓝起显色反应并被三氯甲烷萃取的物质而产生一定的干扰。当采用 10 mm 比色皿，试样为 100 mL 时，本法的最低检出浓度为 0.050 mg/L LAS，检测上限为 2.0 mg/L LAS。

【思考题】

1. 什么是水体？什么叫水体污染和水体污染物？
2. 水体污染分为哪几种类型？
3. 水质指标有哪几种类型？试举例说明。
4. 水体污染物分为哪几类？分别有何危害？
5. 简述水样消解与富集的方法。
6. 怎样确定地下水采样时间和频率？
7. 怎样确定底质监测的采样断面和采样点的位置？
8. 地表水样的采集有哪些主要方法？有哪些常用的水样采集器？
9. 采集地表水样时一般要注意哪些事项？

维 1-8

10. 废水样品的采集有哪些主要的采样方法?

11. 水样的运输要注意哪些问题?

12. 水样保护措施有哪些?

13. 水样预处理有什么目的,有哪些主要的水样预处理方法?

【技能训练】

实训一　水样色度的测定

维实 1-1

水样色度的测定方法有铂钴比色法和稀释倍数法。这两种方法应独立使用,一般没有可比性。铂钴比色法适用于较清洁水、轻度污染并略带有黄色色调的地表水、地下水和饮用水等色度的测定。而稀释倍数法适用于受工业污染较严重的地表水和工业废水色度的测定。

一、铂钴比色法

本法最低检测色度为 5 度,测定范围 5 ~ 70 度。

(一)实训目的

(1)了解样品的采集和保存;

(2)掌握标准色列的配制及色度的测定。

(二)原理

将一定量的氯铂酸钾与六水合氯化钴(Ⅱ)配成标准色列,与被测水样进行目视比色,确定待测水样的色度。

(三)仪器

(1)50 mL 具塞比色管(同一规格且刻度线高度一致)。

(2)吸量管。

(3)pH 计:精度为 ±0.1pH 单位。

(4)离心机。

(四)试剂

分析测试使用的试剂及水,除另有说明外,分析时均使用符合国家标准或专业标准的分析纯试剂、去离子水或同等纯度的水。

1. 光学纯水

用在 100 mL 蒸馏水或去离子水中浸泡 1 h 的 0.2 μm 滤膜,过滤蒸馏水或去离子水,弃去初液 250 mL。储水器应为无色、用光学纯水润洗 2 ~ 3 次的玻璃试剂瓶。用此水配制标准溶液和实验用水。

2. 铂钴标准溶液

称取 1.246 g 氯铂(Ⅵ)酸钾(K_2PtCl_6,相当于 500 mg 的铂)和 1.000 g 六水合氯化钴($CoCl_2 \cdot 6H_2O$,相当于 250 mg 的钴)溶于约 100 mL 水中,加 100 mL 盐酸(ρ = 1.18 g/mL),用水稀释至 1 000 mL。此溶液色度为 500 度,保存在玻璃试剂瓶中,存放暗处。

（五）实训内容

1. 采样

用至少 1 L 的清洁无色的玻璃瓶按采样要求采集具有代表性的水样。

2. 标准色列的配制

维实 1-2

在一组 50 mL 的比色管中，用移液管分别加入 0 mL、0.50 mL、1.50 mL、2.00 mL、2.50 mL、3.00 mL、3.50 mL、4.50 mL、5.00 mL、6.00 mL、7.00 mL 的铂钴标准溶液，用水稀释至刻度线，混匀，密塞保存。此标准色列可长期使用，但应防止此溶液蒸发及被玷污。请将对应的色度记录在数据记录实表 1-1 中。

3. 水样处理

将水样倒入 250 mL 量筒中，静置 15 min。

4. 测定

分取 50.0 mL 澄清透明水样于比色管中。若水样色度≥70 度，可酌情少取，用水稀释至 50.0 mL，使色度值落在标准溶液的色度范围内。

将水样与标准色列进行目视比色。观察时，在光线充足处，将水样与标准色列并列垂直放置，用白瓷板或白纸作衬底，目光自管口垂直向下观察，记下与水样色度相当的铂钴色度标准色列的色度。

（六）数据处理

（1）水样未经稀释，可直接根据观测报告与水样最接近的标准溶液的度值。若在 0～40 度（不包括 40 度）的范围内准确到 5 度；若在 40～70 度范围内，准确到 10 度。同时报告水样的 pH 值。

（2）经稀释的水样色度（A_0），也以度计。利用下式即可计算出待测水样的色度。色度测定数据记录在实表 1-1 中。

$$A_0 = A_1 \frac{V_1}{V_0}$$

式中　A_0——稀释后水样的色度，度；

A_1——稀释后水样的色度观察值，度；

V_1——水样稀释后的体积，mL；

V_0——取原水样的体积，mL。

实表 1-1　色度测定数据记录

水样 pH =

编号	1	2	3	4	5	6	7	8	9	10	11	12	13
标准溶液（mL）	0	0.50	1.00	1.50	2.00	2.50	3.00	3.50	4.00	4.50	5.00	6.00	7.00
色度（度）													
水样色度（度）													

（七）注意事项

（1）如水样混浊，则放置澄清或用离心法或用微孔 0.45 μm 滤膜滤去悬浮物，但不能用滤纸过滤。若预处理后仍得不到透明水样,则用"表色"报告。

(2)要取代表性的水样,盛于清洁、无色的玻璃瓶中,尽快测定。否则,应于4 ℃保存并在48 h内测定。

(3)如实验室无氯铂酸钾,可用重铬酸钾代替。称取0.043 7 g $K_2Cr_2O_7$和1.000 g $CoSO_4 \cdot 6H_2O$,溶于少量水中,加0.50 mL浓硫酸,用水稀释至500 mL。此溶液色度为500度。不宜久存。

(4)如水样色度恰好在两标准色列之间,则取两者中间数值。如果水样色度大于70度,则将水样稀释一定倍数后再进行比色。

二、稀释倍数法

(一)实训目的

(1)掌握用文字描述工业废水颜色及稀释倍数法的操作。

(2)了解水样的干扰及消除方法。

(二)原理

把水样用光学纯水稀释到目视比较和光学纯水相比刚好看不见颜色时的稀释倍数,以此表示水样的色度,单位是倍。目视观察水样,用文字描述水样的颜色,如深蓝色、棕黄色或暗黑色等。如有可能应包括水样的透明度。所以,结果以稀释倍数和文字描述相结合来表示水样的色度。

(三)仪器

(1)50 mL具塞比色管(同一规格且刻度线高度一致)。

(2)pH计:精度±0.1pH单位。

(四)实训内容

(1)用文字描述水样颜色的种类。取100 mL或150 mL澄清水样于烧杯中,将烧杯置于白瓷片或白纸上,观察并描述颜色的种类。

(2)分取澄清水样,用光学纯水以2的倍数逐级稀释,摇匀,将比色管以白瓷片或白纸为背景,自管口向下观察水样的颜色,并和光学纯水作对比,直至水样稀释至刚好与光学纯水无法区别,记下此时的稀释次数。

(五)数据处理

(1)色度(倍)用下式计算得到:

$$色度(倍) = 2^n$$

式中 n——以2的倍数稀释水样至刚好与光学纯水相比无法区别为止时的稀释次数。

(2)用文字来描述水样的颜色深浅、色调、透明度和pH值。

(六)注意事项

(1)所取水样应无树叶、枯枝等杂物。

(2)如果测定水样的真色,应用离心法去除悬浮物。如测定水样的表色,水样中大颗粒悬浮物干扰测定,应放置待其沉降后测定。

实训二　水中悬浮物(SS)的测定

一、实训目的

(1)掌握水中悬浮物测定的原理;

(2)掌握烘箱、滤膜、分析天平的使用;

(3)能完成水中悬浮物的测定操作。

维实 1-3

二、原理

悬浮物,又称不可滤残渣,是指截留在滤料上并于 103～105 ℃烘至恒重的固体。测定的方法是将单位体积水样通过滤料后,烘干固体残留物及滤料,将所称质量减去滤料质量,即为该水样的悬浮物值。

滤料,即孔径为 0.45 μm 滤膜或中速定量滤纸,若采用滤膜过滤则多采用负压抽滤,采用中速定量滤纸可用常压过滤方式。

三、仪器

(1)电热恒温箱。

(2)分析天平。

(3)玻璃干燥器。

(4)全玻璃或微孔滤膜过滤器。

(5)滤膜,孔径 0.45 μm、直径 45～60 mm 或中性定量滤纸。

(6)称量瓶,内径为 30～50 mm。

(7)无齿扁嘴镊子。

四、试剂

蒸馏水或同等纯度的水。

五、实训内容

(一)水样采集

现场采样前,先用欲取水样洗涤容器 2～3 次,采集的水样如有大块漂浮物应及时去除。

维实 1-4

(二)滤膜(或滤纸)准备

用无齿扁嘴镊子夹取微孔滤膜放于事先恒重的称量瓶里,移入烘箱中于 103～105 ℃烘干 0.5 h 后,取出置于干燥器内冷却至室温称其质量。反复烘干、冷却、称量,直至两次称量的质量差≤0.2 mg。将恒重的微孔滤膜(或将中性定量滤纸用蒸馏水洗去可溶性物质,再烘干至恒重)正确地放在滤膜过滤器的滤膜托盘上,加盖配套的漏斗,并用夹子固定好。以蒸馏水湿润滤膜,并不断吸滤。

（三）水样的测定

量取充分混合均匀的水样 100 mL 抽吸过滤，使水样全部通过滤膜（或滤纸）。再以每次 10 mL 蒸馏水连续洗涤 3 次，继续吸滤以除去痕量水分。停止吸滤后，仔细取出载有悬浮物的滤膜放在原恒重的称量瓶里，移入烘箱中于 103 ~ 105 ℃下烘干 1 h 后移入干燥器中，冷却到室温，称其质量。反复烘干、冷却、称量，直到两次称量的质量差 ≤ 0.4 mg 为止。

六、数据处理

（一）测定结果记录

滤膜（滤纸）法水样悬浮物测定数据记录见实表 1-2。

实表 1-2　滤膜（滤纸）法水样悬浮物测定数据记录

称量次数	滤膜（滤纸）+ 称量瓶质量（g）	
	过滤前，m_1	过滤后，m_2
第 1 次		
第 2 次		
第 3 次		
第 4 次		
恒重值		
悬浮固体（mg/L）		

（二）计算

$$悬浮性固体（不可过滤残渣）= \frac{(m_2 - m_1) \times 1\,000 \times 1\,000}{V}$$

式中　m_1——滤膜（或滤纸）+ 称量瓶质量，g；

m_2——悬浮物 + 滤膜（或滤纸）+ 称量瓶质量，g；

V——水样体积，mL。

七、注意事项

（1）测定前，应将水样中的树叶、木棒、水草等杂物从水中除去。

（2）储存水样时，不能加入任何保护剂，以防止破坏物质在固、液相间的平衡分配。

（3）废水黏度高时，可加 2 ~ 4 倍蒸馏水稀释，振荡均匀，待沉淀物下降后再过滤。

（4）烘干温度和时间对测定结果有明显影响，务必注意过滤后的滤膜（或滤纸）不要在过高温（烘箱内温度绝对不能高于 110 ℃）下长时间烘干，否则会严重影响结果的准确性，甚至使计算结果为负值。

（5）称量时，必须准确控制时间和温度，并且每次按同样次序烘干、称重，这样容易得到恒重。

（6）报告结果时，应注明测定方法、过滤材料及烘干温度等。

实训三　水样浊度的测定

维实 1-5

一、实训目的

(1)掌握分光光度法测定浊度的原理和操作；

(2)学会标准曲线的绘制。

二、原理

在适宜的温度下，硫酸肼与六次甲基四胺溶液进行聚合反应，形成白色高分子聚合物。以此作为测定浊度的标准溶液，在同一条件下，于680 nm 波长处，分别测定水样和标准系列的吸光度，由校准曲线可查取测定水样的浊度，最后根据计算可知原水样的浊度。

该方法适用于天然水、饮用水、高浊度水浊度的测定，最低检测度为3 度。

三、仪器

(1)50 mL 具塞比色管，规格一致。

(2)可见分光光度计。

四、试剂

(一)无浊度水

将蒸馏水通过0.2 μm 滤膜过滤，收集于过滤水振荡洗两次的烧瓶中。实验过程中所用的水均为无浊度水。

(二)硫酸肼溶液

准确称取1.000 g 硫酸肼溶于水，定容于100 mL 容量瓶中。

(三)六次甲基四胺溶液

准确称取10.00 g 六次甲基四胺[$(CH_2)_6N_4$]溶于水，定容于100 mL 容量瓶中。

(四)浊度标准储备液

分别吸取上述配制的硫酸肼溶液与六次甲基四胺溶液各5.00 mL 于100 mL 容量瓶中，混匀。于(25 ±3)℃下静置反应24 h。冷至室温后用水稀释至标线，混匀。此溶液浊度为400 度。可保存1 个月。

五、实训内容

维实 1-6

(1)浊度标准系列配制。准确移取浊度标准溶液0 mL、0.50 mL、1.25 mL、2.50 mL、5.00 mL、10.00 mL 及12.50 mL，分别置于7 支50 mL 的比色管中，加水至标线并摇匀。标准系列浊度分别为0 度、4 度、10 度、20 度、40 度、80 度、100 度。

(2)在680 nm 波长处，用30 mm 比色皿测定其吸光度，并记录。

(3)吸取50.00 mL水样于50 mL比色管中。如浊度超过100度,可适量少取,用无浊度水稀释至50.00 mL。

按上述同等条件测定水样的吸光度。

六、数据处理

(1)测定结果记录。浊度测定数据记录见实表1-3。

实表1-3　浊度测定数据记录

编号	1	2	3	4	5	6	7	水样1	水样2
体积(mL)	0.00	0.50	1.25	2.50	5.00	10.00	12.50		
浊度(度)	0	4	10	20	40	80	100		
吸光度A									

(2)绘制浊度标准曲线,然后从标准曲线上即可查出测定水样的相应浊度。

(3)计算

$$浊度(度) = A \times \frac{V}{V_{样}}$$

式中　A——稀释后水样的浊度,度;

V——水样经稀释后的体积,mL;

$V_{样}$——测定时吸取原水样的体积,mL。

(4)结果报告。根据计算可知水样浊度范围,由实表1-4准确报告其浊度值。

实表1-4　不同浊度范围测试结果的精度要求

浊度范围	1~10	10~100	100~400	400~1 000	>1 000
精度(度)	1	5	10	50	100

七、注意事项

(1)取样后应尽快测定。如需保存,应在4 ℃暗处存24 h,使用前要剧烈振摇水样,使其恢复到室温。

(2)所有与样品接触的玻璃器皿必须清洁,可用盐酸或表面活性剂清洗。

(3)水样中应无碎屑和易沉淀的颗粒。

(4)硫酸肼毒性较强,属致癌物质,取用时应注意安全。

实训四　水样六价铬的测定

维实 1-7

一、实训目的

(1)理解二苯碳酰二肼光度法测水样中六价铬的原理;
(2)熟悉分光光度计的使用和操作;
(3)掌握水样六价铬的测定技术。

二、原理

在酸性溶液中,六价铬离子与二苯碳酰二肼反应,生成紫红色化合物,其最大吸收波长为 540 nm,吸光度与浓度的关系符合比尔定律。

三、仪器

(1)分光光度计。
(2)50 mL 具塞比色管、移液管、容量瓶等。

四、试剂

(1)丙酮。
(2)(1+1)硫酸。
(3)(1+1)磷酸。
(4)2 g/L 氢氧化钠溶液。
(5)氢氧化锌共沉淀剂:称取硫酸锌($ZnSO_4 \cdot 7H_2O$)8 g,溶于 100 mL 水中;称取氢氧化钠 2.4 g,溶于 120 mL 水中。将以上两溶液混合。
(6)40 g/L 高锰酸钾溶液。
(7)铬标准储备液:称取于 120 ℃干燥 2 h 的重铬酸钾(优级纯)0.282 9 g,用水溶解,移入 1 000 mL 容量瓶中,用水稀释至标线,摇匀。每毫升储备液含 0.100 μg 六价铬。
(8)铬标准使用液:吸取 5.00 mL 铬标准储备液于 500 mL 容量瓶中,用水稀释至标线,摇匀。每毫升标准使用液含 1.00 μg 六价铬。使用当天配制。
(9)200 g/L 尿素溶液。
(10)20 g/L 亚硝酸钠溶液。
(11)二苯碳酰二肼溶液:称取二苯碳酰二肼(简称 DPC,$C_{13}H_{14}N_4O$)0.2 g,溶于 50 mL 丙酮中,加水稀释至 100 mL,摇匀,储于棕色瓶内,置于冰箱中保存。颜色变深后不能再用。

五、实训内容

维实 1-8

(一)水样预处理

(1)对不含悬浮物、低色度的清洁地表水,可直接进行测定。

(2)如果水样有色但不深,可进行色度校正。即另取一份试样,加入除显色剂以外的各种试剂,以 2 mL 丙酮代替显色剂,用此溶液为测定试样溶液吸光度的参比溶液。

(3)对混浊、色度较深的水样,应加入氢氧化锌共沉淀剂并进行过滤处理。

(4)水样中存在次氯酸盐等氧化性物质时,干扰测定,可加入尿素和亚硝酸钠消除。

(5)水样中存在低价铁、亚硫酸盐、硫化物等还原性物质时,可将 Cr^{6+} 还原为 Cr^{3+},此时,调节水样 pH 值至 8,加入显色剂溶液,放置 5 min 后再酸化显色,并以同法作标准曲线。

(二)标准曲线的绘制

(1)取 7 支 50 mL 比色管,依次加入 0 mL、0.50 mL、1.00 mL、2.00 mL、4.00 mL、6.00 mL 和 8.00 mL 铬标准使用液,用水稀释至标线,加入(1+1)硫酸 0.5 mL 和(1+1)磷酸 0.5 mL,摇匀。

(2)加入 2 mL 显色剂溶液,摇匀。5～10 min 后,于 540 nm 波长处,用 1 cm 或 3 cm 比色皿,以水为参比,测定吸光度并做空白校正。

(3)以吸光度为纵坐标,相应六价铬含量为横坐标绘出标准曲线。

(三)水样的测定

(1)取适量(含 Cr^{6+} 少于 50 μg)无色透明或经预处理的水样于 50 mL 比色管中用水稀释至标线,测定方法同标准溶液。

(2)进行空白校正后根据所测吸光度从标准曲线上查得 Cr^{6+} 含量。

六、数据处理

(一)测定结果记录

水样中六价铬含量测定数据记录见实表 1-5。

实表 1-5　水样中六价铬含量测定数据记录

编号	标准曲线							水样		
	0	1	2	3	4	5	6	1	2	3
铬标准溶液用量(mL)	0	0.50	1.00	2.00	4.00	6.00	8.00			
含 Cr^{6+} 的 μg 数	0	0.50	1.00	2.00	4.00	6.00	8.00			
吸光度 A										

(二)计算

$$水样六价铬浓度(mg/L) = \frac{m}{V}$$

式中　m——从标准曲线上查得的 Cr^{6+} 量,μg;

V——水样的体积,mL。

七、注意事项

(1)用于测定铬的玻璃器皿不应用重铬酸钾洗液洗涤。

(2)六价铬与显色剂的显色反应一般控制酸度在 0.05 ~ 0.3 mol/L($1/2H_2SO_4$),以 0.2 mol/L 时显色最好。显色前,水样应调至中性。显色温度和放置时间对显色有影响,在 15 ℃时,5 ~ 15 min 颜色即可稳定。

(3)如测定清洁地表水样,显色剂可按以下方法配制:溶解 0.2 g 二苯碳酰二肼,于 100 mL 95% 乙醇中,边搅拌边加入(1 +9)硫酸 400 mL。该溶液在冰箱中可存放 1 个月。用此显色剂,在显色时直接加入 2.5 mL 即可,不必再加酸。但加入显色剂后,要立即摇匀,以免六价铬可能被乙酸还原。

实训五　原子吸收分光光度法测定水中的铅、镉

一、实训目的

维实 1-9

(1)理解原子吸收分光光度法的原理;

(2)熟悉原子吸收分光光度计的使用方法;

(3)学会用原子吸收分光光度计测定同一水样中多种重金属的技术。

二、原理

水样溶液经消解后,被喷入空气 - 乙炔火焰,在高温下原子化,当从空心阴极灯发射的待测元素的特征谱线通过火焰时,待测元素的基态原子对特征谱线产生吸收,吸光度与溶液待测元素浓度成正比。

铅(Pb)和镉(Cd)的特征波长分别为 283.3 nm 和 228.8 nm,可见两者的特征光波长相关很大,同时原子吸收分光光度计采用锐线光源,即各自的空心阴极灯,所以测定水样中的 Pb 时 Cd 不会干扰,测定 Cd 时 Pb 也不会干扰。

三、仪器

(1)原子吸收分光光度计。

(2)铅空心阴极灯。

(3)镉空心阴极灯。

(4)容量瓶。

四、试剂

(1)(1 +1)硝酸:优级纯。

(2)铅标准储备液:称取 0.500 0 g 金属铅(99.9%),置于 100 mL 烧杯中,加(1 +1)

硝酸 20 mL 使其溶解完全,冷却后再加(1+1)硝酸 20 mL,混匀完全转移到 500 mL 容量瓶中。用去离子水定容,摇匀后储存于塑料瓶中。此溶液每毫升含 1 000 μg 铅。

(3)镉标准储备液:称取 0.500 0 g 金属镉粉(光谱纯),溶解于 25 mL(1+1)硝酸中,冷却,移入 500 mL 容量瓶中,用去离子水定容。此溶液每毫升含 1 000 μg 镉。

(4)镉标准使用液:在 100 mL 容量瓶中,准确加入 1 000 μg/mL 的镉标准储备液 10.00 mL,用去离子水稀释定容,摇匀备用。此镉标准使用液每毫升含 100 μg 镉。

(5)铅镉混合标准使用液:在 1 000 mL 容量瓶中,分别准确加入 1 000 μg/mL 的铅标准储备液 50 mL、100 μg/mL 的镉标准使用液 50 mL,再加(1+1)硝酸 50 mL,用去离子水稀释定容,摇匀备用。此铅镉混合标准使用液每毫升含铅 50 μg、含镉 5 μg。

五、实训内容

(一)水样预处理

对于受污染的地表水和有机质含量高的工业废水,用原子吸收法测定其重金属总浓度时需要对水样进行消解和处理;对于较清洁或有机质含量低的水样,测定其溶解态重金属浓度时可不消解。

维实 1-10

(1)取 50 mL 或适量(约含铅 200 μg、含镉 3 μg)水样,置于 150 mL 烧杯中,加入 5 mL 浓硝酸,电热板加热,消解,蒸至近 10 mL 左右,加入 5 mL 硝酸和 5 mL 高氯酸,继续加热至大量白烟冒出,如试液呈较深颜色,则再补加少量硝酸,继续加热至白烟冒尽,切忌煮干。

(2)冷却,加入(1+1)硝酸 2 mL 溶解,完全移入 50 mL 容量瓶中,用去离子水定容。

(二)空白实验

用去离子水代替水样,采用与样品相同的方法和步骤测定空白值。

(三)标准系列配制

取 6 个 50 mL 容量瓶,依次加入 0 mL、1.00 mL、2.00 mL、4.00 mL、6.00 mL 和 8.00 mL 铅镉混合标准使用液,再加入(1+1)硝酸 5 mL,用去离子水定容、摇匀。此混合标准系列各金属离子浓度分别为铅:0 μg/mL、1.0 μg/mL、2.0 μg/mL、4.0 μg/mL、6.0 μg/mL 和 8.0 μg/mL;镉:0 μg/mL、0.1 μg/mL、0.2 μg/mL、0.4 μg/mL、0.6 μg/mL 和 0.8 μg/mL。

(四)仪器条件选择

按所在实验室提供的原子吸收分光光度计的使用说明书启动仪器,参考实表 1-6 调节仪器状态条件。

实表 1-6　仪器状态条件选择

测定元素	Pb	Cd
空心阴极灯	铅灯	镉灯
特征波长(nm)	283.3	228.8
光谱宽带(nm)	2.0	1.3
灯电流(Ma)	2.0	2.0
燃气-压力(MPa)-流量(L/min)	C_2H_2-0.09-1.5	C_2H_2-0.09-1.0
助气-压力(MPa)-流量(L/min)	空气-0.3-6.5	空气-0.3-6.5
火焰类型	氧化性蓝色焰	氧化性蓝色焰

（五）测定

（1）在测铅状态下，测定标准系列溶液的吸光度 $A(Pb)$，相同条件下测定空白和水样（消解过的）吸光度。

（2）在测镉状态下，测定标准系列溶液的吸光度 $A(Cd)$，相同条件下测定空白和水样（消解过的）吸光度。

六、数据处理

（一）测定结果记录

水中铅、镉测定数据记录见实表 1-7。

实表 1-7　水中铅、镉测定数据记录

编号	标准系列						水样		
	0	1	2	3	4	5	0	1	2
$c(Pb)$（μg/mL）	0	1.0	2.0	4.0	6.0	8.0			
吸光度 $A(Pb)$									
$c(Cd)$（μg/mL）	0	0.1	0.2	0.4	0.6	0.8			
吸光度 $A(Cd)$									

（二）标准曲线的绘制与使用

（1）以浓度 $c(Pb)$ 为横坐标、吸光度 $A(Pb)$ 为纵坐标在直角坐标纸上分别绘制铅的标准曲线。根据水样的吸光度 $A^*(Pb)$（扣除空白吸收值）在该标准曲线上查找对应的 $c^*(Pb)$。

（2）以浓度 $c(Cd)$ 为横坐标、吸光度 $A(Cd)$ 为纵坐标在直角坐标纸上分别绘制镉的标准曲线。根据水样的吸光度 $A^*(Cd)$（扣除空白吸收值）在该标准曲线上查找对应的 $c^*(Cd)$。

（三）计算

$$\text{水样铅浓度} = c^*(Pb) \times \frac{50}{V}$$

式中　$c^*(Pb)$——从标准曲线上查得的 Pb 浓度，μg/mL；

50——定容体积，mL；

V——水样的体积，mL。

$$\text{水样镉浓度} = c^*(Cd) \times \frac{50}{V}$$

式中　$c^*(Cd)$——从标准曲线上查得的 Pb 浓度，μg/mL；

50——定容体积，mL；

V——水样的体积，mL。

七、注意事项

（1）水样消解时，要注意观察，细心控制消解温度，禁忌温度过高反应物溢出和把试样蒸干。补加酸时，务必要等试样冷却后进行。

(2)高氯酸一定要在易分解有机质消解殆尽后加入，防止高氯酸与有机质反应而发生爆炸，切记！

(3)提供的仪器状态仅供参考，测定最佳状态随仪器型号不同而异，请以所用仪器的使用手册为准。

实训六　水样硬度的测定

维实 1-11

一、实训目的

(1)了解硬度的概念和水样硬度测定的化学原理；

(2)掌握水样硬度的测定技术。

二、原理

EDTA 可与水中钙、镁离子生成无色可溶性配合物，指示剂铬黑 T 能与钙、镁离子生成紫红色配合物。用 EDTA 滴定钙、镁离子到终点时，钙、镁离子全部与 EDTA 配位而使铬黑 T 游离，溶液即由紫红色变为蓝色。

三、仪器

(1)50 mL 滴定管。

(2)250 mL 锥形瓶。

(3)350 mL、5 mL 移液管。

四、试剂

(1)(1+1)HCl 溶液。

(2)NH_3-NH_4Cl 缓冲溶液(pH=10)：称取 54 g 氯化铵溶于 410 mL 浓氨水，加水稀释至 1 000 mL。

(3)铬黑 T 指示剂：称取 0.5 g 铬黑 T，用 95% 乙醇溶解，并稀释到 100 mL，置于冰箱中保存，存期 30 d。

(4)1∶1氨水。

(5)EDTA 二钠盐标准溶液：称取 3.72 g 乙二胺四乙酸二钠盐($EDTA-2Na\cdot 2H_2O$)溶解于 1 000 mL 蒸馏水中。该 EDTA 二钠盐标准溶液的准确浓度按下面的方法标定。

①锌标准溶液：准确称取干燥的锌粒 0.653 7 g，置于 250 mL 烧杯中，盖上表面皿，缓慢加入 20 mL(1+1)HCl 溶液，必要时可加热溶解。溶解后将溶液转入 1 000 mL 容量瓶中，用蒸馏水稀释至刻度线，摇匀。计算锌标准溶液准确浓度。

$$c_1(\text{mol/L}) = \frac{m}{V}$$

式中　m——锌粒的质量，g；

V——锌的摩尔质量，g/mol。

②吸取 25.00 mL 锌标准溶液于 250 mL 锥形瓶中，滴加 1∶1氨水，并不断摇动直到开始出现 $Zn(OH)_2$白色絮状沉淀，再加入 5 mL 缓冲溶液、20 mL 蒸馏水、3 滴铬黑 T 指示剂，摇动锥形瓶，使指示剂溶解，溶液呈明显酒红色。用欲标定的 EDTA 溶液滴定到由酒红色变为纯蓝色即为终点，计算 EDTA 溶液的准确浓度。

$$c_2(\text{mol/L}) = \frac{c_1 \times V_1}{V}$$

式中　c_1——锌标准溶液的浓度，mol/L；

V_1——所取锌标准溶液的体积，mL；

V——消耗 EDTA 溶液的体积，mL。

(6)5% 硫化钠溶液。

(7)10% 盐酸羟胺溶液。

(8)10% 氰化钾溶液(注意：此溶液剧毒)。

五、实训内容

维实 1-12

(一)水样的采集和制备

一般水样不需要预处理。如水样中有大量泥沙、悬浮物，必须及时离心或澄清，通过 0.45 μm 有机微孔滤膜过滤后清水用硝酸调至 pH <2。水样采集后应在 24 h 内完成测定，否则每升水样中应加 10 mL 硝酸作保存剂，使 pH 值降至 2 以下。

(二)水样测定

(1)用移液管吸取 50 mL 水样(若硬度过大，可取稀释水样，硬度过小可取 100 mL 水样)于 250 mL 锥形瓶中。

(2)加入 4 mL 缓冲液、3 滴铬黑 T 指示剂，立即用 EDTA 二钠盐溶液滴定至溶液由酒红色变为稳定蓝色，记录用量。

六、数据处理

(一)测定结果记录

水样硬度测定数据记录见实表 1-8。

实表 1-8　水样硬度测定数据记录

水样	水样体积 V(mL)	EDTA 二钠盐溶液准确浓度 c(mol/L)	EDTA 二钠盐溶液消耗量 V_0(mL)	水样总硬度 $CaCO_3$(mg/L)
1				
2				
3				
平均值				

(二)计算

$$总硬度(CaCO_3,mg/L)=\frac{c\times V_0\times 100.9}{V}\times 1\ 000$$

式中　V_0——消耗 EDTA 二钠盐溶液的体积,mL;

c——EDTA 二钠盐标准溶液的浓度,mol/L;

V——所取水样体积,mL。

七、注意事项

(1)若水样中含有金属干扰离子,会使滴定终点延迟或颜色发暗,可先向水样中加入 0.5 mL 10% 盐酸羟胺溶液和 1 mL 5% 硫化钠溶液或 0.5 mL 10% 氰化钾溶液,再进行滴定。

(2)滴定快到终点时,务必要充分振荡锥形瓶以使 EDTA 与水样充分混合。

(3)缓冲液中的氨气易挥发,应密封保存,或现用现配。否则,会影响滴定时水样的 pH 值,影响配位反应的进行,使结果偏低。

(4)如果水样经过酸化保存,可用计算量的氢氧化钠中和,计算结果时应把水样由于加酸或加碱的稀释考虑在内。

(5)本方法不适用于含盐量高的水,如海水。

实训七　水中溶解氧的测定

一、实训目的

(1)掌握溶解氧的概念、测定原理和方法。

(2)熟悉碘量法测定过程。

(3)学会溶解氧采样瓶的使用方法。

维实 1-13

二、原理

测定水中溶解氧常用碘量法及其修正法和膜电极法。清洁水可直接采用碘量法测定。其原理是:水样中加入硫酸锰和碱性碘化钾,水中溶解氧将低价锰氧化成高价锰,生成四价锰的氢氧化物棕色沉淀。加酸后,氢氧化物沉淀溶解并与碘离子反应,释放出游离碘。以淀粉为指示剂,用硫代硫酸钠滴定释放出的碘,即可计算出水样中溶解氧的含量。反应式如下:

$$MnSO_4+2NaOH=Mn(OH)_2\downarrow+Na_2SO_4\quad(白色)$$

$$2Mn(OH)_2+O_2=2MnO(OH)_2\quad(棕色,即\ H_2MnO_3,亚锰酸)$$

$$MnO(OH)_2+2KI+2H_2SO_4=I_2+K_2SO_4+3H_2O+MnSO_4$$

$$I_2+2Na_2S_2O_3=2NaI+Na_2S_4O_6\quad(连四硫酸钠)$$

三、仪器

(1)50 mL 酸式滴定管。

(2)移液管。

(3)250 ~ 300 mL 溶解氧瓶。

(4)250 mL 碘量瓶。

四、试剂

(1)硫酸锰溶液:称取 480 g 硫酸锰($MnSO_4 \cdot H_2O$)溶于水,用水稀释至 1 000 mL。此溶液加至酸化过的碘化钾溶液中,遇淀粉不得产生蓝色。

(2)碱性碘化钾溶液:称取 500 g 氢氧化钠溶于 300 ~ 400 mL 水中;另称取 150 g 碘化钾溶于 200 mL 水中,待氢氧化钠溶液冷却后,将两溶液合并、混匀,用水稀释至 1 000 mL。如有沉淀,则放置过夜后,倾出上层清液,储于棕色瓶中,用橡皮塞塞紧,避光保存。此溶液酸化后,遇淀粉应不呈蓝色。

(3)浓硫酸($\rho = 1.84$ g/mL)。

(4)1% 淀粉溶液:称取 1 g 可溶性淀粉,用少量水调成糊状,再用刚刚煮沸的水稀释至 100 mL。冷却后加入 0.1 g 水杨酸或 0.4 g 氯化锌(ZnCl)防腐剂。此溶液遇碘应变为蓝色,如变成紫色表示已有部分变质,要重新配制。

(5)(1 +5)硫酸溶液:取 1 体积 1.84 g/mL 的浓硫酸慢慢加到盛有 5 体积水的烧杯中,搅匀冷却后,转入试剂瓶中。

(6)重铬酸钾标准溶液[$c(1/6K_2Cr_2O_7) = 0.025\ 0$ mol/L]:称取于 105 ~ 110 ℃烘干 2 h 并冷却至恒重的优级纯重铬酸钾 1.258 g 溶于水,移入 1 000 mL 容量瓶中,用水稀释至标线,摇匀。

(7)硫代硫酸钠溶液:称取 6.2 g 硫代硫酸钠($Na_2S_2O_3 \cdot 5H_2O$)溶于煮沸放冷的水中,加入 0.2 g 碳酸钠,用水稀释至 1 000 mL,储于棕色瓶中,使用前用 0.025 0 mol/L 重铬酸钾标准溶液标定。

标定方法:于 250 mL 碘量瓶中依次加入 1 g 碘化钾及 100 mL 蒸馏水、10.00 mL 重铬酸钾标准溶液[$c(1/6K_2Cr_2O_7) = 0.025\ 0$ mol/L]和 5 mL(1 +5)硫酸,密塞,摇匀,于暗处静置 5 min 后,用待标定的硫代硫酸钠溶液滴定,待溶液变成淡黄色,加入 1 mL 淀粉溶液,继续滴定至蓝色刚好褪去,记录硫代硫酸钠溶液消耗量 V(mL),则硫代硫酸钠溶液浓度为:

$$c = \frac{10.00 \times 0.025\ 0}{V}$$

式中 c——硫代硫酸钠溶液浓度,mol/L;

V——硫代硫酸钠溶液消耗量,mL。

五、实训内容

维实 1-14

（一）水样采集

用溶解氧瓶采集水样。先用欲采水样冲洗溶解氧瓶，再沿瓶壁直接倾注水样或用虹吸法将吸管插入溶解氧瓶底部，注入水样至水向外溢流瓶容积的1/3～1/2（持续10 s左右）。采集水样后，为防止溶解氧的变化，应立即加固定剂于水样中，并存于冷暗处，同时记录水温和大气压力。

（二）水样测定

（1）溶解氧的固定。用移液管插入溶解瓶的液面下面，加入1 mL硫酸锰溶液、2 mL碱性碘化钾溶液，盖好瓶盖，颠倒混合数次，静置。一般在取样现场固定。

（2）溶解。打开瓶塞，立即用移液管插入液面下加入2.0 mL硫酸，盖好瓶塞，颠倒混合摇匀，至沉淀物全部溶解，放置暗处静置5 min。

（3）滴定。取100.0 mL上述溶液于250 mL锥形瓶中，用硫代硫酸钠滴定至溶液呈淡黄色，加1 mL淀粉溶液，继续滴定至蓝色刚好全部褪去，记录硫代硫酸钠溶液的用量。

六、数据处理

（一）测定结果记录

水中溶解氧测定数据记录见实表1-9。

实表1-9 水中溶解氧测定数据记录

水样编号	硫代硫酸钠标准溶液浓度 c(mol/L)	硫代硫酸钠溶液消耗量 V(mL)	水样溶解氧值 DO(mg/L)
1			
2			
3			
平均值			

（二）计算

$$溶解氧浓度(O_2, mg/L) = \frac{c \times V \times 8 \times 1000}{V_{水}}$$

式中 c——硫代硫酸钠溶液浓度，mol/L；

V——滴定时消耗硫代硫酸钠体积，mL；

8——氧（1/2 O）摩尔质量，g/mol；

$V_{水}$——水样体积。

七、注意事项

（1）当水样中亚硝酸盐氮含量高于0.05 mg/L时会干扰测定结果，可加入叠氮化钠使水中的亚硝酸盐分解而消除干扰。其加入方法是预先将叠氮化钠加入碱性碘化钾溶液中。

(2)如水样中含 Fe^{3+} 达 100~200 mg/L 时,可加入 1 mL 40% 氟化钾溶液消除干扰。

(3)如水样中含有氧化性物质,应预先加入相当量的硫代硫酸钠去除。

(4)水样呈强酸性或强碱性时,可用氢氧化钠或盐酸调至中性后测定。

(5)在固定溶解氧时,若没有出现棕色沉淀,说明溶解氧含量低。

(6)在溶解棕色沉淀时,酸度要足够,否则碘的析出不彻底,影响测定结果。

实训八　水样化学需氧量(COD)的测定

一、实训目的

维实 1-15

(1)理解水样化学需氧量的测定原理。

(2)学会安装化学需氧量测定回流装置。

(3)掌握重铬酸钾法测定水样化学需氧量的操作技术。

二、原理

化学需氧量(COD 或 COD_{Cr})是指在一定条件下用重铬酸钾氧化水中的还原性物质所消耗的氧量,以 mg/L 表示。化学需氧量是反映水中还原性污染物质(一般多指有机污染物)含量大小的主要指标之一。

在强酸性溶液中,准确加入过量的重铬酸钾标准溶液,加热回流消解,将水样中还原性物质(主要是有机物)氧化,过量的重铬酸钾以试亚铁灵作指示剂、用硫酸亚铁铵标准溶液回滴,根据所消耗的重铬酸钾标准溶液量计算水样的化学需氧量。

三、仪器

(1)250 mL 或 500 mL 全玻璃回流装置。

(2)加热装置(电炉)。

(3)50 mL 酸式滴定管、锥形瓶、移液管、容量瓶等。

四、试剂

(1)重铬酸钾标准溶液[$c(1/6\ K_2Cr_2O_7)=0.250\ 0$ mol/L]:称取预先在 120 ℃烘干 2 h 的优级纯重铬酸钾 12.258 g 溶于水中,移入 1 000 mL 容量瓶,稀释至标线,摇匀。

(2)试亚铁灵指示液:称取 1.485 g 邻菲罗啉($C_{12}H_8N_2 \cdot H_2O$)和 0.695 g 硫酸亚铁($FeSO_4 \cdot 7H_2O$)溶于水中,稀释至 1 000 mL,储于棕色瓶内。

(3)硫酸亚铁铵标准溶液[$c[(NH_4)_2Fe(SO_4)_2 \cdot 6H_2O] \approx 0.1$ mol/L]:称取 39.5 g 硫酸亚铁铵溶于水中,边搅拌边缓慢加入 20 mL 浓硫酸,冷却后移入 1 000 mL 容量瓶中,加水稀释至标线,摇匀。临用前,用重铬酸钾标准溶液标定。

标定方法:准确吸取 10.00 mL 重铬酸钾标准溶液于 500 mL 锥形瓶中,加水稀释至 110 mL 左右,缓慢加入 30 mL 浓硫酸,混匀。冷却后,加入 3 滴试亚铁灵指示液(约 0.15

mL)，用硫酸亚铁铵溶液滴定，溶液的颜色由黄色经蓝绿色至红褐色即为终点。

$$c[(NH_4)_2Fe(SO_4)_2] = \frac{0.250\ 0 \times 10.00}{V}$$

式中 c——硫酸亚铁铵标准溶液的浓度，mol/L；

V——硫酸亚铁铵标准溶液的体积，mL。

(4)硫酸—硫酸银溶液：于 500 mL 浓硫酸中加入 5 g 硫酸银，放置 1～2 d，不时摇动使其溶解。

(5)硫酸汞：结晶或粉末。

五、实训内容

维实 1-16

(1)取 20.00 mL 混合均匀的水样（或适量水样稀释至 20.00 mL）置于 250 mL 磨口的回流锥形瓶中，准确加入 10.00 mL 重铬酸钾标准溶液及数粒小玻璃珠或沸石，连接磨口回流冷凝管，从冷凝管上口慢慢地加入 30 mL 硫酸—硫酸银溶液，轻轻摇动锥形瓶使溶液混匀，加回流 2 h（自开始沸腾时计时）。

对于化学需氧量高的废水样，可先取上述操作所需体积 1/10 的废水样和试剂于直径为 15 mm、高为 150 mm 硬质玻璃试管中，摇匀，加热后观察是否呈绿色。如溶液显绿色，再适当减少废水取样量，直至溶液不变绿色，从而确定废水样分析时应取用的体积。稀释时，所取废水样量不得少于 5 mL，如果化学需氧量很高，则废水样应多次逐级稀释。

当废水中氯离子含量超过 30 mg/L 时，应先把 0.4 g 硫酸汞加入回流锥形瓶中，再加 20.00 mL 废水（或适量废水稀释至 20.00 mL），摇匀。

(2)稍冷后（约 70 ℃），用 90 mL 水冲洗冷凝管壁，取下锥形瓶。溶液总体积不得少于 140 mL；否则，因酸度太大，滴定终点不明显。

(3)溶液再度冷却后（约 40 ℃），加 3 滴试亚铁灵指示液，用硫酸亚铁铵标准溶液滴定，溶液的颜色由橙黄色经蓝绿色至红褐色即为终点，记录硫酸亚铁铵标准溶液的用量。

(4)测定水样的同时，取 20.00 mL 重蒸馏水，按同样操作步骤做空白实验。记录滴定空白时，硫酸亚铁铵标准溶液的用量。

六、数据处理

（一）测定结果记录

水样化学需氧量（COD）测定数据记录见实表 1-10。

实表 1-10 水样化学需氧量（COD）测定数据记录

编号	稀释倍数	取样体积 V(mL)	硫酸亚铁铵标准溶液浓度 c(mol/L)	硫酸亚铁铵标准溶液消耗量(mL)	化学需氧量 COD(mg/L)
空白					
1					
2					
3					

（二）计算

$$COD_{Cr}(mg/L) = \frac{(V_0 - V_1) \times c \times 8 \times 1\,000}{V}$$

式中　V_0——滴定空白时消耗硫酸亚铁铵标准溶液体积，mL；

V_1——滴定水样时消耗硫酸亚铁铵标准溶液体积，mL；

V——水样体积，mL；

c——硫酸亚铁铵标准溶液的浓度，mol/L；

8——氧（1/2 O）的摩尔质量，g/mol。

七、注意事项

（1）使用0.4 g硫酸汞络合氯离子的最高量可达40 mg，如取用20.00 mL水样，即最高可络合2 000 mg/L氯离子浓度的水样。若氯离子的浓度较低，也可不加硫酸汞，保持硫酸汞∶氯离子＝10∶1（质量比）。若出现少量氯化汞沉淀，并不影响测定。

（2）水样取用体积可在10.00～50.00 mL范围内，但试剂用量及浓度需按实表1-11进行相应调整，也可得到满意的结果。

实表1-11　水样取用量和试剂用量

水样体积（mL）	0.250 0 mol/L $K_2Cr_2O_7$溶液（mL）	$H_2SO_4 - Ag_2SO_4$溶液（mL）	$HgSO_4$（g）	$(NH_4)_2Fe(SO_4)_2$（mol/L）	滴定前总体积（mL）
10.0	5.0	15	0.2	0.050	70
20.0	10.0	30	0.4	0.100	140
30.0	15.0	45	0.6	0.150	210
40.0	20.0	60	0.8	0.200	280
50.0	25.0	75	1.0	0.250	350

（3）对于化学需氧量小于50 mg/L的水样，应改用0.025 0 mol/L重铬酸钾标准溶液。回滴时，用0.01 mol/L硫酸亚铁铵标准溶液。

（4）水样加热回流后，溶液中重铬酸钾剩余量应以加入量的1/5～4/5为宜。

（5）用邻苯二甲酸氢钾标准溶液检查试剂的质量和操作技术时，由于每克邻苯二甲酸氢钾的理论COD_{Cr}为1.176 g，所以溶解0.425 1 g邻苯二甲酸氢钾（$HOOCC_6H_4COOK$）于重蒸馏水中，转入1 000 mL容量瓶，用重蒸馏水稀释至标线，使之成为500 mg/L的COD_{Cr}标准溶液。用时临配。

（6）COD_{Cr}的测定结果应保留三位有效数字。

（7）每次实验时，应对硫酸亚铁铵标准滴定溶液进行标定，实验室温较高时，尤其注意其浓度的变化。

实训九　水样高锰酸盐指数的测定

一、实训目的

维实 1-17

(1)理解高锰酸盐指数的含义及水样高锰酸盐指数测定的原理。

(2)掌握地表水等水样高锰酸盐指数测定技术的操作要点。

二、原理

高锰酸盐指数是指在一定条件下以高锰酸钾为氧化剂氧化水中的还原性物质时所消耗的高锰酸盐的量,以氧的毫克每升来表示。按测定的溶液介质不同,分酸性高锰酸盐指数和碱性高锰酸盐指数。

高锰酸钾在酸性介质中的氧化能力比碱性介质中的强,且国标中仅将酸性高锰酸盐指数称为化学需氧量,故一般多用酸性高锰酸钾法测定高锰酸盐指数。

在酸性溶液中,以过量高锰酸钾氧化水样中的有机物和某些还原性无机物,然后用过量的草酸钠溶液还原剩余的高锰酸钾,再以高锰酸钾溶液回滴过量的草酸钠,通过计算求出水样高锰酸盐指数值。

三、仪器

(1)水浴装置。

(2)250 mL 锥形瓶。

(3)50 mL 酸式滴定管。

四、试剂

(1)$c(1/5KMnO_4)=0.1$ mol/L 的高锰酸钾溶液:称取 3.2 g 高锰酸钾($KMnO_4$)溶于 1.2 L 水中,加热煮沸 0.5 ~ 1 h,使体积减小到 1 L 左右,在暗处放置过夜,用 G-3 号玻璃砂芯漏斗过滤后,滤液储于棕色瓶中,避光保存。

(2)$c(1/5KMnO_4)=0.01$ mol/L 的高锰酸钾溶液:吸取 10 mL 试剂(1)于 1 000 mL 容量瓶中,用水稀释至标线,混匀,储于棕色瓶中,避光保存。

(3)(1+3)硫酸:取 1 体积 1.84 g/cm^3 的浓硫酸慢慢加到盛有 3 体积水的烧杯中。搅匀后,滴加试剂(2)使溶液呈浅红色,若红色褪去应再补加至浅红色不退为止,转入试剂瓶中。

(4)$c(1/2Na_2C_2O_4)=0.100\ 0$ mol/L 草酸钠标准液:称取 0.675 0 g 在 105 ~ 110 ℃烘干 1 h 并在干燥器中冷却的草酸钠($Na_2C_2O_4$,优级纯)放入烧杯中,加水和 25 mL(1+3)硫酸至草酸钠全部溶解,移入 1 000 mL 容量瓶中,用水稀释至标线。

(5)$c(1/2Na_2C_2O_4)=0.010\ 0$ mol/L 草酸钠标准液:吸取 10.00 mL 试剂(4)置于 100 mL 容量瓶中,用水稀释至标线。

五、实训内容

(一)水样采集

用玻璃采样器采集待测水样 500 mL 以上,低温避光保存待测。测定耗氧所需的水样的数量,视有机物含量而定。清洁透明水样取样 100 mL;混浊水取 10 ~ 25 mL,加蒸馏水稀释至 100 mL。将水样置于 250 mL 锥形瓶中。

维实 1-18

(二)水样测定

(1)吸取100.0mL充分混匀的水样(或经过稀释的水样)于250 mL锥形瓶中,加入 5.0 mL(1 +3)硫酸,用滴定管准确加入 10.00 mL $c(1/5KMnO_4)=0.010\ 0$ mol/L 的高锰酸钾溶液,摇匀。

(2)将锥形瓶立即放入沸水浴中,沸水液面要高于锥形瓶中的反应溶液液面,加热使水浴锅中的水沸腾后保持 30 min(从水浴重新沸腾起计时)。

(3)取下锥形瓶,趁热加入 10.00 mL $c(1/2Na_2C_2O_4)=0.010\ 0$ mol/L 草酸钠标准使用液,摇匀。

(4)用 $c(1/5KMnO_4)=0.01$ mol/L 的高锰酸钾溶液回滴,使溶液呈微红色为止,记录滴定消耗的高锰酸钾溶液毫升数 V_1。

(5)高锰酸钾使用液校正系数的测定:将上述已滴定完毕的溶液加热至约 70 ℃,准确加入 10.00 mL $c(1/2Na_2C_2O_4)=0.010\ 0$ mol/L 草酸钠标准液,再用 $c(1/5KMnO_4)=0.01$ mol/L 的高锰酸钾溶液回滴至溶液呈微红色。记录相当于 10.00 mL $c(1/2Na_2C_2O_4)=0.010\ 0$ mol/L 草酸钠标准液的高锰酸钾溶液的毫升数 V_2,则高锰酸钾溶液的校正系数$K=10.00/V_2$。

(6)若测定水样为蒸馏水稀释水样,则需另取 100 mL 蒸馏水,按步骤(1) ~ (4)测定空白值,记录消耗的高锰酸钾溶液毫升数 V_0。

六、数据处理

(一)测定结果记录

水样高锰酸盐指数测定数据记录见实表 1-12。

实表 1-12　水样高锰酸盐指数测定数据记录

编号	稀释倍数	f值	所取水样体积 V(mL)	草酸钠溶液浓度 c(mol/L)	高锰酸钾溶液消耗量 V_0或 V_1(mL)	高锰酸钾溶液消耗量 V_2(mL)	高锰酸钾溶液校正系数 K
空白							
1							
2							
3							

（二）计算

（1）未稀释水样高锰酸盐指数

$$高锰酸盐指数(O_2,mg/L)=\frac{[(10.00+V_1)K-10.00]\times c\times 8\times 1\,000}{100.0}$$

式中　V_1——滴定水样时，高锰酸钾溶液的消耗量，mL；

K——$c(1/5KMnO_4)=0.01$ mol/L 的高锰酸钾溶液的校正系数；

c——测定用草酸钠标准溶液的浓度，mol/L；

8——氧（1/2 O）的摩尔质量，g/mol。

（2）稀释水样

$$高锰酸盐指数(O_2,mg/L)$$
$$=\frac{\{[(10.00+V_1)K-10.00]-[(10.00+V_0)K-10.00]\times f\}\times c\times 8\times 1\,000}{V}$$

式中　V_0——在步骤（6）中所消耗 0.01 mol/L 高锰酸钾溶液的体积，mL；

V——所取水样体积，mL；

f——稀释的水样中所含蒸馏水的比值，如 10.0 mL 水样用蒸馏水稀释至 100.0 mL 时，则 $f=(100.0-10.0)/100.0=0.90$。

七、注意事项

（1）水样需稀释时，应取水样的体积要求：在测定中回滴过量的草酸钠标准溶液时所消耗的高锰酸钾溶液的体积为 4～6 mL。如果所消耗的体积过大或过小，都需要重新取水样测定。

（2）在水浴加热完毕后，水样溶液仍应保持淡红色，如果红色很浅或全部褪去，说明稀释倍数过小，应将水样稀释倍数放大后再重新测定。

（3）在酸性条件下，草酸钠和高锰酸钾的反应温度应保持在 60～80 ℃，所以滴定操作必须趁热进行，若溶液温度过低，需适当加热。

实训十　水样生化需氧量的测定

一、实训目的

（1）理解水样生物化学需氧量测定的原理。

（2）学会操作生化培养箱。

（3）掌握五日培养法测定水样生化需氧量的操作技术。

维实 1-19

二、原理

生化需氧量（BOD）是指在有溶解氧的条件下，好氧微生物在分解水中有机物的生物化学氧化过程中所消耗的溶解氧量，以 BOD（mg/L）表示。生化需氧量可间接表示可被微生物降解的有机类物质的含量，是反映水体有机物受污染程度的重要指标之一。

目前测定水样生化需氧量的方法较多,国标方法是五日培养法,故多称为五日生化需氧量(BOD_5)。国外普遍规定于(20 ± 1)℃培养 5 d,分别测定水样培养前后的溶解氧含量,两者之差即为五日生化过程中所消耗的氧量(BOD_5),即五日生化需氧量。

对某些地表及大多数工业废水,因含较多的有机物,需要稀释后再培养测定,以降低其浓度和保证有充足的溶解氧。稀释的程度应使培养中所消耗的溶解氧大于 2 mg/L,而剩余溶解氧在 1 mg/L 以上。

本方法适用于测定 BOD_5 大于或等于 2 mg/L,最大不超过 6 000 mg/L 水样。当水样 BOD_5 大于 6 000 mg/L,会因稀释带来一定的误差。

三、仪器

(1)恒温培养箱。

(2)1 000 ~ 2 000 mL 量筒。

(3)玻璃搅棒:棒长应比所用量筒高度长 20 cm,在棒的底端固定一个直径比量筒直径略小,并带有几个小孔的硬橡胶板。

(4)溶解氧瓶:200 ~ 300 mL,带有磨口玻塞并具有水封作用的钟形口。

(5)5 ~ 20 L 细口玻璃瓶。

(6)虹吸管:供分取水样和添加稀释水用。

四、试剂

(1)磷酸盐缓冲溶液:将 8.5 g 磷酸二氢钾(KH_2PO_4)、21.75 g 磷酸氢二钾(K_2HPO_4)、33.4 g 磷酸氢二钠($Na_2HPO_4 \cdot 7H_2O$)和 1.7 g 氯化铵(NH_4Cl)溶于水中,稀释至 1 000 mL。此溶液的 pH 值应为 7.2。

(2)硫酸镁溶液:将 22.5 g 七水合硫酸镁($MgSO_4 \cdot 7H_2O$)溶于水中,稀释至 1 000 mL。

(3)氯化钙溶液:将 27.5 g 无水氯化钙溶于水中,稀释至 1 000 mL。

(4)氯化铁溶液:将 0.25 g 六水合氯化铁($FeCl_3 \cdot 6H_2O$)溶于水中,稀释至1 000 mL。

(5)盐酸溶液(0.5 mol/L):将 40 mL 盐酸(ρ = 1.18 g/mL)溶于水中,稀释至 1 000 mL。

(6)氢氧化钠溶液(0.5 mol/L):将 20 g 氢氧化钠溶于水中,稀释至 1 000 mL。

(7)亚硫酸钠溶液[$c(1/2Na_2SO_3) = 0.025$ mol/L]:将 1.575 g 亚硫酸钠溶于水,稀释至 1 000 mL。此溶液不稳定,需当天配制。

(8)葡萄糖 - 谷氨酸标准溶液:将葡萄糖($C_6H_{12}O_6$)和谷氨酸($HOOC—CH_2—CH_2—CHNH_2—COOH$)在 103 ℃干燥 1 h 后,各称取 150 mg 溶于水中,移入 1 000 mL 容量瓶中并稀释至标线,混合均匀。此标准溶液临用前配制。

(9)稀释水:在 5 ~ 20 L 玻璃瓶内装入一定量的水,控制水温在 20 ℃左右。然后用无油空气压缩机或薄膜泵将此水曝气 2 ~ 8 h,使水中溶解氧接近饱和,也可以鼓入适量纯氧。瓶口盖以两层经洗涤晾干的纱布,置于 20 ℃培养皿中放置数小时,使水中溶解氧含量达 8 mg/L 左右。临用前于每升水中加入氯化钙溶液、氯化铁溶液、硫酸镁溶液、磷酸盐缓冲溶液各 1 mL,并混合均匀。

稀释水的 pH 值应为 7.2，其 BOD_5应小于 0.2 mg/L。

(10)接种液可选以下任一种，以获得适用的接种液。

①城市污水：一般采用生活污水，在室温下放置一昼夜，取上清液使用。

②表层土壤浸出液：取 100 g 花园土壤或植物生长土壤，加入 1 L 水，混合并静置 10 min，取上清液使用。

③含城市污水的河水或湖水。

④污水处理厂的出水。

⑤当分析含有难以降解物质的污水时，在排污口下游 3 ~ 8 m 处取水样作为污水的驯化接种液。如无此种水源，可取中和或经适当稀释后的污水进行连续曝气，每天加入少量该种污水，同时加入适量表层土壤或生活污水，使能适应该种污水的微生物大量繁殖。当水中出现大量絮状物，或检查其化学耗氧量的降低值出现突变时，表明适用的微生物已进行繁殖，可用作接种液。一般驯化过程需要 3 ~ 8 d。

(11)接种稀释水：取适量接种液加于稀释水中，混匀。每升稀释水中接种液加入量：生活污水为 1 ~ 10 mL；表层土壤浸出液为 20 ~ 30 mL；河水、湖水为 10 ~ 100 mL。

接种稀释水的 pH 值为 7.2，BOD_5值在 0.3 ~ 1.0 mg/L 范围内为宜。接种稀释水配制后应立即使用。

五、实训内容

(一)水样的预处理

(1)水样的 pH 值若超过 6.5 ~ 7.5，可用盐酸或氢氧化钠稀溶液调节至近于 7，但用量不要超过水样体积的 0.5%；若水样的酸度或碱度很高，可改用高浓度的碱或酸液进行中和。

维实 1-20

(2)水样中含有铜、铅、锌、镉、铬、砷、氰等有毒物质时，可使用经驯化的微生物接种液的稀释水进行稀释，或增大稀释倍数，以减小毒物的浓度。

(3)含有少量游离氯的水样，一般放置 1 ~ 2 h，游离氯即可消失。对于游离氯在短时间内不能消散的水样，可加入亚硫酸钠溶液将其除去。其加入量的计算方法是：取中和好的水样 100 mL，加入(1 + 1)乙酸 10 mL、100 g/L 碘化钾溶液 1 mL，混匀。以淀粉溶液作指示剂，用亚硫酸钠标准溶液滴定游离碘。根据亚硫酸钠标准溶液消耗的体积及其浓度，计算水样中所需加亚硫酸钠溶液的量。

(4)从水温较低的水域中采集的水样，可能含有过饱和溶解氧，此时应将水样迅速升温至 20 ℃左右，在不满瓶的情况下，充分振摇，并不时开塞放气，以赶出过饱和的溶解氧。从水温较高的水域或废水排放口取得的水样，应迅速使其冷却至 20 ℃左右，并充分振摇，使其与空气中氧分压接近平衡。

(二)水样的测定

(1)不经稀释水样的测定。溶解氧含量较高、有机物含量较少的地表水，可不经稀释而直接以虹吸法将约 20 ℃的混匀水样转移至两个溶解氧瓶内，转移过程中应注意不使其产生气泡。以同样的操作使两个溶解氧瓶充满水样，加塞水封。

立即测定其中一瓶溶解氧，将另一瓶放入培养箱中，在(20 ± 1)℃培养 5 d 后，测其溶解氧。

(2)需经稀释水样的测定。稀释倍数的确定:地表水可由测得的高锰酸盐指数乘以适当的系数求出稀释倍数,如实表1-13所示。

实表1-13　由高锰酸盐指数与一系数乘积求出稀释倍数

高锰酸盐指数 COD_{Mn}(mg/L)	系数
<5	—
5~10	0.2、0.3
10~20	0.4、0.6
>20	0.5、0.7、1.0

工业废水可由重铬酸钾法测得的COD值确定。通常需做3个稀释比,即使用稀释水时,由COD值分别乘以系数0.075、0.15、0.225,即获得3个稀释倍数;使用接种稀释水时,则分别乘以0.075、0.15和0.25,获得3个稀释倍数。

稀释倍数确定后按下列方法之一测定水样。

①一般稀释法:按照选定的稀释比例,用虹吸法沿筒壁先引入部分稀释水(或接种稀释水)于1 000 mL量筒中,加入需要量的均匀水样,再引入稀释水(或接种稀释水)至800 mL,用带胶板的玻璃棒小心上下搅匀。搅拌时,勿使搅棒的胶板露出水面,防止产生气泡。

按不经稀释水样的测定步骤进行装瓶,测定当天溶解氧和培养5 d后的溶解氧含量。

另取两个溶解氧瓶,用虹吸法装满稀释水(或接种稀释水)作为空白,分别测定5 d前、5 d后的溶解氧含量。

②直接稀释法:直接稀释法是在溶解氧瓶内直接稀释。在已知两个容积相同(其差小于1 mL)的溶解氧瓶内,用虹吸法加入部分稀释水(或接种稀释水),再加入根据瓶容积和稀释比例计算出的水样量,然后引入稀释水(或接种稀释水)至刚好充满,加塞,勿留气泡于瓶内。其余操作与上述稀释法相同。

在BOD_5测定中,一般采用叠氮化钠改良法测定溶解氧。如遇干扰物质,应根据具体情况采用其他测定法。

六、数据处理

(一)测定数据记录

水样生化需氧量测定数据记录见实表1-14。

实表 1-14 水样生化需氧量测定数据记录

编号	稀释倍数	取样体积 V_1(mL)	硫代硫酸钠溶液浓度 c(mol/L)	硫代硫酸钠溶液消耗量 V_2(mL)		溶解氧含量 DO(mg/L)	
				培养前	5 d 后	培养前	5 d 后
1							
2							
3							
4							
空白 1							
空白 2							

(二)计算

(1)不经稀释直接培养的水样

$$BOD_5 = c_1 - c_2$$

式中 c_1——水样在培养前的溶解氧浓度,mg/L;

c_2——水样经 5 d 培养后,剩余溶解氧浓度,mg/L。

(2)经稀释后培养的水样

$$BOD_5 = \frac{(c_1 \quad c_2) - (B_1 - B_2)f_1}{f_2}$$

式中 B_1——稀释水(或接种稀释水)在培养前的溶解氧浓度,mg/L;

B_2——稀释水(或接种稀释水)在培养后的溶解氧浓度,mg/L;

f_1——稀释水(或接种稀释水)在培养液中所占比例;

f_2——水样在培养液中所占比例。

七、注意事项

(1)测定一般水样的 BOD_5时,硝化作用很不明显或根本不发生。但对于生物处理池出水,则含有大量硝化细菌。因此,在测定 BOD_5时,也包括了部分含氮化合物的需氧量。对于这种水样,如只需测定有机物的需氧量,应加入硝化抑制剂,如丙烯基硫脲(ATU,$C_4H_8N_2S$)等。

(2)在两个或三个稀释比的样品中,凡消耗溶解氧大于 2 mg/L 和剩余溶解氧大于 1 mg/L 都有效,计算结果时,应取平均值。

(3)为检查稀释水和接种液的质量以及化验人员的操作技术,可将 20 mL 葡萄糖－谷氨酸标准溶液用接种稀释水稀释至 1 000 mL,测其 BOD_5,其结果应在 180～230 mg/L。否则,应检查接种液、稀释水或操作技术是否存在问题。

(4)培养过程中,应经常检查培养瓶封口的水,及时补充,避免干涸。

实训十一　水中挥发酚的测定

一、实训目的

维实 1-21

(1)了解 4-氨基安替比林分光光度法测定挥发酚的原理。

(2)掌握水中挥发酚的测定操作技术和蒸馏处理技术。

二、原理

根据酚类能否与水蒸气一起蒸出的性质,分为挥发酚和不挥发酚。挥发酚多指沸点在 230 ℃以下的酚类,多属于一元酚类。酚类主要来自石油冶炼、煤气、炼焦、造纸、合成氨和化工等行业的废水。

测定水中挥发酚时,一般需要对水样进行预蒸馏处理,以消除色度、浊度等的干扰。

在 pH 值为 10.0±0.2 的介质中若有铁氰化钾存在,与 4-氨基安替比林反应会生成橙红色的吲哚酚氨基安替比林染料,其水溶液在 510 nm 波长处有最大吸收。

若用光程为 20 mm 比色皿测定时,该方法对酚的最低检出浓度为 0.1 mg/L。

三、仪器

(1)500 mL 全玻璃蒸馏器。

(2)50 mL 具塞比色管。

(3)分光光度计。

四、试剂

(一)无酚水

于 1 000 mL 中加入 0.2 g 经 200 ℃活化 0.5 h 的活性炭粉末,充分振摇后,放置过夜。用双层中速滤纸过滤,或加入氢氧化钠使水呈强碱性,并滴加高锰酸钾溶液至紫红色,移入蒸馏瓶中加热蒸馏,收集馏出液,盛于玻璃瓶中储存备用。

注意:无酚水应避免与橡胶制品、橡皮塞或乳胶管等接触。

(二)硫酸铜溶液

称取 50 g 硫酸铜($CuSO_4 \cdot 5H_2O$)溶于无酚水中,稀释至 500 mL。

(三)磷酸溶液

量取 50 mL 密度为 1.69 g/mL 的磷酸,用无酚水稀释至 500 mL。

(四)甲基橙指示剂溶液

称取 0.05 g 甲基橙溶于 100 mL 无酚水中。

(五)苯酚标准储备液

称取 1.00 g 无色苯酚(C_6H_5OH)溶于无酚水中,移入 1 000 mL 容量瓶中,用无酚水稀释至标线,置冰箱冷藏室内保存,至少稳定 1 个月。

标定方法如下:

(1)吸取10.00 mL苯酚标准储备液于250 mL碘量瓶中,加水稀释至100 mL,加10.0 mL 0.1 mol/L溴酸钾－溴化钾溶液,立即加入5 mL浓盐酸,盖好瓶塞。轻轻摇匀,于暗处放置10 min,加入1 g碘化钾,密塞,再轻轻摇匀,于暗处放置5 min后,用0.012 5 mol/L硫代硫酸钠标准溶液滴定至溶液呈淡黄色,加入1 mL淀粉溶液,继续滴定至蓝色刚好褪去,记录硫代硫酸钠溶液的用量。

(2)以水代替苯酚储备液做空白实验,记录滴定过程中硫代硫酸钠标准溶液用量。

(3)苯酚储备液浓度按下式计算:

$$苯酚浓度(g/L) = \frac{(V_1 - V_2) \times c \times 15.68}{V}$$

式中　V_1——空白实验中硫代硫酸钠标准溶液的用量,mL;

V_2——滴定苯酚储备液时硫代硫酸钠标准溶液的用量,mL;

V——苯酚标准储备液体积,mL;

c——硫代硫酸钠标准溶液浓度,mol/L;

15.68——苯酚(1/6 C_6H_5OH)摩尔质量,g/mol。

(六)苯酚标准中间液

取适量苯酚储备液,用水稀释至每毫升溶液含苯酚0.010 mg,使用时当天配制。

(七)溴酸钾－溴化钾标准参考溶液[$c(1/6\ KBrO_3) = 0.1$ mol/L]

称取2.784 g溴酸钾($KBrO_3$)溶于水,加入10 g溴化钾(KBr),使其溶解,移入1 000 mL容量瓶中,稀释至标线。

(八)碘酸钾标准溶液[$c(1/6\ KIO_3) = 0.012\ 5$ mol/L]

称取预先经180 ℃烘干的碘酸钾0.445 8 g溶于水,移入1 000 mL容量瓶中,稀释至标线。

(九)硫代硫酸钠标准溶液[$c(Na_2S_2O_3) \approx 0.012\ 5$ mol/L]

称取3.1 g硫代硫酸钠溶于煮沸放冷的水中,加入0.2 g碳酸钠,稀释至1 000 mL,临用前用碘酸钾溶液标定。

标定方法:

吸取10.00 mL碘酸钾溶液于250 mL碘量瓶中,加水稀释至100 mL,加1 g碘化钾,再加5 mL(1＋5)硫酸,加塞,轻轻摇匀。置暗处放置5 min,用硫代硫酸钠溶液滴定至淡黄色,加1 mL淀粉溶液,继续滴定至蓝色刚好褪去为止,记录硫代硫酸钠溶液用量。按下式计算硫代硫酸钠溶液浓度:

$$c(Na_2S_2O_3) = \frac{0.012\ 5 \times V_4}{V_3}$$

式中　V_3——硫代硫酸钠标准溶液消耗量,mL;

V_4——移取碘酸钾标准溶液量,mL;

0.012 5——碘酸钾标准参考溶液浓度,mol/L。

(十)淀粉溶液

称取1 g可溶性淀粉,用少量水调成糊状,加沸水至100 mL,冷却后,置冰箱内保存。

（十一）pH＝10 的缓冲溶液

称取 20 g 氯化铵（NH_4Cl）溶于 100 mL 氨水中，加塞，置于冰箱中保存。

（十二）20 g/L 4－氨基安替比林溶液

称取 4－氨基安替比林（$C_{11}H_{13}N_3O$）2 g 溶于水中，稀释至 100 mL，置于冰箱内保存。可使用 1 周。

注：固体试剂易潮解、氧化，宜保存在干燥器中。

（十三）80 g/L 铁氰化钾溶液

称取 8 g 铁氰化钾{$K_3[Fe(CN)_6]$}溶于水中，稀释至 100 mL，置于冰箱内保存。可使用 1 周。

五、实训内容

（一）水样预处理

（1）量取 250 mL 水样置于蒸馏瓶中，加数粒小玻璃珠以防暴沸，再加 2 滴甲基橙指示液，用磷酸溶液调节 pH 值约为 4（溶液呈橙红色），加 5.0 mL 硫酸铜溶液（如采样时已加过硫酸铜，则适量补加）。

维实 1-22

注：如加入硫酸铜溶液后产生较多量的黑色硫化铜沉淀，则应摇匀后放置片刻，待沉淀后，再滴加硫酸铜溶液，至不再产生沉淀为止。

（2）连接冷凝器，加热蒸馏，至蒸馏出约 225 mL 时，停止加热，放冷。向蒸馏瓶中加入 25 mL 无酚水，继续蒸馏至馏出液为 250 mL 为止。

蒸馏过程中，如发现甲基橙的红色褪去，应在蒸馏结束后，再加 1 滴甲基橙指示液。如发现蒸馏后残液不呈酸性，则应重新取样，增加磷酸加入量，进行蒸馏。

（二）标准系列的制备及测定

（1）于 7 支 50 mL 比色管中，分别加入 0 mL、0.50 mL、1.00 mL、3.00 mL、5.00 mL、7.00 mL 和 10.00 mL 苯酚标准中间液，加无酚水至 50 mL 标线。

（2）各加 0.5 mL 缓冲溶液（pH＝10），混匀，此时 pH 值为 10±0.2；再加 4－氨基安替比林溶液 1 mL，混匀；最后加 1 mL 铁氰化钾溶液，充分混匀后，放置 10 min。

（3）时间到达，立即于 510 mm 波长处，用光程为 20 mm 比色皿，以水为参比，测量吸光度。

（三）水样的测定

（1）分取适量馏出液放于 50 mL 比色管中，稀释至 50 mL 标线。

（2）用与绘制标准曲线相同的步骤测定吸光度，最后减去空白实验所得的吸光度。

（四）空白实验

以无酚水代替水样，经蒸馏后，按水样测定步骤进行测定，以其结果作为水样测定的空白校正值。

六、数据处理

（一）测定结果记录

水中挥发酚测定数据记录见实表 1-15。

实表 1-15 水中挥发酚测定数据记录

项目	标准系列							样品		
	0	1	2	3	4	5	6	空白	样 1	样 2
苯酚标准中间液用量 V(mL)	0	0.50	1.00	3.00	5.00	7.00	10.00			
苯酚含量 m(μg)	0	5	10	30	50	70	100			
吸光度 A										

(二)标准曲线的绘制与使用

(1)由标准系列测得的吸光度减去零浓度空白的吸光度后得到校正吸光度,绘制以校正吸光度 A 对苯酚含量(μg)的标准曲线。

(2)由水样测得的吸光度减去空白实验的吸光度后,从标准曲线上查得苯酚含量(μg)。

(三)计算

$$挥发酚含量(以苯酚计,mg/L)=\frac{m}{V}$$

式中 m——水样吸光度经空白校正后从标准曲线上查得的苯酚含量,μg;

V——移取馏出液的体积,mL。

七、注意事项

(1)如水样含挥发酚较高,移取适量水样并加至 250 mL 进行蒸馏,则在计算时应乘以稀释倍数。

(2)如果水样中有游离氯,可加入过量的硫酸亚铁将余氯还原为氯离子,然后蒸馏。

实训十二 水中氨氮的测定

一、实训目的

(1)掌握纳氏比色分光光度法测定水样中氨氮的原理。

(2)学会纳氏比色分光光度法测定水样中氨氮的操作技术。

维实 1-23

二、原理

碘化汞和碘化钾的碱性溶液与氨反应生成淡红棕色胶态化合物,其色度与氨氮含量成正比,通常可在波长 410~425 nm 范围内测其吸光度,计算其含量。

本法最低检出浓度为 0.025 mg/L(光度法),测定上限为 2 mg/L。采用目视比色法,最低检出浓度为 0.02 mg/L。水样进行适当的预处理后,本法可适用于地表水、地下水、工业废水和生活污水。

三、仪器

(1)带氮球的定氮蒸馏装置:500 mL 凯氏烧瓶、氮球、直形冷凝管。

(2)分光光度计。

(3)pH 计。

四、试剂

(1)无氨水。配制试剂用水均应为无氨水。可选用下列方法之一进行制备:

①蒸馏法:每升蒸馏水中加 0.1 mL 硫酸,在全玻璃蒸馏器中重蒸馏,弃去 50 mL 初馏液,接取其余馏出液于具塞磨口的玻璃瓶中,密塞保存。

②离子交换法:使蒸馏水通过强酸性阳离子交换树脂柱。

(2)1 mol/L 盐酸溶液。

(3)1 mol/L 氢氧化钠溶液。

(4)轻质氧化镁(MgO):将氧化镁在 500 ℃下加热,以除去碳酸盐。

(5)0.05%溴百里酚蓝指示液(pH 值为 6.0~7.6)。

(6)防沫剂:如石蜡碎片。

(7)吸收液。

①硼酸溶液:称取 20 g 硼酸溶于水,稀释至 1 L。

②0.01 mol/L 硫酸溶液。

(8)纳氏试剂,可选择下列方法之一制备:

①称取 20 g 碘化钾溶于约 25 mL 水中,边搅拌边分次少量加入二氯化汞($HgCl_2$)结晶粉末(约 10 g),至出现朱红色沉淀不易溶解时,改为滴加饱和二氯化汞溶液,并充分搅拌,当出现微量朱红色沉淀不再溶解时,停止滴加二氯化汞溶液。

另称取 60 g 氢氧化钾溶于水,并稀释至 250 mL,冷却至室温后,将上述溶液徐徐注入氢氧化钾溶液中,用水稀释至 400 mL,混匀。静置过夜,将上清液移入聚乙烯瓶中,密塞保存。

②称取 16 g 氢氧化钠,溶于 50 mL 水中,充分冷却至室温。

另称取 7 g 碘化钾和 10 g 碘化汞(HgI_2)溶于水,然后将此溶液在搅拌下徐徐注入氢氧化钠溶液中。用水稀释至 100 mL,储于聚乙烯瓶中,密塞保存。

(9)酒石酸钾钠溶液($KNaC_4H_4O_6 \cdot 4H_2O$):称取 50 g 酒石酸钾钠溶于 100 mL 水中,加热煮沸以除去氨,放冷,定容至 100 mL。

(10)铵标准储备溶液:称取 3.819 g 经 100 ℃干燥过的氯化铵(NH_4Cl)溶于水中,移入 1 000 mL 容量瓶中,稀释至标线。此溶液每毫升含 1.00 mg 氨氮。

(11)铵标准使用溶液:移取 5.00 mL 铵标准储备液于 500 mL 容量瓶中,用水稀释至标线。此溶液每毫升含 0.010 mg 氨氮。

维实 1-24

五、实训内容

(一)水样预处理

取 250 mL 水样(如氨氮含量较高,可取适量并加水至 250 mL,使氨氮含量不超过 2.5 mg)，移入凯氏烧瓶中，加数滴溴百里酚蓝指示液，用氢氧化钠溶液或盐酸溶液调节至 pH 值为 7 左右。加入 0.25 g 轻质氧化镁和数粒玻璃珠，立即连接氮球和冷凝管，导管下端插入吸收液液面下。加热蒸馏，至馏出液达 200 mL 时，停止蒸馏。定容至 250 mL。

采用酸滴定法或纳氏比色法时，以 50 mL 硼酸溶液为吸收液；采用水杨酸－次氯酸盐比色法时，改用 50 mL 0.01 mol/L 硫酸溶液为吸收液。

(二)标准曲线的绘制

吸取 0 mL、0.50 mL、1.00 mL、3.00 mL、5.00 mL、7.00 mL 和 10.0 mL 铵标准使用液于 50 mL 比色管中，加水至标线，加 1.0 mL 酒石酸钾钠溶液，混匀。加 1.5 mL 纳氏试剂，混匀。放置 10 min 后，在波长 420 nm 处，用光程 20 mm 比色皿，以水为参比，测定吸光度。

由测得的吸光度，减去零浓度空白管的吸光度后，得到校正吸光度，绘制以氨氮含量(mg)对校正吸光度的标准曲线。

(三)水样的测定

(1)分取适量经絮凝沉淀预处理后的水样(使氨氮含量不超过 0.1 mg)，加入 50 mL 比色管中，稀释至标线，加 0.1 mL 酒石酸钾钠溶液。

(2)分取适量经蒸馏预处理后的馏出液，加入 50 mL 比色管中，加一定量 1 mol/L 氢氧化钠溶液以中和硼酸，稀释至标线。加 1.5 mL 纳氏试剂，混匀。放置 10 min 后，同标准曲线步骤测量吸光度。

(四)空白实验

以无氨水代替水样，进行全程序空白测定。

六、数据处理

(一)测定结果记录

水中氨氮测定数据记录见实表 1-16。

实表 1-16　水中氨氮测定数据记录

项目	标准系列							水样		
	0	1	2	3	4	5	6	空白	1	2
铵标准溶液用量(mL)	0	0.50	1.00	3.00	5.00	7.00	10.00			
氨氮含量 m(mg)										
吸光度 A										

(二)标准曲线的绘制与使用

(1)由标准系列测得的吸光度减去零浓度空白的吸光度后得到校正吸光度，绘制以氨氮含量(mg)对校正吸光度的标准曲线。

(2)由水样测得的吸光度减去空白实验的吸光度后，从标准曲线上查得氨氮含量(mg)。

（三）计算

$$氨氮(N, mg/L) = \frac{m}{V} \times 1\ 000$$

式中　m——由校准曲线查得的氨氮量，mg；

V——水样体积，mL。

由水样测得的吸光度减去空白实验的吸光度后，从标准曲线上查得氨氮含量（mg）。

七、注意事项

（1）纳氏试剂中碘化汞与碘化钾的比例，对显色反应的灵敏度有较大影响。静置后生成的沉淀应除去。

（2）滤纸中常含痕量铵盐，使用时注意用无氨水洗涤。所用玻璃器皿应避免实验室空气中氨的玷污。

实训十三　水中亚硝酸盐氮的测定

一、实训目的

（1）了解分光光度法测定亚硝酸盐氮的原理。

（2）学会利用 N－(1－萘基)－乙二胺分光光度法测定污水中的亚硝酸盐氮的方法。

二、原理

在酸性介质中，当 pH 值为 1.8±0.3 时，亚硝酸盐与对氨基苯磺酰胺发生反应，生成重氮盐，再与 N－(1－萘基)－乙二胺偶联生成红色染料，在 540 nm 波长处有最大吸收。

维实 1-25

三、仪器

（1）分光光度计。

（2）50 mL 比色管及常用的玻璃仪器。

四、试剂

（一）无亚硝酸盐的水

实验用水均为不含亚硝酸盐的水。在蒸馏水中加入少许高锰酸钾晶体，使其呈红色，再加氢氧化钡（或氢氧化钙）使其呈碱性。置于全玻璃蒸馏器中蒸馏，弃去 50 mL 初馏液，收集中间约 70% 不含锰盐的馏出液，也可在每升蒸馏水中加 1 mL 浓硫酸和 0.2 mL 硫酸锰溶液（36.4 g $MnSO_4 \cdot H_2O$ 溶于 1 000 mL 水中），加入 1～3 mL 0.04% 高锰酸钾溶液至红色，重蒸馏。

(二)磷酸(密度为 1.70 g/mL)

(三)显色剂

于 500 mL 烧杯内加入 250 mL 水和 50 mL 磷酸,加入 20.0 g 对氨基苯磺酰胺,再将 1.00 g N-(1-萘基)-乙二胺盐酸盐($C_{10}H_7NHC_2H_4NH_2 \cdot 2HCl$)溶于上述溶液中,转移至 500 mL 容量瓶中,用水稀释至标线,摇匀。

此溶液储存于棕色试剂瓶中,保存在 2~5 ℃,至少可稳定 1 个月。

注:本试剂有毒性,避免与皮肤接触或摄入体内。

(四)亚硝酸盐氮标准储备液

称取 1.232 g 亚硝酸钠($NaNO_2$),溶于 150 mL 水中,定量转移至 1 000 mL 容量瓶中,用水稀释至标线,摇匀。每毫升约含 0.25 mg 亚硝酸盐氮。

本溶液储于棕色瓶中,加入 1 mL 三氯甲烷,保存于 2~5 ℃,至少稳定 1 个月。储备液的标定如下:

(1)在 300 mL 具塞锥形瓶中,加入 50.00 mL 0.050 mol/L 高锰酸钾标准溶液、5 mL 浓硫酸,用 50 mL 无分度吸量管使下端插入高锰酸钾溶液液面下,加入 50.00 mL 亚硝酸盐氮标准储备溶液,轻轻摇匀。水浴加热至 70~80 ℃,按每次 10.00 mL 的量加入足够的草酸钠标准溶液,使红色褪去并过量,记录草酸钠标准溶液用量(V_2)。然后用高锰酸钾标准溶液滴定过量草酸钠至溶液呈微红色,记录高锰酸钾标准溶液总用量(V_1)。

(2)再以 50 mL 水代替亚硝酸盐氮标准储备液,如上操作,用草酸钠标准溶液标定高锰酸钾溶液的浓度(c_1)。按下式计算高锰酸钾标准溶液浓度:

$$c_1(1/5\mathrm{KMnO_4}, \mathrm{mol/L}) = \frac{0.050\,0 \times V_3}{V_4}$$

式中 V_3——滴定实验用水时加入高锰酸钾标准溶液总量,mL;

V_4——滴定实验用水时加入草酸钠标准溶液总量,mL;

0.050 0——草酸钠标准溶液浓度($1/2\ Na_2C_2O_4$),mol/L。

按下式计算亚硝酸盐氮标准储备液的浓度

$$\text{亚硝酸盐氮浓度}(\mathrm{N}, \mathrm{mg/L}) = \frac{(V_1c_1 - 0.050\,0V_2) \times 7.00 \times 1\,000}{50.00} = 140V_1c_1 - 7.00V_2$$

式中 V_1——滴定亚硝酸盐氮标准储备液时,加入高锰酸钾标准溶液总量,mL;

V_2——滴定亚硝酸盐氮标准储备液时,加入草酸钠标准溶液总量,mL;

c_1——经标定的高锰酸钾标准溶液的浓度,mol/L;

7.00——亚硝酸盐氮(1/2N)的摩尔质量,g/mol;

50.00——亚硝酸盐氮标准储备溶液取样量,mL;

0.050 0——草酸钠标准溶液浓度($1/2\ Na_2C_2O_4$),mol/L。

(五)亚硝酸盐氮中间标准液

分取 50.00 mL 亚硝酸盐氮标准储备液(使含 12.5 mg 亚硝酸盐氮),置于 250 mL 容量瓶中,用水稀释至标线,摇匀。此溶液每毫升含 50.0 μg 亚硝酸盐氮。中间液储于棕色瓶内,保存在 2~5 ℃,可稳定 1 周。

（六）亚硝酸盐氮标准使用液

取 10.00 mL 亚硝酸盐氮标准中间液于 500 mL 容量瓶内，用水稀释至标线，摇匀。每毫升含 1.00 μg 亚硝酸盐氮。此溶液使用时，当天配制。

（七）氢氧化铝悬浮液

溶解 125 g 硫酸铝钾［$KAl(SO_4)_2 \cdot 12H_2O$］或十二水合硫酸铝铵［$NH_4Al(SO_4)_2 \cdot 12H_2O$］于1 000 mL 水中，加热至 60 ℃，在不断搅拌下，徐徐加入 55 mL 浓氨水，放置约 1 h 后，移入 1 000 mL 量筒内，用水反复洗涤沉淀，至洗涤液中不含亚硝酸盐为止。澄清后，把上清液尽量全部倾出，只留稠的悬浮物，最后加入 100 mL 水，使用前应振荡均匀。

（八）高锰酸钾标准溶液（$1/5\ KMnO_4$，0.050 mol/L）

溶解 1.6 g 高锰酸钾于 1 200 mL 水中，煮沸 0.5～1 h，使体积减少到 1 000 mL 左右，放置过夜。用 G-3 号玻璃砂芯滤器过滤后，滤液储存于棕色试剂瓶中避光保存。高锰酸钾标准溶液浓度按上述方法进行标定和计算。

（九）草酸钠标准溶液（$1/2Na_2C_2O_4$，0.050 0 mol/L）

溶解经 105 ℃烘干 2 h 的优级纯无水草酸钠 3.350 g 于 750 mL 水中，定量转移至1 000 mL容量瓶中，用水稀释至标线。

（十）酚酞指示剂

将 0.5 g 酚酞溶于 50 mL 95% 乙醇中。

五、实训内容

（一）标准曲线的绘制

维实 1-26

取 6 支 50 mL 比色管，分别加入 0 mL、1.00 mL、3.00 mL、5.00 mL、7.00 mL 和 10.00 mL 亚硝酸盐氮标准使用液，用水稀释至标线。加入 1.0 mL 显色剂，密塞，混匀。静置 20 min 后，在 2 h 以内，于 540 nm 波长处，用光程长 10 mm 的比色皿，以水做参比，测量吸光度。

对测得的吸光度，减去零浓度空白管的吸光度后，获得校正吸光度，绘制以氮含量（μg）—校正吸光度的校准曲线。

（二）水样的测定

当水样 pH≥11 时，可加入 1 滴酚酞指示剂，边搅拌边滴加（1＋9）磷酸溶液至红色刚消失。

水样如有颜色和悬浮物，可向每 100 mL 水中加入 2 mL 氢氧化铝悬浮液，搅拌、静置、过滤、弃去 25 mL 初滤液。

分取经预处理的水样于 50 mL 比色管（如含量较高，则分取适量，用水稀释至标线）中，加 1.0 mL 显色剂，然后按校准标准曲线绘制的相同步骤操作，测量吸光度。经空白校正后，从校准曲线上查得亚硝酸盐氮量。

（三）空白实验

用水代替水样，按相同步骤进行测定。

六、数据处理

(一)测定数据记录

水中亚硝酸盐氮含量测定数据记录见实表1-17。

实表1-17 水中亚硝酸盐氮含量测定数据记录

比色管编号	标准系列						水样		
	0	1	2	3	4	5	空白	1	2
亚硝酸盐氮含量 m(μg)	0	1.0	3.0	5.0	7.0	10.0			
吸光度 A									

(二)计算

$$亚硝酸盐氮浓度(N,mg/L) = \frac{m}{V}$$

式中 m——从标准曲线上查得的亚硝酸盐氮含量,μg;

V——测定用水样体积,mL。

七、注意事项

(1)如水样经预处理后,还有颜色,则分取两份体积相同的经预处理的水样,一份加1.0 mL显色剂,另一份改加1.0 mL(1+9)磷酸溶液。由加显色剂的水样测得的吸光度,减去空白实验测得的吸光度,再减去改加磷酸溶液的水样所测得的吸光度后,获得校正吸光度,以进行色度校正。

(2)显色试剂除以混合液加入外,亦可分别配制和依次加入,具体方法如下:

对氨基苯磺酰胺溶液:称取5 g对氨基苯磺酰胺(磺胺),溶于50 mL浓盐酸和约350 mL水的混合液中,稀释至500 mL。此溶液稳定。

N-(1-萘基)-乙二胺二盐酸盐溶液:称取500 mg N-(1-萘基)-乙二胺二盐酸盐溶于500 mL水中,储于棕色瓶中,置冰箱中保存。当色泽明显加深时,应重新配制,如有沉淀,则过滤。

于50 mL水样(或标准管)中,加入1.0 mL对氨基苯磺酰胺溶液,混匀。放置2~8 min,加入1.0 mL N-(1-萘基)-乙二胺二盐酸盐溶液,混匀。放置10 min后,在540 nm波长处测量吸光度。

(3)亚硝酸盐在水中可受微生物等作用而很不稳定,在采集后应尽快进行分析,必要时冷藏以抑制微生物的影响。

(4)氯胺、氯、硫代硫酸盐、聚磷酸钠和高铁离子有明显干扰。水样呈碱性(pH≥11)时,可加酚酞溶液作指示剂,滴加磷酸溶液至红色消失。水样有颜色或悬浮物,可加氢氧化铝悬浮液并过滤。

实训十四　水中总磷含量的测定

一、实训目的

维实 1-27

(1)掌握钼酸铵分光光度法测定水中总磷的原理和测定技术。
(2)掌握过硫酸钾消解水样的预处理方法。

二、实训原理

总磷包括溶解的、颗粒的、有机的和无机的。在中性条件下用过硫酸钾(或硝酸—高氯酸)使试样消解,将所含磷全部氧化为正磷酸盐。在酸性介质中,正磷酸盐与钼酸铵反应,在锑盐存在下生成磷钼杂多酸后,立即被抗坏血酸还原,生成蓝色的络合物。

三、仪器

(1)医用手提式高压蒸气消毒器或一般民用压力锅(1.1 ~ 1.4 kg/cm^2)。
(2)50 mL 具塞(磨口)刻度管(比色管)。
(3)分光光度计。
注:所有玻璃器皿均应用稀盐酸或稀硝酸浸泡。

四、试剂

(1)浓硫酸(H_2SO_4),密度为 1.848 g/mL。
(2)浓硝酸(HNO_3),密度为 1.4 g/mL。
(3)高氯酸($HClO_4$),优级纯,密度为 1.68 g/mL。
(4)(1+1)硫酸(H_2SO_4)。
(5)硫酸,约 $c(1/2\ H_2SO_4)=1$ mol/L:将 27 mL 浓硫酸倒入 973 mL 水中。
(6)1 mol/L 氢氧化钠(NaOH)溶液:将 40 g 氢氧化钠溶于水并稀释至 1 000 mL。
(7)6 mol/L 氢氧化钠(NaOH)溶液:将 240 g 氢氧化钠溶于水并稀释至 1 000 mL。
(8)50 g/L 过硫酸钾溶液:将 5 g 过硫酸钾($K_2S_2O_8$)溶解于水中,并稀释至 100 mL。
(9)100 g/L 抗坏血酸溶液:溶解 10 g 抗坏血酸($C_6H_8O_6$)于蒸馏水中,并稀释至 100 mL。该溶液储存在棕色玻璃瓶中,在冷处可稳定几周。如不变色,可长时间使用。

(10)钼酸盐溶液:溶解 13 g 钼酸铵于 100 mL 水中,溶解0.35 g酒石酸锑钾于 100 mL 水中。在不断搅拌下,将钼酸铵溶液徐徐加到 300 mL(1+1)硫酸中,加酒石酸锑钾溶液并且混合均匀。此溶液储存于棕色试剂瓶中,在冷处可保存 2 个月。

(11)浊度—色度补偿液:混合 2 体积的(1+1)硫酸和 1 体积的抗坏血酸溶液。使用当天配制。

(12)磷标准储备溶液:称取(0.219 7 ± 0.001)g 于 110 ℃ 干燥 2 h 在干燥器中放冷的磷酸二氢钾(KH_2PO_4),用水溶解后转移至 1 000 mL 容量瓶中,加入大约 800 mL 水、5 mL (1+1)硫酸,用水稀释至标线并混匀。1.00 mL 此标准溶液含 50.0 μg 磷。此溶液在玻璃瓶中可储存至少6个月。

(13)磷标准使用溶液：吸取10.0 mL磷标准储备液于250 mL容量瓶中，用水稀释至标线并混匀。1.00 mL此标准溶液含2.0 μg磷。使用当天配制。

(14)10 g/L酚酞溶液：0.5 g酚酞溶于50 mL 95%乙醇中。

五、实训内容

(一)水样采集

取500 mL水样后加入1 mL硫酸调节样品的pH值，使之低于或等于1，或不加任何试剂于冷处保存。含磷量较少的水样，不要用塑料瓶采样，因磷酸盐易吸附在塑料瓶壁上。

维实1-28

(二)水样预处理

吸取25.0 mL样品于50 mL具塞刻度管中。取时应仔细摇匀，以得到溶解部分和悬浮部分均具有代表性的试样。如样品中含磷浓度较高，试样体积可以减少。

(三)消解

(1)过硫酸钾消解：向水样中加50 g/L过硫酸钾4 mL，将具塞刻度管的盖塞上后，用一小块纱布和线将玻璃塞扎紧(或用其他方法固定)，以免加热时玻璃塞冲出。将具塞刻度管放在大烧杯中，置于高压蒸汽消毒器或压力锅中加热，待锅内压力达1.1 kg/cm^2、相应温度为120 ℃时，保持30 min后停止加热。待压力表指针降至零后，取出放冷，用水稀释至标线。

(2)硝酸－高氯酸消解：取25 mL水样于锥形瓶中，加数粒玻璃珠，加2 mL浓硝酸在电热板上加热浓缩至10 mL；冷后再加5 mL浓硝酸，再加热浓缩至10 mL，放冷；加3 mL高氯酸，加热至高氯酸冒白烟，此时可在锥形瓶上加小漏斗或调节电热板温度，使消解液在锥形瓶内壁保持回流状态，直至剩下3～4 mL，放冷；加水10 mL，加1滴酚酞指示剂；滴加1 mol/L氢氧化钠溶液至刚呈微红色，再滴加$c(1/2H_2SO_4)=1$ mol/L的硫酸使微红刚好褪去，充分混匀后移至具塞刻度管中，用水稀释至标线。

(四)空白实验

用去离子水代替水样，采用与样品相同的方法和步骤测定空白值。

(五)磷标准系列溶液的配制

取6支50 mL具塞刻度管，分别加入0 mL、0.50 mL、1.00 mL、5.00 mL、10.00 mL磷标准使用液，加水至25 mL，消解。

(六)显色

分别向各份消解液中加入1 mL抗坏血酸溶液，混匀。30 s后加2 mL钼酸盐溶液充分混匀。

(七)吸光度测量

室温下放置15 min后，使用光程为30 mm的比色皿，于700 nm波长处，以水作参比，测量吸光度。

六、数据处理

（一）测定结果记录

水中总磷含量测定数据记录见实表1-18。

实表1-18　水中总磷含量测定数据记录

具塞刻度管编号	标准系列						水样		
	0	1	2	3	4	5	空白	1	2
磷含量 m(μg)	0	1.0	2.0	6.0	10.0	20.0			
吸光度 A									

（二）标准曲线的绘制与使用

（1）扣除空白实验的吸光度后，以吸光度 A 为纵坐标，对应的磷含量 m(P)为横坐标，在直角坐标纸上分别绘制标准工作曲线。

（2）扣除空白实验的吸光度后，从工作曲线上查得磷的含量。

（三）计算

总磷含量以 c(mg/L)表示，按下式计算：

$$\text{水中总磷含量}\ c(\text{P,mg/L}) = \frac{m}{V}$$

式中　m——由标准曲线上查得的磷含量，μg；

V——测定用水样的体积，mL。

七、注意事项

（1）本方法适用于地表水污水和工业废水。若取水样25 mL，则该方法的最低检出浓度为0.01 mg/L，测定上限为0.6 mg/L。

（2）如用硫酸保存水样，则当用过硫酸钾消解时，需先将试样调至中性。水样中的有机物用过硫酸钾氧化不能完全破坏时，可用硝酸—高氯酸消解。

（3）硝酸－高氯酸消解需要在通风橱中进行。高氯酸和有机物的混合物经加热易发生危险，需将试样先用硝酸消解，然后加入硝酸—高氯酸进行消解。

（4）绝不可把消解的试样蒸干。如消解后有残渣，用滤纸过滤于具塞刻度管中，用水充分清洗锥形瓶及滤纸，并转移至具塞刻度管中。

（5）在酸性条件下，砷、铬、硫干扰测定。砷大于2 mg/L时干扰测定，用硫代硫酸钠去除。硫化物大于2 mg/L时干扰测定，通氮气去除。铬大于50 mg/L时干扰测定，用亚硫酸钠去除。

（6）如试样中有浊度或色度，需配制一个空白试样（消解后用水稀释至标线），然后向试料中加入3 mL浊度—色度补偿液，但不加抗坏血酸溶液和钼酸盐溶液，然后从试样的吸光度中扣除空白试样的吸光度。

（7）室温低于13 ℃时，可在20～30 ℃水浴中显色15 min。

项目二　大气和废气监测

【知识目标】

1. 了解大气污染物的种类及特点；
2. 掌握大气样品的采集方法；
3. 掌握大气常规监测项目的监测方法；
4. 掌握烟气烟尘的监测方法。

维 2-1

【技能目标】

1. 能够对大气中常规监测项目（总悬浮颗粒物、PM10、PM2.5、二氧化硫、二氧化氮等）按国家标准测定方法进行测定；
2. 能够对固定污染源进行监测；
3. 能够对室内空气污染物（甲醛等）进行监测。

【项目导入】

大气污染概述

一、大气、空气和空气污染

大气是指包围在地球周围的气体，其厚度达 1 000～1 400 km，其中对人类及生物生存起着重要作用的是近地面约 10 km 以内的空气层——对流层。空气层厚度虽然比大气层厚度小得多，但空气质量却占大气总质量的 95% 左右。在环境科学书籍、资料中，常把“空气”和“大气”作为同义词使用。

维 2-2

清洁干燥的空气主要组分是：氮（78.06%）、氧（20.95%）、氩（0.93%）。这三种气体的总和约占总体积的 99.94%，其余尚有十多种气体总和不足 0.1%。实际空气中含有水蒸气，其浓度因地理位置和气象条件不同而异，干燥地区可低至 0.02%，而暖湿地区可高达 0.46%。清洁的空气是人类和生物赖以生存的环境要素之一。在通常情况下，每人每日平均吸入 10～12 m^3 的空气，在 60～90 m^3 的肺泡面积上进行气体交换，吸收生命所必需的氧气，以维持人体的正常生理活动。

随着工业及交通运输等的迅速发展，特别是煤和石油的大量使用，产生大量有害物质如烟尘、二氧化硫、氮氧化物、一氧化碳、碳氢化合物等排放到空气中，当其浓度超过环境所能允许的极限并持续一定时间后就会改变空气的正常组成，破坏自然的物理、化学和生态平衡体系，从而危害人们的生活、工作和健康，损害自然资源及财产、器物等，这种情况即被称为空气污染。

二、空气污染的危害

空气污染会对人体健康和动植物产生危害。对各种材料产生腐蚀损害。

对人体健康的危害可分为急性作用和慢性作用。急性作用是指人体受到污染的空气侵袭后，在短时间内即表现出不适或中毒症状的现象。历史上曾发生过数起急性危害事件。例如，伦敦烟雾事件，造成空气中二氧化硫高达 3.5 mg/m^3，总悬浮颗粒物 4.5 mg/m^3，1 周雾期内伦敦地区死亡 4 703 人；洛杉矶光化学烟雾事件是由于空气中碳氢化合物和氮氧化物急剧增加，受强烈阳光照射，发生一系列光化学反应，形成臭氧、过氧乙酰硝酸酯和醛类等强氧化剂烟雾造成的，致使许多人喉头发炎，鼻、眼受刺激红肿，并有不同程度的头痛。慢性作用是指人体在低污染物浓度的空气长期作用下产生的慢性危害。这种危害往往不易引人注意，而且难以鉴别，其危害途径是污染物与呼吸道黏膜接触；主要症状是眼、鼻黏膜刺激，慢性支气管炎、哮喘、肺癌及因生理机能障碍而加重高血压、心脏病的病情。根据动物实验结果，已确定有致癌作用的污染物质达数十种，如某些多环芳香烃、脂肪烃类、金属（砷、镍、铍等）类。近些年来，世界各国肺癌发病率和死亡率明显上升，特别是工业发达国家增长尤其快，而且城市的高于农村的。大量事实和研究证明，空气污染是重要的致癌因素之一。

空气污染对动物的危害与对人的危害情况相似，对植物的危害可分为急性、慢性和不可见三种。急性危害是在高浓度污染物情况下短时间内造成的危害，常使作物产量显著降低，甚至枯死。慢性危害是在低浓度污染物作用下长时间内造成的危害，会影响植物的正常发育，有时出现危害症状，但大多数症状不明显。不可见危害只造成植物生理上的障碍，使植物生长在一定程度上受到抑制，但从外观上一般看不出症状。常采用植物生产力测定、叶片内污染物分析等方法判断慢性和不可见危害情况。

空气污染能使某些物质发生质的变化，造成损失，如二氧化硫能很快腐蚀金属制品及使皮革、纸张、纺织品等变脆，光化学烟雾能使橡胶轮胎龟裂等。

三、空气污染源

空气污染源可分为自然污染源和人为污染源两种。自然污染源是由自然现象造成的，如火山爆发时喷射出大量粉尘、二氧化硫气体等；森林火灾产生大量二氧化碳、碳氢化合物、热辐射等。人为污染源是由于人类的生产和生活造成的，是空气污染的主要来源，主要有如下几种。

（一）工业企业排放的废气

在工业企业排放的废气中，排放量最大的是以煤和石油为燃料的燃烧过程中排放的粉尘、二氧化硫、氮氧化物、一氧化碳、碳氢化合物等，其次是工业生产过程中排放的多种有机和无机污染物质。表 2-1 列出各类工业企业向空气中排放的主要污染物。

（二）交通运输工具排放的废气

主要是交通车辆、轮船、飞机排出的废气。其中，汽车数量最大，并且集中在城市，故对空气质量特别是城市空气质量影响较大，是一种严重的空气污染源，其排放的主要污染物有碳氢化合物、一氧化碳、氮氧化物和黑烟等。

表2-1　各类工业企业向空气排放的主要污染物

部门	企业类别	排出主要污染物
电力	火力发电厂	烟尘、SO_2、NO_x、CO、苯并(a)芘等
冶金	钢铁厂	烟尘、SO_2、O_2、氧化铁尘、氧化锰尘、锰尘等
	有色金属冶炼厂	烟尘(Cu、Cd、Pb、Zn等重金属)、SO_2等
	焦化厂	烟尘、SO_2、CO、H_2S、酚、苯、萘、烃类等
化工	石油化工厂	SO_2、H_2S、NO_x、氰化物、氯化物、烃类等
	氮肥厂	烟尘、NO_x、CO、NH_3、硫酸气溶胶等
	磷肥厂	烟尘、氟化氢、硫酸气溶胶等
	氯碱厂	氯气、氯化氢、汞蒸气等
	化学纤维厂	烟尘、H_2S、NH_3、CS_2、甲醇、丙酮等
	硫酸厂	SO_2、NO_x、砷化物等
	合成橡胶厂	烯烃类、丙烯腈、二氯乙烷、二氯乙醚、乙硫醇、氯化甲烷等
	农药厂	砷化物、汞蒸气、氯气、农药等
	冰晶石厂	氟化氢等
机械	机械加工厂	烟尘等
	仪表厂	汞蒸气、氰化物等
轻工	灯泡厂	烟尘、汞蒸气等
	造纸厂	烟尘、硫醇、H_2S等
建材	水泥厂	水泥尘、烟尘等

(三)室内空气污染源

随着人们生活水平、现代化水平的提高,加上信息技术的飞速发展,人们在室内活动的时间越来越长。因此,近年来对建筑物室内空气质量的监测及评估,在国内外引起了广泛重视。据测量,室内污染物的浓度高于室外污染物浓度2~5倍。室内环境污染直接威胁着人们的身体健康。流行病学调查结果表明:室内环境污染将提高急慢性呼吸系统障碍疾病的发生率,特别使肺结核、鼻癌、咽癌、喉癌、肺癌和白血病等疾病的发生率和死亡率上升,导致社会劳动效率降低。室内污染来源是多方面的,含有过量有害物质的化学建材的大量使用、装修不当、高层封闭建筑新风不足、室内公共场合人口密度过高等,使室内污染物质难以被稀释和置换,从而引起室内环境污染。

室内空气污染来源有:化学建材和装饰材料中的油漆;胶合板、内墙涂料、刨花板中含有的挥发性有机物,如甲醛、苯、甲苯、氯仿等有毒物质;大理石、地砖、瓷砖中的放射性物质(氡气及其子体);烹饪、吸烟等室内燃烧所产生的油、烟污染物质;人群密集且通风不良的封闭室内CO_2过高;空气中的霉菌、真菌和病毒等。

四、大气污染物及其存在的状态

大气污染物的种类不下数千种，已发现有危害作用而被人们注意到的有一百多种，其中大部分是有机物。依据大气污染物的形成过程，可将其分为一次污染物和二次污染物。

一次污染物是直接从各种污染源排放到大气中的有害物质。常见的主要有二氧化硫、氮氧化物、一氧化碳、碳氢化合物、颗粒性物质等。颗粒性物质中包含苯并(a)芘等强致癌物质、有毒重金属、多种有机和无机化合物等。

二次污染物是一次污染物在大气中相互作用或它们与大气中的正常组分发生反应所产生的新污染物。这些新污染物与一次污染物的化学、物理性质完全不同，多为气溶胶，具有颗粒小、毒性一般比一次污染物大等特点。常见的二次污染物有硫酸盐、硝酸盐、臭氧、醛类(乙醛和丙烯醛等)、过氧乙酰硝酸酯(PAN)等。

大气中污染物质的存在状态由其自身的物理、化学性质及形成过程决定，气象条件也起一定作用。一般有两种存在状态，即分子状态和粒子状态。分子状态污染物也称气体状态污染物，粒子状态污染物也称气溶胶状态污染物或颗粒污染物。

(一)分子状态污染物

某些物质如二氧化硫、氮氧化物、一氧化碳、氯化氢、氯气、臭氧等沸点都很低，在常温、常压下以气体分子形式分散于大气中。还有些物质如苯、苯酚等，虽然在常温、常压下是液体或固体，但因其挥发性强，故能以蒸气态进入大气中。

无论是气体分子还是蒸气分子，都具有运动速度较大、扩散快、在大气中分布比较均匀的特点。它们的扩散情况与自身的比重有关，比重大者向下沉降，如汞蒸气等；比重小者向上飘浮，并受气象条件的影响，可随气流扩散到很远的地方。

(二)粒子状态污染物

粒子状态(颗粒)污染物是分散在大气中的微小液体和固体颗粒。粒径大小为0.01 ~100 μm，是一个复杂的非均匀体系。通常根据颗粒物的重力沉降特性分为降尘和飘尘，粒径大于10 μm的颗粒物能较快地沉降到地面上，称为降尘；粒径小于10 μm的颗粒物(PM10)，可以长期飘浮在大气中，这类颗粒物称为可吸入颗粒物或飘尘(IP)。空气污染常规测定项目总悬浮颗粒物(TSP)是粒径小于10 μm颗粒物的总称。

粒径小于10 μm的颗粒物还具有胶体的特性，故又称气溶胶。它包括平常所说的雾、烟和尘。雾是液态分散型气溶胶和液态凝结型气溶胶的统称。形成液态分散性气溶胶的物质在常温下是液体，当它们因飞溅、喷射等原因被雾化后，即形成微小的液滴分散在大气中。液态凝结型气溶胶则是由于加热使液体变为蒸气散发在大气中，遇冷后凝结成微小的液滴悬浮在大气中，雾的粒径一般在10 μm。

烟是指燃煤时所产生的煤烟和高温熔炼时产生的烟气等，它是固态凝结型气溶胶，生成这种气溶胶的物质在通常情况下是固体，在高温下由于蒸发或升华作用变成气体逸散到大气中，遇冷凝结成微小的固体颗粒，悬浮在大气中构成烟。烟的粒径一般为0.01 ~1 μm。平常所说的烟雾具有烟和雾的特性，是固、液混合气溶胶。一般烟和雾同时形成时就构成烟雾。

尘是固体分散性微粒，它包括交通车辆行驶时带起的扬尘，粉碎、爆破时产生的粉尘等。

五、空气中污染物的时空分布特点

与其他环境要素中的污染物质相比较,空气中的污染物质具有随时间、空间变化大的特点。了解该特点,对于获得正确反映空气污染实况的监测结果有重要意义。

空气污染物的时空分布及其浓度与污染物排放源的分布、排放量及地形、地貌、气象等条件密切相关。

气象条件如风向、风速、大气湍流、大气稳定度总在不停地改变,故污染物的稀释与扩散情况也不断地变化。同一污染源对同一地点在不同时间所造成的地面空气污染浓度往往相差数倍至数十倍,同一时间不同地点也相差甚大。一次污染物和二次污染物浓度在一天之内也在不断地变化。一次污染物因受逆温层及气温、气压等限制,清晨和黄昏浓度较高,中午较低;二次污染物如光化学烟雾,因在阳光照射下才能形成,故中午浓度较高,清晨和夜晚浓度低。风速大,大气不稳定,则污染物稀释扩散速度快,浓度变化也快;反之,稀释扩散慢,浓度变化也慢。

污染源的类型、排放规律及污染物的性质不同,其时空分布特点也不同。例如,我国北方城市空气中 SO_2 浓度的变化规律是:在一年内,1 月、2 月、11 月、12 月属采暖期,SO_2 浓度比其他月份高;在一天之内,6:00 ~ 8:00 和 18:00 ~ 21:00 为供热高峰时间,SO_2 浓度比其他时间高。点污染源或线污染源排放的污染物浓度变化较快,涉及范围较小;大量地面小污染源(如工业区炉窑、分散供热锅炉等)构成的面污染源排放的污染浓度分布比较均匀,并随气象条件变化有较强的变化规律。就污染物的性质而言,质量轻的分子态或气溶胶态污染物高度分散在空气中,易扩散和稀释,随时空变化快;质量较重的尘、汞蒸气等,扩散能力差,影响范围较小。

六、空气中污染物的浓度表示方法

空气中污染物浓度有两种表示方法,即单位体积质量浓度和体积比浓度,根据污染物存在状态选择使用。

(一)单位体积质量浓度

单位体积质量浓度是指单位体积空气中所含污染物的质量数,用 C 表示,常用单位为 mg/m^3 或 $\mu g/m^3$,这种表示方法对任何状态的污染物都适用。

(二)体积比浓度

体积比浓度是污染物体积与气样总体积的比值,用 C_P 表示,常用单位为 mL/m^3(ppm)或 $\mu L/m^3$(ppb)。这种浓度表示方法仅适用于气态或蒸气态物质。

因为单位体积质量浓度受温度和压力变化的影响,为使计算出的浓度具有可比性,我国空气质量标准采用标准状态(0 ℃,101.325 kPa)时的体积。非标准状态下的气体体积可用气态方程式换算成标准状态下的体积,换算式如下:

$$V_0 = \frac{V_t \times 273 \times P}{(273 + t) \times 101.325} \tag{2-1}$$

式中 V_0——标准状态下的体积,L;

P——采样现场的大气压,kPa;

t——采样现场温度,℃;

V_t——现场状态下气体样品体积,L。

现场状态下的采样体积 V_t 计算公式为

$$V_t = Q \times t \tag{2-2}$$

式中　V_t——通过一定流量采集一定时间后获得的气体样品体积,L;

Q——采样流量,L/min;

t——采样时间,min。

以上两种单位可以按下式互相换算:

$$C_P = 22.4 \times (C/M) \tag{2-3}$$

式中　C_P——以 mL/m³(ppm)表示的气体浓度;

C——以 mg/m³ 表示的气体浓度;

M——污染物质的相对分子质量,g/mol。

【任务分析】

任务一　气态样品的采集

采集气态样品的方法可归纳为直接采样法和富集(浓缩)采样法两类。

一、直接采样法

当空气中的被测组分浓度较高,或所用的分析方法灵敏度很高时,可选用直接采取少量气体样品的采样法。用该法测得的结果是瞬时或者短时间内的平均浓度而且可以比较快地得到分析结果。直接采样法常用的容器有以下几种。

维 2-3

(一)注射器采样

用 10 mL 的注射器直接连接一个活塞。采样时,先用现场空气或废气抽洗注射器 3 ~5 次,然后抽样,密封进样口,将注射器进气口朝下,垂直放置。使注射器的内压略大于大气压。要注意样品存放时间不宜太长,一般要当天分析完。此外,所用的注射器要做磨口密封性检查,有时需要对注射器的刻度进行校准。玻璃注射器见图 2-1。

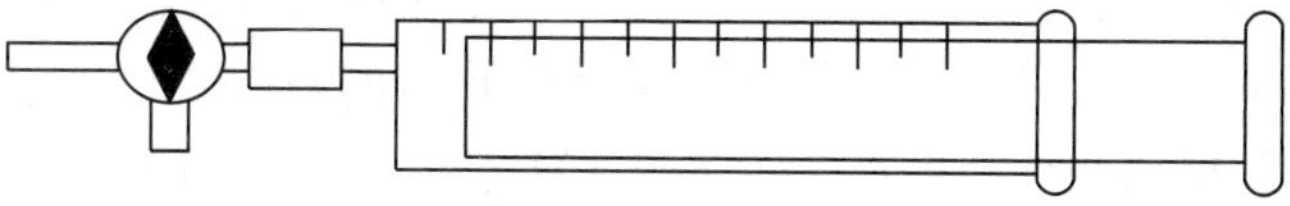

图 2-1　玻璃注射器

(二)塑料袋采样

常用的塑料袋有聚乙烯、聚氯乙烯和聚四氯乙烯等,用金属衬里(铝箔等)的袋子采样,能防止样品的渗透。为了检验对样品的吸附或渗透,建议事先对塑料袋进行样品稳定性试验。稳定性较差的,用已知浓度的待测物在与样品相同的条件下保存,计算出吸附损失后,对分析结果进行校正。此外,应对其气密性进行检查:将袋充足气后,密封进气口,将其置于水中,不应冒气泡。

(三)真空采气瓶

真空采气瓶(见图 2-2)是一种用耐压玻璃制成的固定容器,其容积为 500 ~ 1 000 mL。采样前抽至真空。采样时打开瓶塞,被测空气自行充进瓶中。真空采气瓶要注意的是必须要进行严格的漏气检查和清洗。

(四)采气管采样

采样管的两端有活塞,其容积为 100 ~ 500 mL(见图 2-3),采集时在现场用二联球打气,使通过采气管的被测气体量至少为管体积的 6 ~ 10 倍,充分置换掉原有的空气,然后封闭两端管口。采样体积即为采气管的容积。

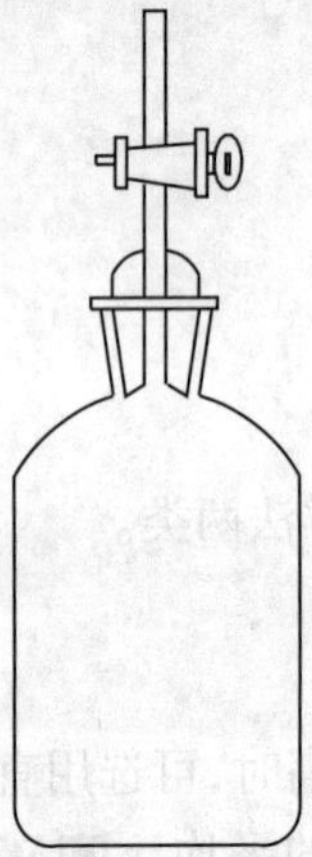

图 2-2　真空采气瓶

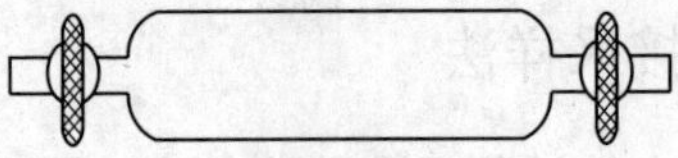

图 2-3　真空采气管

二、富集(浓缩)采样法

大气中的污染物质浓度一般都比较低(10^{-9} ~ 10^{-6} 数量级),直接采样法往往不能满足分析方法检测限的要求,故需要用富集采样法对大气中的污染物进行浓缩。富集采样时间一般比较长,测得结果代表采样时段的平均浓度,更能反映大气污染的真实情况。这种采样方法有溶液吸收法、填充柱阻留法、滤料阻留法、低温冷凝法及自然积集法等。

(一)溶液吸收法

溶液吸收法是采集大气中气态、蒸气态及某些气溶胶态污染物质的常用方法。采样时,用抽气装置将欲测空气以一定流量抽入装有吸收液的吸收管(瓶)。采样结束后,倒出吸收液进行测定,根据测得结果及采样体积计算大气中污染物的浓度。

溶液吸收法的吸收效率主要取决于吸收速度和样气与吸收液的接触面积。

欲提高吸收速度,必须根据被吸收污染物的性质选择效能好的吸收液。常用的吸收液有水、水溶液和有机溶剂等。按照它们的吸收原理可分为两种类型,一种是气体分子溶解于溶液中的物理作用,如用水吸收大气中的氯化氢、甲醛;用 5% 的甲醇吸收有机农药;用 10% 乙醇吸收硝基苯等。另一种吸收类型的原理是基于化学反应。例如,用氢氧化钠溶液吸收大气中的硫化氢,是基于酸碱中和反应;用四氯汞钾溶液吸收 SO_2,是基于络合反应等。理论和实践证明,伴有化学反应的吸收溶液的吸收速度比单靠溶解作用的吸收溶液的吸收速度快得多。因此,除采集溶解度非常大的气态物质外,一般都选用伴有化学反应的吸收液。吸收液的选择原则如下:

(1)与被采集的物质发生化学反应快或对其溶解度大;

(2)污染物质被吸收液吸收后,要有足够的稳定时间,以满足分析测定所需时间的要求;

(3)污染物质被吸收后,应有利于下一步分析测定,最好能直接用于测定;

(4)吸收液毒性小、价格低、易于购买,且尽可能回收利用。

增大被采气体与吸收液的接触面积的有效措施是选用结构适宜的吸收管(瓶),见图2-4。

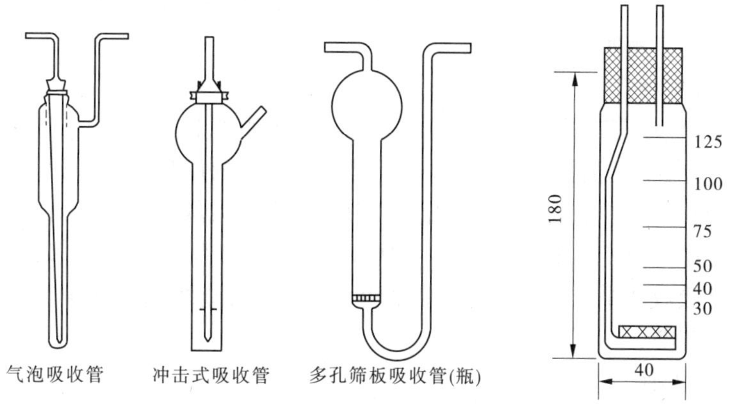

图2-4　气体吸收管

(1)气泡吸收管。这种吸收管可装5~10 mL吸收液,采样流量为0.5~2.0 L/min,适用于采集气态和蒸气态物质。对于气溶胶态物质,因不能像气态分子那样快速扩散到气液界面上,故吸收效率差。

(2)冲击式吸收管。这种吸收管有小型(装5~10 mL吸收液,采样流量为3.0 L/min)和大型(装50~100 mL吸收液,采样流量为30 L/min)两种规格,适宜采集气溶胶态物质。因为该吸收管的进气管喷嘴孔径小,距瓶底又很近,当被采气样快速从喷嘴喷出冲向管底时,气溶胶颗粒因惯性作用冲击到管底被分散,从而易被吸收液吸收。冲击式吸收管不适合采集气态和蒸气态物质,因为气体分子的惯性小,在快速抽气情况下,容易随空气一起跑掉。

(3)多孔筛板吸收管(瓶)。该吸收管可装5~10 mL吸收液,采样流量为0.1~1.0 L/min。吸收瓶有小型(装10~30 mL吸收液,采样流量为0.5~2.0 L/min)和大型(装50~100 mL吸收液,采样流量30 L/min)两种。气样通过吸收管(瓶)的筛板后,被分散成很小的气泡,且阻留时间长,大大增加了气液接触面积,从而提高了吸收效果。它们除适合采集气态和蒸气态物质外,也能采集气溶胶态物质。

(二)填充柱阻留法

填充柱是用一根长6~10 cm、内径3~5 mm的玻璃管或塑料管,内装颗粒状或纤维状填充剂制成的。采样时，让气样以一定流速通过填充柱，则欲测组分因吸附、溶解或化学反应等作用被阻留在填充剂上，达到浓缩采样的目的。采样后，通过解吸或溶剂洗脱，使被测组分从填充剂上释放出来进行测定。根据填充剂阻留作用的原理，可分为吸附型、分配型和反应型三种类型。

1. 吸附型填充柱

吸附型填充柱的填充剂是颗料状固体吸附剂，如活性炭、硅胶、分子筛、高分子多孔微球等。它们都是多孔性物质，比表面积大，对气体和蒸气有较强的吸附能力。有两种表面吸附作用：一种是由于分子间引力引起的物理吸附，吸附力较弱；另一种是由于剩余价键力引起的化学吸附，吸附力较强。极性吸附剂如硅胶等，对极性化合物有较强的吸附能力；非极性吸附剂如活性炭等，对非极性化合物有较强的吸附能力。一般来说，吸附能力越强，采样效率越高，但这往往会给解吸带来困难。因此，在选择吸附剂时，既要考虑吸附效率，又要考虑易于解吸。

2. 分配型填充柱

分配型填充柱填充剂是表面涂高沸点有机溶剂（如异十三烷）的惰性多孔颗粒物（如硅藻土），类似于气液色谱柱中的固定相，只是有机溶剂的用量比色谱固定相大。当被采集气样通过填充柱时，在有机溶剂（固定液）中分配系数大的组分保留在填充剂上而被富集。例如，空气中的有机氯农药（六六六、DDT 等）和多氯联苯（PCB）多以蒸气或气溶胶态存在，用溶液吸收法采样效率低，但用涂渍 5% 甘油的硅酸铝载体填充剂采样，采集效率可达 90% ~100% 。

3. 反应型填充柱

反应型填充柱的填充剂是由惰性多孔颗粒物（如石英砂、玻璃微球等）或纤维状物（如滤纸、玻璃棉等）表面涂渍能与被测组分发生化学反应的试剂制成。也可以用能和被测组分发生化学反应的纯金属（如 Au、Ag、Cu 等）丝毛或细粒作填充剂。气样通过填充柱时，被测组分在填充剂表面因发生化学反应而被阻留。采样后，将反应产物用适宜溶剂洗脱或加热吹气解吸下来进行分析。例如，空气中的微量氨可用装有涂渍硫酸的石英砂填充柱富集。采样后，用水洗脱下来测定。反应型填充柱采样量和采样速度都比较大，富集物稳定，对气态、蒸气态和气溶胶态物质都有较高的富集效率。

（三）滤料阻留法

滤料阻留法是将过滤材料（滤纸、滤膜等）放在采样夹上，用抽气装置抽气，则空气中的颗粒物被阻留在过滤材料上，称量过滤材料上富集的颗粒物质量，根据采样体积，即可计算出空气中颗粒物的浓度。

滤料采集空气中气溶胶颗粒物基于直接阻截、惯性碰撞、扩散沉降、静电引力和重力沉降等作用。滤料的采集效率除与自身性质有关外，还与采样速度、颗粒物的大小等因素有关。低速采样，以扩散沉降为主，对细小颗粒物的采集效率高；高速采样，以惯性碰撞作用为主，对较大颗粒物的采集效率高。空气中的大小颗粒物是同时并存的，当采样速度一定时，就可能使一部分粒径小的颗粒物采集效率偏低。此外，在采样过程中，还可能发生颗粒物从滤料上弹回或吹走的现象，特别是采样速度大的情况下，颗粒大、质量重的粒子易发生弹回现象；颗粒小的粒子易穿过滤料被吹走，这些情况都是造成采集效率偏低的原因。

常用的滤料有纤维状滤料，如滤纸、玻璃纤维滤膜、过氯乙烯滤膜等；筛孔状滤料，如微孔滤膜、核孔滤膜、银薄膜等。滤纸的孔隙不规则且较少，适用于金属尘粒的采集。因滤纸吸水性较强，不宜用于重量法测定颗粒物浓度。玻璃纤维滤膜吸湿性小，耐高温，耐腐蚀，通气阻力小，采集效率高，常用于采集悬浮颗粒物，但其机械强度差，某些元素含量较高。过氯乙烯或聚苯乙烯等合成纤维膜通气阻力小，并可用有机溶剂溶解成透明溶液，便于进行颗粒物分散度及颗粒物中化学组分的分析。微孔滤膜是由硝酸（或醋酸）纤维素制成的多孔性薄膜，孔径细小、均匀，质量轻，金属杂质含量极微，溶于多种有机溶剂，尤其适用于采集分析金属的气溶胶。核孔滤膜是将聚碳酸酯薄膜覆盖在铀箔上，用中子流轰击，使铀核分裂产生的碎片穿过薄膜形成微孔，再经化学腐蚀处理制成。这种膜薄而光滑，机械强度好，孔径均匀，不亲水，适用于精密的质量分析，但因微孔呈圆柱状，采样效率较微孔滤膜低。银薄膜由微细的银粒烧结制成，具有与微孔滤膜相似的结构，它能耐400 ℃高温，抗化学腐蚀性强，适用于采集酸、碱气溶胶及含煤焦油、沥青等挥发性有机物的气样。

颗粒物采样夹如图2-5所示。

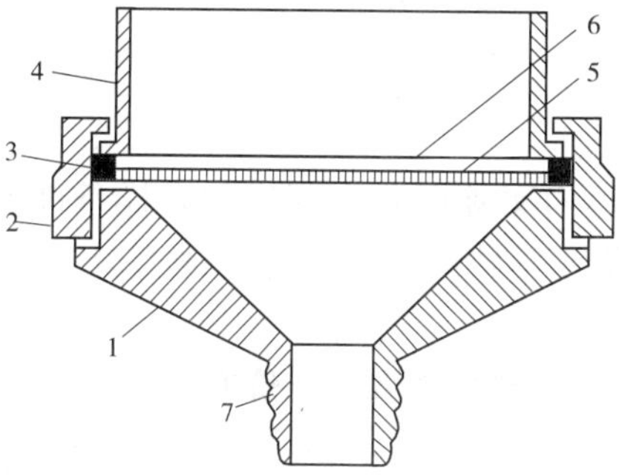

1—底座；2—紧固圈；3—密封圈；4—接座圈；5—支撑网；6—滤膜；7—抽气接口

图2-5　颗粒物采样夹

（四）低温冷凝法

空气中某些沸点比较低的气态污染物质，如烯烃类、醛类等，在常温下用固体填充剂等方法富集效果不好，而低温冷凝法可提高采集效率。

低温冷凝法是将U形或蛇形采样管插入冷阱（见图2-6）中，当空气流经采样管时，被测组分因冷凝而凝结在采样管底部。如用气相色谱法测定，可将采样管与仪器进气口连接，移去冷阱，在常温或加热情况下汽化，进入仪器测定。

致冷的方法有半导体致冷器法和致冷剂法。常用致冷剂有冰（0 ℃）、冰－盐水（－10 ℃）、干冰－乙醇（－72 ℃）、干冰（－78.5 ℃）、液氧（－183 ℃）、液氮（－196 ℃）等。

低温冷凝法具有效果好、采样量大、利于组分稳定等优点，但空气中的水蒸气、二氧化碳，甚至氧也会同时冷凝下来，在汽化时，这些组分也会汽化，增大了气体总体积，从而降低浓缩效果，甚至干扰测定。为此，应在采样管的进气端装置选择性过滤器（内装过氯酸镁、碱石棉、氯化钙等），以除去空气中的水蒸气和二氧化碳等。但所用干燥剂和净化剂不能与被测组分发生作用，以免引起被测组分损失。

（五）自然积集法

自然积集法是利用物质的自然重力、空气动力和浓差扩散作用采集空气中的被测物质，如灰尘自然沉降量、硫酸盐化速率、氟化物等空气样品的采集。采样不需动力设备，简单易行，且采样时间长，测定结果能较好地反映空气污染情况。如降尘试样的采集、硫酸盐化速率试样的采集等。

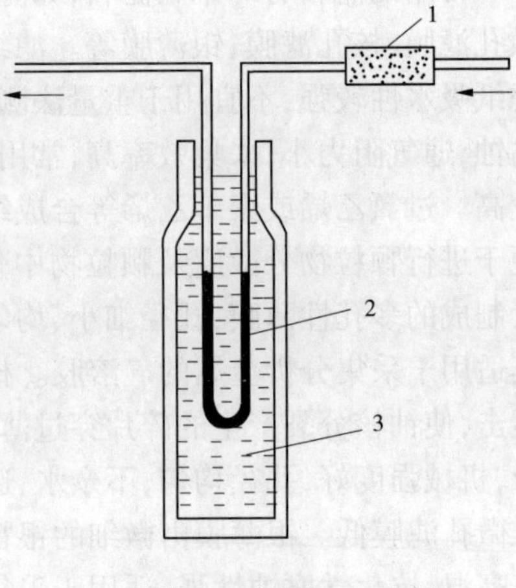

1—过滤器；2—采样管；3—致冷剂

图 2-6 低温冷凝采样

三、采样器

直接采样法采样时用注射器、塑料袋、采气管等即可。富集采样法使用的采样器主要由收集器、流量计、抽气泵三部分组成。大气采样仪器的型号很多，按其用途可分为气态污染物采样器和颗粒物采样器等。

四、采样效率及评价

采样方法或采样器的采样效率是指在规定的采样条件下（如采样流量、污染物浓度范围、采样时间等），所采集污染物的量占其总量的百分比。污染物存在的状态不同，评价方法也不同。

（一）采集气态和蒸气态污染物效率的评价方法

1. 绝对比较法

精确配制一个已知浓度 c_0 的标准气体，用所选用的采样方法采集标准气体，测定其浓度 c_1，则其采样效率 K 为

$$K = \frac{c_1}{c_0} \times 100\% \tag{2-4}$$

这种方法评价采样效率虽然比较理想，但由于配制已知浓度的标准气体有一定的困难，在实际中很少采用。

2. 相对比较法

配制一个恒定但不要求知道待测污染物准确浓度的气体样品，用 2～3 个采样管串联起来采集所配样品，分别测定各采样管中的污染物的浓度，采样效率 K 为

$$K = \frac{c_1}{c_1 + c_2 + c_3} \times 100\% \tag{2-5}$$

式中 c_1、c_2、c_3——第一、第二、第三管中分析测得的浓度。

用这种方法评价采样效率，第二、第三管中污染物的浓度所占的比例越小，采样效率越高。一般要求 K 值在 90% 以上。采样效率过低时，应更换采样管、吸收剂或降低抽气速度。

（二）采集颗粒物效率的评价方法

1. 颗粒数比较法

颗粒数比较法即所采集到的颗粒物数目占总颗粒数目的百分比。采样时，用一个灵敏度很高的颗粒计数器测量进入滤料前后空气中的颗粒数，则采样效率 K 为

$$K = \frac{n_1 - n_2}{n_1} \times 100\% \tag{2-6}$$

式中　n_1——进入滤料前空气中的颗粒数，即总颗粒数，个；

n_2——进入滤料后空气中的颗粒数，个。

2. 质量比较法

质量比较法即所采集到的颗粒物质量占总质量的百分比。采样效率 K 为

$$K = \frac{m_1}{m_2} \times 100\% \tag{2-7}$$

式中　m_1——采集颗粒物的质量，g；

m_2——采集颗粒物的总质量，g。

当全部颗粒物的大小相同时，这两种采样效率在数值上才相等。但是，实际上这种情况是不存在的，而粒径几微米以下的小颗粒物的颗粒数总是占大部分，而按质量计算却占很小部分，故质量采样效率总是大于颗粒数采样效率。在大气监测评价中，评价采集颗粒物方法的采样效率多用质量采样效率表示。

五、采样记录

采样记录与实验室分析测定记录同等重要。不重视采样记录，往往会导致大批监测数据无法统计而报废。采样记录的内容有：被测污染物的名称及编号，采样地点和采样时间，采样流量和采样体积，采样时的温度、相对湿度、大气压力和天气情况，采样仪器和所用吸收液，采样者、审核者姓名等。

任务二　气态污染物质的监测

一、二氧化硫（SO_2）

二氧化硫是主要空气污染物之一，为例行监测的必测项目。它来源于煤和石油等燃料的燃烧、含硫矿石的冶炼、硫酸等化工产品生产排放的废气。二氧化硫是一种无色、易溶于水、有刺激性气味的气体，能通过呼吸进入气管，对局部组织产生刺激和腐蚀作用，是诱发支气管炎等疾病的原因之一，特别是当它与烟尘等气溶胶共存时，可加重对呼吸道黏膜的损害。

维 2-4

测定二氧化硫的方法有四氯汞钾－盐酸副玫瑰苯胺分光光度法、甲醛缓冲溶液吸收－盐酸副玫瑰苯胺分光光度法、紫外荧光法、电导法、库仑滴定法、火焰光度法等。

(一)四氯汞钾溶液吸收－盐酸副玫瑰苯胺分光光度法

四氯汞钾溶液吸收－盐酸副玫瑰苯胺分光光度法是被国内外广泛用于测定二氧化硫的方法，具有灵敏度高、选择性好等优点，但吸收液毒性较大。

1. 方法原理

气样中的二氧化硫被由氯化钾和氯化汞配制成的四氯汞钾吸收后，生成稳定的二氯亚硫酸盐络合物，后与甲醛生成羟基甲基磺酸（$HOCH_2SO_3H$），羟基甲基磺酸再和盐酸副玫瑰苯胺（品红）反应生成紫色络合物，其颜色深浅与二氧化硫含量成正比，用分光光度法测定。

2. 测定

实际测定时，有以下两种操作方法。

(1) 所用盐酸副玫瑰苯胺显色溶液含磷酸量较少。最终显色溶液 pH 值为 1.6±0.1，呈红紫色，最大吸收波长 548 nm，试剂空白值较高，检出限为 0.75 μg/25 mL；当采样体积为 30 L 时，最低检出浓度为 0.025 mg/m^3。

(2) 最终显色溶液 pH 值为 1.2±0.1，呈蓝紫色，最大吸收波长 575 nm，试剂空白值较低，检出限为 0.40 μg/7.5 mL；当采样体积为 10 L 时，最低检出浓度为 0.04 mg/m^3，灵敏度较方法(1)略低。

3. 注意事项

(1) 温度、酸度、显色时间等因素影响显色反应，标准溶液和试样溶液操作条件应保持一致。

(2) 氮氧化物、臭氧及锰、铁、铬等离子对测定结果有干扰。采样后放置片刻，臭氧可自行分解；加入磷酸和乙二胺四乙酸钠盐可消除或减小某些金属离子的干扰。

(二)甲醛缓冲溶液吸收－盐酸副玫瑰苯胺分光光度法

甲醛缓冲溶液吸收－盐酸副玫瑰苯胺分光光度法避免了使用毒性大的四氯汞钾吸收液，灵敏度、准确度与四氯汞钾溶液吸收法相当，且样品采集后相当稳定，但对于操作条件要求较严格。

1. 方法原理

二氧化硫被甲醛缓冲溶液吸收后，生成稳定的羟基甲磺酸加成化合物。在样品溶液中加入氢氧化钠使加成化合物分解，释放出的二氧化硫与盐酸副玫瑰苯胺、甲醛作用，生成紫红色化合物，根据颜色深浅，用分光光度计在 577 nm 处进行测定。当用 10 mL 吸收液采气 10 L 时，最低检出浓度为 0.020 mg/m^3。

2. 干扰及去除

本方法的主要干扰物为氮氧化物、臭氧及某些重金属元素。加入氨磺酸钠可消除氮氧化物的干扰；采样后放置一段时间可使臭氧自行分解；加入磷酸及环己二胺四乙酸二钠盐可以消除或减少某些金属离子的干扰。在 10 mL 样品中存在 50 μg 钙、镁、铁、镍、锰、铜等离子及 5 μg 二价锰离子时不干扰测定结果。

本方法适宜测定浓度范围为 0.003～1.07 mg/m^3，最低检出限为 0.2 g/10 mL。当用 10 mL 吸收液采气样 10 L 时，最低检出浓度为 0.02 mg/m^3；当用 50 mL 吸收液，24 h 采气样 300 L 取出 10 mL 样品测定时，最低检出浓度为 0.003 mg/m^3。

（三）钍试剂分光光度法

钍试剂分光光度法也是国际标准化组织推荐的测定二氧化硫的标准方法。它所用吸收液无毒，采集样品后稳定，但灵敏度较低，所需气样体积大，适合测定二氧化硫日平均浓度。

方法测定原理：空气中 SO_2 用过氧化氢溶液吸收并氧化成硫酸。硫酸根离子与定量加入的过量高氯酸钡反应，生成硫酸钡沉淀，剩余钡离子与钍试剂作用生成紫红色的钍试剂钡络合物，据其颜色深浅间接进行定量测定。有色络合物最大吸收波长为 520 nm。当用 50 mL 吸收液采气 2 m^3 时，最低检出浓度为 0.01 mg/m^3。

（四）紫外荧光法

荧光通常是指某些物质受到紫外光照射时吸收了一定波长的光之后，发射出比照射光波长长的光，而当紫外光停止照射后，这种光也随之很快消失。当然，荧光现象不限于紫外光区，还有 X 荧光、红外荧光等。利用测荧光波长和荧光强度建立起来的定性定量方法称为荧光分析法。

1. 原理

对于很稀的溶液，$F = kc$（其中 F 为荧光强度，c 为荧光物质浓度，k 为系数），即荧光强度与荧光物质浓度呈线性关系。荧光强度和浓度的线性关系仅限于很稀的溶液。

2. 大气中 SO_2 的测定

紫外荧光法测定大气中的 SO_2，具有选择性好、不消耗化学试剂，适用于连续自动监测等特点，已被世界卫生组织在全球监测系统中采用。目前广泛用于大气环境地面自动监测系统中。

用波长 190 ~ 230 nm 紫外光照射大气样品，则 SO_2 吸收紫外光被激发至激发态，即

$$SO_2 + h\nu_1 \rightarrow SO_2^*$$

式中：h 为普朗克常数，ν_1 为光的频率，光的能量 $E = h\nu$。

激发态 SO_2^* 不稳定，瞬间返回基态，发射出波峰为 330 nm 的荧光，即

$$SO_2^* \rightarrow SO_2 + h\nu_2$$

发射荧光强度和 SO_2 的浓度成正比，用光电倍增管及电子测量系统测量荧光强度，即可得大气中 SO_2 的浓度。

采用紫外荧光法测定 SO_2 的主要干扰物质是水分和芳香烃化合物。水的影响一方面是 SO_2 可溶于水造成损失，另一方面是 SO_2 遇水产生荧光猝灭而造成负误差，可用半透膜渗透法或反应室加热法除去水的干扰。芳香烃化合物在 190 ~ 230 nm 紫外光激发下也能发射荧光造成正误差，可用装有特殊吸附剂的过滤器预先除去。

紫外荧光 SO_2 监测仪由气路系统（见图 2-7）及荧光计两部分组成。该仪器操作简便。开启电源预热 30 min，待稳定后通入零气，调节零点，然后通入 SO_2 标准气，调节指示标准气浓度值，继之通入零气清洗气路，待仪器指零后即可采样测定。如果采用微机控制，可进行连续自动监测，其最低检测浓度可达 1 nmol/mol。

二、氮氧化物的测定

空气中的氮氧化物以一氧化氮（NO）、二氧化氮（NO_2）、三氧化二氮（N_2O_3）、四氧化

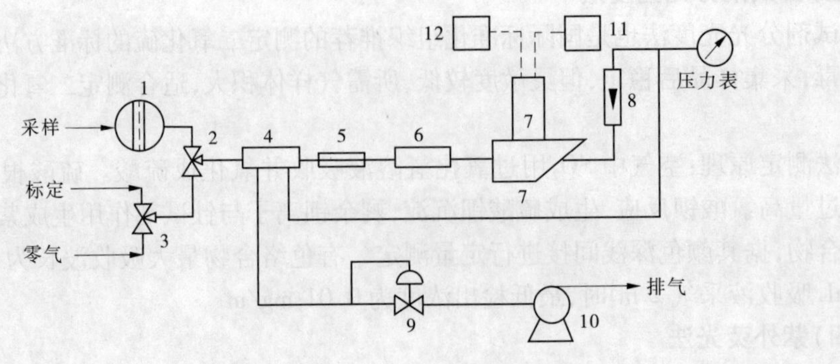

1—除尘过滤器;2—采样电磁阀;3—零气/标定电磁阀;4—渗透膜除温器;5—毛细管;6—除烃器;

7—反应室;8—流量计;9—调节阀;10—抽气泵;11—电源;12—信号处理及显示系统

图 2-7 紫外荧光 SO_2 监测仪气路系统

二氮(N_2O_4)、五氧化二氮(N_2O_5)等多种形态存在,其中 NO_2 和 NO 是主要存在形态,为通常所指的氮氧化物(NO_x)。它们主要来源于石化燃料高温燃烧和硝酸、化肥等生产排放的废气,以及汽车尾气。

NO 为无色、无臭,微溶于水的气体,在空气中易被氧化成 NO_2。NO_2 为棕红色、具有强刺激性臭味的气体,毒性比 NO 高 4 倍,是引起支气管炎、肺损害等疾病的有害物质。空气中 NO、NO_2 常用的测定方法有盐酸萘乙二胺分光光度法、化学发光法、原电池库仑法及定电位电解法。

(一)盐酸萘乙二胺分光光度法

盐酸萘乙二胺分光光度法采样与显色同时进行,操作简便,灵敏度高,是国内外普遍采用的方法。可分别测定 NO、NO_2 和 NO_x 总量。

1. 原理

用冰乙酸、对氨基苯磺酸和盐酸萘乙二胺配成吸收液采样,空气中的 NO_2 被吸收转变成亚硝酸和硝酸。在冰乙酸存在条件下,亚硝酸与对氨基苯磺酸发生重氮化反应,然后与盐酸萘乙二胺偶合,生成玫瑰红色偶氮染料,在 540 nm 波长处有最大吸收,其颜色深浅与气样中 NO_2 浓度成正比,因此可用分光光度法测定。

在此反应中,吸收液吸收空气中的 NO_2 后,并不是 100% 生成亚硝酸,还有一部分生成硝酸,计算结果时需要用 Sailsman 实验系数 f 进行换算。该系数是用 NO_2 标准混合气体进行多次吸收实验测定的平均值,表征在采气过程中被吸收液吸收生成偶氮染料的亚硝酸量与通过采样系统的 NO_2 总量的比值,一般为 0.88,当空气中 NO_2 浓度高于 0.720 mg/m^3 时为 0.77,在计算结果时需除以该系数。f 值受空气中 NO_2 的浓度、采样流量、吸收瓶类型、采样效率等因素影响,故测定条件应与实际样品的保持一致。

2. 测定方法

NO 不与吸收液发生反应,测定 NO_x 总量时,必须先使气样通过三氧化二铬 - 石英砂氧化管,将 NO 氧化成 NO_2 后,再通入吸收液进行吸收和显色。由此可见,不通过三氧化二铬 - 石英砂氧化管,测得的是 NO_2 含量;通过氧化管,测得的是 NO_x 总量,二者之差为

NO 的含量。根据所用氧化剂不同,分为高锰酸钾氧化法和三氧化二铬－石英砂氧化法。两种方法显色、定量测定原理是相同的。当吸收液体积为 10 mL 采样 4 ~ 24 mL 时,NO_x(以 NO_2 计)的最低检出浓度为 0.005 mg/m^3。

1)酸性高锰酸钾溶液氧化法

如图 2-8 所示,空气中 NO_2 被串联的第一支吸收瓶中吸收液吸收生成偶氮染料,空气中的 NO 不与吸收液反应,通过氧化管被氧化为 NO_2 后,被串联的第二支吸收瓶中的吸收液吸收生成粉红色的偶氮染料,分别于波长 540 ~ 545 nm 处测量其吸光度,用分光光度法比色定量。

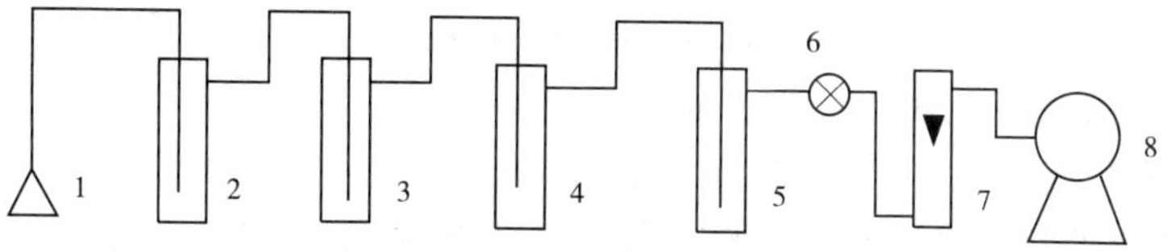

1—空气入口;2、4—显色吸收液瓶;3—酸性高锰酸钾溶液氧化瓶;
5—干燥瓶;6—止水夹;7—流量计;8—抽气泵

图 2-8　空气中 NO_x、NO 和 NO_2 采样流程

2)三氧化二铬－石英砂氧化法

该方法是在显色吸收液瓶前接一内装三氧化二铬－石英砂(氧化剂)管,当用空气采样器采样时,空气中氮氧化物经过三氧化二铬－石英砂氧化管后,以二氧化氮的形式与吸收液中的对氨基磺酸进行重氮化反应,再与盐酸萘乙二胺偶合,生成粉红色的偶氮染料,于波长 540 ~ 545 nm 处测量其吸光度,用分光光度法比色定量。

3. 注意事项

(1)吸收液应为无色,如显微红色,说明已被亚硝酸根污染,应检查试剂和蒸馏水的质量。

(2)吸收液长时间暴露在空气中或受日光照射,也会显色,使空白值增高,应密闭避光保存。

(3)氧化管适于相对湿度 30% ~ 70% 条件下使用,应经常注意是否吸湿引起板结或变成绿色而失效。

(二)化学发光法

某些化合物分子吸收化学能后,被激发到激发态,再由激发态返回至基态时,以光量子的形式释放出能量,这种化学反应称为化学发光反应,利用测量化学发光强度对物质进行分析测定的方法称为化学发光分析法。

NO_x 可利用下列几种化学发光反应测定:

$$NO + O_3 \longrightarrow NO_2^* + O_2$$

$$NO_2^* \longrightarrow NO_2 + h\nu$$

该反应的发射光谱在 600 ~ 3 200 nm 范围内,最大发射波长为 1 200 nm。

$$NO_2 + O \longrightarrow NO + O_2$$

$$O + NO + M \longrightarrow NO_2^* + M$$

$$NO_2^* \longrightarrow NO_2 + h\nu$$

反应发射光谱在 400～1 400 nm 范围内，峰值波长为 600 nm。

$$NO_2 + H \longrightarrow NO + OH$$

$$NO + H + M \longrightarrow HNO^* + M$$

$$HNO^* \longrightarrow HNO + h\nu$$

反应发射光谱范围为 600～700 nm。

$$NO_2 + h\nu \longrightarrow NO + O$$

$$O + NO + M \longrightarrow NO_2^* + M$$

$$NO_2^* \longrightarrow NO_2 + h\nu$$

反应发射光谱范围为 400～1 400 nm。

在第一种发光反应中，以臭氧为反应剂；在第二、三种反应中，需要用原子氧或原子氢；第四种反应需要特殊光源照射。鉴于臭氧容易制备，使用方便，故目前广泛利用第一种发光反应测定大气中的 NO_x。反应产物的发光强度可用下式表示：

$$I = K\frac{[NO][O_3]}{M} \tag{2-8}$$

式中 I——发光强度；

[NO]、[O_3]——NO 和 O_3 的浓度；

M——参与反应的第三种物质浓度，该反应用空气；

K——与化学发光反应温度有关的常数。

如果 O_3 是过量的，而 M 也是恒定的，所以发光强度与 NO 浓度成正比，这是定量分析的依据。但是，测定 NO_x 总浓度时，需预先将 NO_2 转换为 NO。

化学发光分析法的特点是：灵敏度高，可达 10^{-9} 级，甚至更低；选择性好，对于多种污染物质共存的大气，通过化学发光反应和发光波长的选择，可不经分离有效地进行测定；线性范围宽，通常可达 5～6 个数量级。为此，在环境监测、生化分析等领域得到较广泛的应用。

三、一氧化碳

一氧化碳（CO）是空气中主要污染物之一，它主要来自石油、煤炭燃烧不充分的产物和汽车尾气，一些自然灾害如火山爆发、森林火灾等也是来源之一。

CO 是一种无色、无味的有毒气体，燃烧时呈淡蓝色火焰。它容易与人体血液中的血红蛋白结合，形成碳氧血红蛋白使血液输送氧的能力降低，造成缺氧症。中毒较轻时，会出现头痛、疲倦、恶心、头晕等症状；中毒严重时，则会发生心悸亢进、昏睡、窒息而造成死亡。

测定大气中 CO 的方法有非分散红外吸收法、气相色谱法、定电位电解法、汞置换法等，其中非分散红外吸收法为空气连续采样实验室分析和自动监测的国家标准分析方法。

（一）非分散红外吸收法原理

CO、CO_2 等气态分子受到红外辐射（1～25 μm）时，吸收各自特征波长的红外光，引起分子振动能级和转动能级的跃迁,而产生红外吸收光谱。在一定浓度范围内,吸收光谱的峰值(吸光度)与气态物质浓度之间的关系符合朗伯－比尔定律。因此,测定它的吸光度即可确定气态物质的浓度。

CO 红外吸收峰在 4.5 μm 附近,CO_2在 4.3 μm 附近,水蒸气在 3 μm 和 6 μm 附近。由于空气中 CO_2和水蒸气的浓度远远大于 CO 的浓度,会干扰 CO 的测定。测定前,可采用通过干燥剂或者用致冷剂的方法除去水蒸气。由于红外波谱一般在 1 ~ 25 μm,测定时无须用分辨率高的分光系统,只需用窄带光学滤光片或气体滤波室将红外辐射限制在 CO 吸收的窄带光范围内以消除 CO_2的干扰,故称为非分散红外法。

(二)非分散红外吸收法 CO 监测仪

非分散红外吸收法 CO 监测仪原理如图 2-9 所示。从红外光源发射出能量相等的两束平行光,被同步电机带动的切光片交替切断。然后,一束光作为测量光束,通过滤波室、测量室射入检测室。由于测量室内有气样通过,则气样中的 CO 吸收了部分特征波长的红外光使光强减弱,且 CO 含量越高,光强减弱得就越多。另一束光作为参比光束通过滤波室(内充 CO 和水蒸气,用以消除干扰光)、参比室(内充不吸收红外光的气体,如氮气)射入检测室,其特征吸收波长光强度不变。检测室用一金属薄膜(厚 5 ~ 10 μm)分隔为上、下两室,均充等浓度 CO 气体,在金属薄膜一侧还固定一圆形金属片,距薄膜 0.05 ~ 0.08 mm,二者组成一个电容器。这种检测器称为电容检测器或薄膜微音器。由于射入检测室的参比光束强度大于测量光束强度,使两室中气体的温度产生差异,导致下室中的气体膨胀压力大于上室,使金属薄膜偏向固定金属片一方,从而改变了电容器两极间的距离,也就改变了电容,由其变化值即可得出待测样品中 CO 的浓度值。利用电子技术将电容变化转化为电流变化,经放大及信号处理系统处理后,传送到指示表和记录仪。

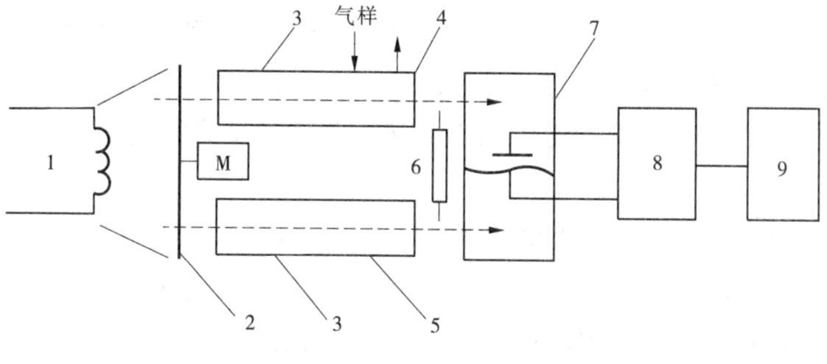

1—红外光源;2—切光片;3—滤波室;4—测量室;5—参比室;
6—调零挡板;7—检测室;8—放大及信号处理系统;9—指示表及记录仪

图 2-9　非分散红外吸收法 CO 监测仪原理示意图

四、光化学氧化剂的测定

总氧化剂是空气中除氧以外的那些显示有氧化性质的物质,一般指能氧化碘化钾析出碘的物质,主要有臭氧、过氧乙酰硝酸酯、氮氧化物等。光化学氧化剂是指除去氮氧化物以外的能氧化碘化钾的物质,二者的关系为

$$光化学氧化剂 = 总氧化剂 - 0.269 \times 氮氧化物$$

式中，0.269 为 NO_2 的校正系数，即在采样后 4 ~ 6 h 内，有 26.9% 的 NO_2 与碘化钾反应。因为采样时在吸收管前安装了三氧化二铬 - 石英砂氧化管，将 NO 等低价氮氧化物氧化成 NO_2，所以式中使用空气中 NO_x 总浓度。

测定空气中光化学氧化剂常用硼酸碘化钾分光光度法，其原理基于：用硼酸碘化钾吸收液吸收空气中的臭氧及其他氧化剂，吸收反应如下：

$$O_3 + 2I^- + 2H^+ = I_2 + O_2 + H_2O$$

碘离子被氧化析出碘分子的量与臭氧等氧化剂有定量关系，于 352 nm 处测定游离碘的吸光度，与标准色列吸光度比较，可得总氧化剂浓度，扣除 NO_x 参加反应的部分后，即为光化学氧化剂的浓度。

五、臭氧

大气中含有极微量的臭氧，是高空大气的正常组分。大气中的氧在太阳紫外线的照射下或受雷击也可以形成臭氧，雨天雷电交加时也可产生臭氧。

臭氧具有刺激性，量大时会刺激黏膜和损害中枢神经系统，引起支气管炎和头痛等症状。在紫外线的作用下，臭氧参与烃类和 NO_x 的光化学反应形成光化学烟雾。臭氧的测定方法有吸光光度法、化学发光法、紫外线吸收法等。国家标准中测定臭氧含量有两个标准：一个是靛蓝二磺酸钠分光光度法，另一个是紫外光度法。

（一）靛蓝二磺酸钠分光光度法

用含有靛蓝二磺酸钠的磷酸盐缓冲溶液作吸收液采集空气样品，则空气中的 O_3 与吸收液中蓝色的靛蓝二磺酸钠等发生反应，褪色生成靛红二磺酸钠。在 610 nm 处测量吸光度，用标准曲线定量。当采样体积为 5 ~ 30 L 时，测定范围为 0.030 ~ 1.200 mg/m³。Cl_2、ClO_2、NO_2 对 O_3 的测定产生正干扰；空气中 SO_2、H_2S、PANs 和 HF 的浓度分别高于 750 μg/m³、110 μg/m³、1 800 μg/m³ 和 2.5 μg/m³ 时，对 O_3 的测定产生负干扰。一般情况下，空气中上述气体的浓度很低，不会造成显著误差。该方法适合测定高含量的臭氧。

（二）紫外光度法

根据 O_3 对 254 nm 波长的紫外光有特征吸收，且 O_3 对紫外吸收程度与其浓度间的关系符合朗伯 - 比尔定律，采用紫外臭氧分析仪测定紫外光通过 O_3 后减弱的程度，便可求出 O_3 浓度。25 ℃ 和 101.325 Pa 时，O_3 的测定范围为 2.14 μg/m³（0.001 μL/L）~ 2 mg/m³（1 μL/L）。

该法不受常见气体的干扰，但 20 μg/m³ 以上的苯乙烯、5 μg/m³ 以上的苯甲醛、100 μg/m³ 以上的硝基苯酚以及 10 μg/m³ 以上的反式甲基苯乙烯，对紫外臭氧测定仪产生干扰，影响臭氧的测定结果。

六、硫酸盐化速率的测定

硫酸盐化速率是指排放到大气中的 SO_2、H_2S、硫酸蒸气等含硫污染物，经过一系列演变和反应，最终形成危害更大的硫酸雾和硫酸盐雾的速度。测定方法有二氧化铅 - 重量法、碱片－重量法、碱片－离子色谱法和碱片－铬酸钡分光光度法等。

（一）二氧化铅－重量法

1. 原理

大气中的SO_2、H_2S、硫酸蒸气等与采样管上的二氧化铅反应生成硫酸铅，用碳酸钠溶液处理，使硫酸铅转化为碳酸铅，释放出硫酸根离子，再加入$BaCl_2$溶液，生成$BaSO_4$沉淀，用重量法测定，其结果以每日在100 cm^2二氧化铅面积上所含SO_3的毫克数表示。最低检出浓度0.05 mg/(100 cm^2 · d)。吸收反应式如下：

$$SO_2 + PbO_2 = PbSO_4$$

$$H_2S + PbO_2 = PbO + H_2O + S$$

$$PbO_2 + S + O_2 = PbSO_4$$

2. 测定

（1）二氧化铅采样管制备：在素瓷管上涂一层黄蓍胶乙醇溶液，将适当大小的湿纱布平整地绕贴在素瓷管上，再均匀地刷上一层黄蓍胶乙醇溶液，除去气泡，自然晾至近干后，将PbO_2与黄蓍胶乙醇溶液研磨制成的糊状物均匀地涂在纱布上，涂布面积约100 cm^2，晾干，移入干燥器存放。

（2）采样：采样时，将PbO_2采样管固定在百叶箱中，在采样点上放置(30±2) d。注意不要接近烟囱等污染源；收样时，将PbO_2采样管放入密闭容器中。

（3）测定：准确测量PbO_2涂层的面积，将采样管放入烧杯中，用碳酸钠溶液淋洗涂层，用镊子取下纱布，并用碳酸钠溶液冲净瓷管，取出。洗涤液经搅拌、盖好、放置2～3 h或过夜。在沸水浴上加热至近沸，保持30 min，稍冷，用倾斜法过滤并洗涤，获得样品滤液。在滤液中加适量甲基橙指示剂，滴加盐酸溶液至红色并稍过量。在沸水浴上加热，驱尽CO_2后，滴加$BaCl_2$溶液，至$BaSO_4$沉淀完全，加热30 min，冷却，放置2 h，用恒重的玻璃砂芯坩埚抽气过滤，洗涤至滤液中不含氯离子。将玻璃砂芯坩埚及沉淀于105～110 ℃下烘至恒重。同时，将保存在干燥器内的空白采样管按同样操作测定试剂空白值。按下式计算测定结果：

$$\text{硫酸盐化速率}[SO_3\ mg/(100\ cm^2 \cdot d)] = \frac{W_s - W_0}{S \cdot n} \cdot \frac{M_{SO_3}}{M_{BaSO_4}} \times 100\% \qquad (2\text{-}9)$$

式中　W_s——样品管测得的$BaSO_4$质量，mg；

W_0——空白管测得的$BaSO_4$质量，mg；

n——采样天数，准确至0.1 d；

S——采样管上PbO_2涂层面积，cm^2；

M_{SO_3}/M_{BaSO_4}——SO_3与$BaSO_4$相对分子质量之比(0.343)。

该方法的测量结果受诸多因素的影响，如PbO_2的粒度、纯度和表面活性度；PbO_2涂层厚度和表面湿度；含硫污染物的浓度及种类；采样时的风速、风向及空气温度、湿度等。

（二）碱片－重量法

将用碳酸钾溶液浸渍的玻璃纤维滤膜暴露于空气中，碳酸钾与空气中的SO_2等反应生成硫酸盐，加入$BaCl_2$溶液将其转化为$BaSO_4$沉淀，用重量法测定。

测定结果表示方法同二氧化铅法，最低检出浓度为 0.05 mg/(100 cm^2·d)。

任务三　大气颗粒污染物的监测

空气中颗粒物的测定项目有总悬浮颗粒物(TSP)、可吸入颗粒物(PM10)和细颗粒物(PM2.5)、灰尘自然沉降量、总悬浮颗粒物中污染组分的测定等。

维 2-5

一、总悬浮颗粒物的测定

测定总悬浮颗粒物(Total Suspended Particulate，简称 TSP)，国内外广泛采用滤膜捕集－重量法。原理为用抽气动力抽取一定体积的空气通过已恒重的滤膜，则空气中的悬浮颗粒物被阻留在滤膜上，根据采样前后滤膜重量之差及采样体积，即可计算 TSP 的浓度。滤膜经处理后，可进行化学组分分析。

总悬浮颗粒物采样器按照采气流量可分为大流量(1.1～1.7 m^3/min)和中流量(50～150 L/min)两种类型。采样器连续采样 24 h，按照下式计算 TSP 浓度：

$$TSP = \frac{W}{Q_n \cdot t} \tag{2-10}$$

式中　W——阻留在滤膜上的 TSP 质量，mg；

Q_n——标准状况下的采样流量，m^3/min；

t——采样时间，min。

采样器在使用过程中每月至少校准 1 次。

二、可吸入颗粒物和细颗粒物的测定

测定 PM10 和 PM2.5 方法有重量法、压电晶体振荡法、β 射线吸收法以及光散射法等。本书主要介绍重量法。

根据采样流量不同，分为大流量采样－重量法、中流量采样－重量法和小流量采样－重量法。

大流量采样－重量法使用安装有大粒子切割器的大流量采样器采样，当一定体积的空气通过采样器时，粒径大于 10 μm 或 2.5 μm 的颗粒物被分离出去，小于 10 μm 或 2.5 μm 的颗粒物被收集在预先恒重的滤膜上，根据采样前后滤膜质量之差及采样体积，按下式可以计算出可吸入颗粒的浓度：

$$\rho = \frac{w_2 - w_1}{V} \times 1\,000 \tag{2-11}$$

式中　ρ——PM10 或 PM2.5 质量浓度，μg/m^3；

w_1——采样前滤膜的质量，mg；

w_2——采样后滤膜的质量，mg；

V——换算成标准状况下的采样体积，m^3。

采样时，必须将采样头及入口各部件旋紧，防止空气从旁侧进入采样器而导致测定误差;采样后的滤膜需置于干燥器中平衡 24 h,再称量至恒重。

中流量采样 - 重量法采用装有大粒子切割器的中流量采样器采样,测定方法同大流量 - 重量法。

小流量 - 重量法使用小流量采样,如我国推荐的 13 L/min 采样;采样器流量计一般用皂膜流量计校准;其他同大流量 - 重量法。

三、灰尘自然沉降量的测定

该指标是指在空气环境条件下,单位时间靠重力自然沉降落在单位面积上的颗粒物量(简称降尘)。自然降尘能力主要取决于自身质量和粒度大小,但风力、降水、地形等自然因素也起着一定的作用。因此,把自然降尘和非自然降尘区分开是很困难的。

灰尘自然沉降量用重量法测定。

(一)降尘试样采集

采集空气中降尘的方法分为湿法和干法两种,其中湿法应用较为普遍。

湿法采样是在一定大小的圆筒形玻璃(或塑料、瓷、不锈钢)缸中加入一定量的水,放置在距地面 5 ~ 12 m 高处,附近无高大建筑物及局部污染源的地方(如空旷的屋顶上),采样口距基础面 1 ~ 1.5 m,以避免顶面扬尘的影响。为防止冰冻和抑制微生物及藻类的生长,保持缸底湿润,需加入适量乙二醇。采样时间为 30 d,多雨季节注意及时更换集尘缸,防止水满溢出。各集尘缸采集的样品合并后测定。

干法采样一般使用标准集尘器(见图 2-10)。夏季也需加除藻剂。我国干法采样用的集尘缸如图 2-11 所示,在缸底放入塑料圆环,圆环上再放置塑料筛板。

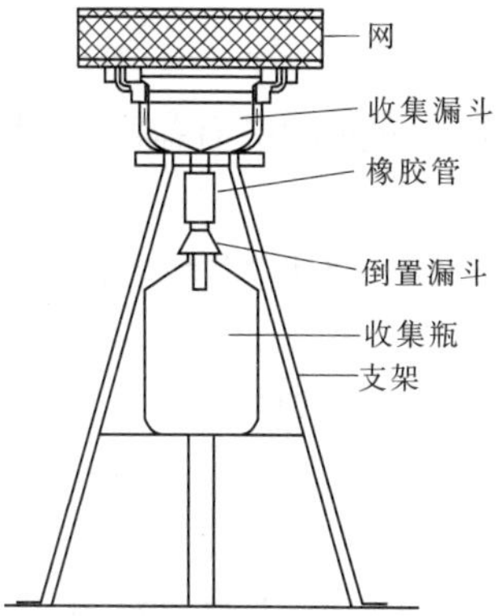

图 2-10　标准集尘器

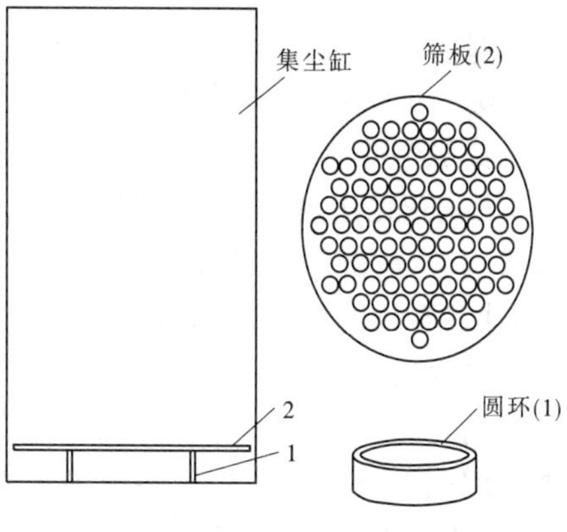

1—圆环;2—筛板

图 2-11　干法采样集尘缸

(二)降尘试样测定

将瓷坩埚(或瓷蒸发皿)编号,首先洗净、烘干、干燥冷却、称重,再烘干、冷却,再称重,直至恒重。小心清除落入缸内的异物,并用水将附着的细小尘粒冲洗下来,如用干法取样,需将筛板和圆环上的尘粒洗入缸内。将缸内的溶液和尘粒全部转移到 1 000 mL 烧杯中,在电热板上小心蒸发,使体积浓缩至 10 ~ 20 mL。将烧杯中溶液和尘粒转移到已恒

重的瓷坩埚中,用水冲洗附在烧杯壁上的尘粒,并入瓷坩埚中。在电热板上小心蒸干后烘干至恒重,称量记录结果。按下式计算:

$$M = \frac{(W_1 - W_2) \times 30 \times 10^4}{S \cdot n} \tag{2-12}$$

式中 M——降尘总量,$t \cdot km^2/30\ d$;

W_1——总质量,g;

W_2——空蒸发皿质量,g;

S——积尘缸缸口面积,cm^2;

n——实际采样天数,d。

四、总悬浮颗粒物(TSP)中污染组分的测定

(一)某些金属元素和非金属化合物的测定

颗粒物中常需测定的金属元素和非金属化合物有铍、铬、铅、铁、铜、锌、镉、镍、钴、锑、锰、砷、硒、硫酸盐、硝酸盐、氯化物、五氧化二磷等。它们多以气溶胶形式存在,其测定方法分为不需要样品预处理和需要样品预处理两类。不需要样品预处理的方法如中子活化法、X 射线荧光光谱法、等离子体发射光谱法等。这些方法灵敏度高,测定速度快,且不破坏试样,能同时测定多种金属及非金属元素,但所用仪器价格昂贵,普及使用尚有困难。需要对样品进行预处理的方法如分光光度法、原子吸收分光光度法、荧光分光光度法、催化极谱法等,所用仪器价格较低,是目前广泛应用的方法。本书主要介绍铍、六价铬、铁、铅的测定方法。

1. 样品预处理方法

预处理方法因组分不同而异,常用的方法有:

(1)湿式分解法:用酸溶解样品,或将二者共热消解样品。常用的酸有盐酸、硝酸、硫酸、磷酸、高氯酸等。消解试样常用混合酸。

(2)干式灰化法:将样品放在坩埚中,置于马弗炉内,在 400 ~ 800 ℃下分解样品,然后用酸溶解灰分,测定金属或非金属元素。

(3)水浸取法:用于硫酸盐、硝酸盐、氯化物、六价铬等水溶性物质的测定。

2. 测定方法简介

1)铍的测定

铍可用原子吸收分光光度法或桑色素荧光分光光度法测定。原子吸收法测定原理是:用过氯乙烯滤膜采样,经干式灰化法或湿式分解法处理样品并制备成溶液,用高温石墨炉原子吸收分光光度计测定。当将采集 10 m^3 气样的滤膜制备成 10 mL 样品溶液时,最低检出浓度一般可达 $3 \times 10^{-7}\ mg/m^3$。

桑色素荧光分析法的原理是:将采集在过氯乙烯滤膜上的含铍颗粒物用硝酸、硫酸消解,制备成溶液。在碱性条件下,铍离子与桑色素反应生成络合物,在 430 nm 激发光照射下,产生黄绿色荧光(530 nm),用荧光分光光度计测定荧光强度进行定量计算。当将采集 10 m^3 气样的滤膜制备成 25 mL 样品溶液,取 5 mL 测定时,最低检出浓度一般可达 $5 \times 10^{-7}\ mg/m^3$。

2)六价铬的测定

空气中的六价铬化合物主要以气溶胶形式存在。用水浸取玻璃纤维滤膜上采集的铬的化合物,在酸性条件下,六价铬氧化二苯碳酰二肼生成可溶性的紫红色化合物,可以用分光光度法监测。

3)铁的测定

用过氯乙烯滤膜采集颗粒物样品,经干灰法或消解法分解样品后制成样品溶液,在酸性介质中,高价铁被还原成能与4,7－二苯基－1,10－邻菲罗啉生成红色螯合物的亚铁离子,该螯合物可用分光光度法测定。

4)铅的测定

铅可用原子吸收分光光度法或双硫腙分光光度法测定。后者操作复杂,要求严格。对于铜、锌、锡、镍、锰、铬等金属均可采用原子吸收分光光度法测定。

(二)有机化合物的测定

颗粒物中的有机组分很复杂,多数具有毒性,如有机氯和有机磷农药、芳烃类和酯类化合物等。其中,受到普遍重视的是多环芳烃(PAHs),如菲、蒽、芘等达几百种,有不少具有致癌作用。3,4－苯并芘[简称苯并(a)芘或BaP]就是其中一种强致癌物质,它主要来自含碳燃料及有机物热解过程中的产物。煤炭、石油等在无氧加热裂解过程中,产生的烷烃、烯烃等经过脱氢、聚合,可产生一定数量的苯并(a)芘,并吸附在烟气中的可吸入颗粒物上散布于空气中;香烟烟雾中也含苯并(a)芘。

测定苯并(a)芘的主要方法有荧光光谱法、高效液相色谱法、紫外分光光度法等。在测定之前,需要先进行提取和分离。

1. 多环芳烃的提取

将已采集颗粒物的玻璃纤维滤膜置于索氏提取器内,加入提取剂(环己烷),在水浴上连续加热提取,所得提取液于浓缩器中进行加热减压浓缩后供层析法分离。还可以用真空充氮升华法提取多环芳烃,其装置如图2-12所示。将采样滤膜放在烧瓶内,连接好各部件,把系统内抽成真空后充入氮气,并反复几次,以除去残留氧。用包着冰的纱布冷却升华管,然后开启电炉加热至300 ℃,保持0.5 h,则多环芳烃升华并在升华管中冷凝,待冷却后,用注射器喷入溶剂,洗出升华物,供下一步分离。

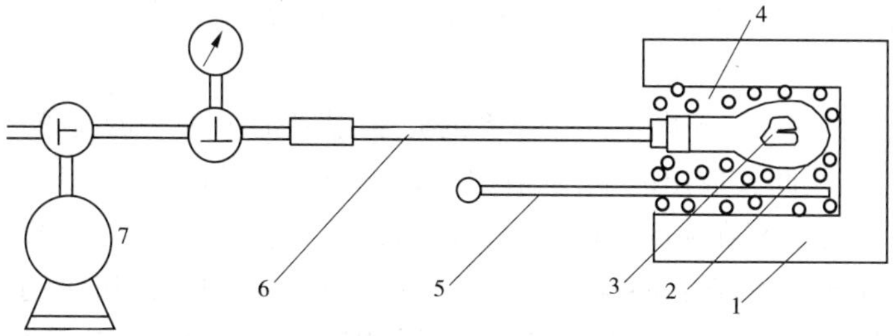

1—电炉;2—烧瓶;3—采样滤膜;4—玻璃棉;5—温度计;6—升华管;7—真空泵

图2-12　真空充氮升华法提取装置

2. 多环芳烃的分离

多环芳烃提取液中包括它们的各种同系物，欲测定某一组分或各组分，必须进行分离，常用的分离方法有纸层析法、薄层层析法等。

1) 纸层析法

纸层析法是选用适当的溶剂，在层析滤纸上对各组分进行分离。例如，分离苯并(a)芘时，先将苯、乙酸酐和浓硫酸按一定比例配成混合溶液，用其浸渍滤纸条后，将滤纸条用水漂洗、晾干，再用无水乙醇浸渍，晾干、压平，制成乙酰化滤纸。将提取和浓缩后的样品溶液点在离乙酰化滤纸下沿 3 cm 处，用冷风吹干，挂在层析缸中，沿插至缸底的玻璃棒加入甲醇、乙醚和蒸馏水（体积比为 4∶4∶1）配制的展开剂，至乙酰化滤纸下沿浸入 1 cm 为止。加盖密封层析缸，放于暗室中进行层析。在此，乙酰化试剂为固定相，展开剂为流动相，样品中的各组分经在两相中反复多次分配，按其分配系数大小依次被分开，在乙酰化滤纸条的不同高度处留下不同组分的斑点。取出乙酰化滤纸条，晾干，将各斑点剪下，分别用适宜的溶剂将各组分洗脱，即得到样品溶液。

2) 薄层层析法

薄层层析法又称薄板层析法。它是将吸附剂如硅胶、氧化铝等均匀地铺在玻璃板上。用毛细管将样品溶液点在距下沿一定距离处，然后将其以 10°～20°的倾斜角放入层析缸中，使点样的一端浸入展开剂中（样点不能浸入），加盖后进行层析。在此，吸附剂是固定相，展开剂是流动相，样点上的各组分经溶解、吸附、再溶解、再吸附多次循环，在层析板不同位置处留下不同组分的斑点。取出层析板，晾干，用小刀刮下各组分斑点，分别用溶剂加热洗脱，即得到各组分的样品溶液。区分同一层析滤纸或层析板上不同斑点所分离的组分有两种比较简单的方法：一种是若斑点有颜色或在特定光线照射下显色，可根据不同组分的特有颜色辨认；另一种是在点样的同时，将被测物质的标准溶液点在与样点相隔一定距离的同一水平线上，则与标样平行移动的斑点就是被测组分的斑点。这种方法不仅能辨认样品中的被测组分，还能对其进行定量测定。

3. 苯并(a)芘(BaP)的测定

1) 乙酰化滤纸层析－荧光光谱法

将采集在玻璃纤维滤膜上的颗粒物中苯并(a)芘及有机溶剂可溶物质在索氏提取器中用环已烷提取，再经浓缩，点于乙酰化滤纸上进行层析分离，所得苯并(a)芘斑点用丙酮洗脱，以荧光光谱法测定。当采气体积为 40 m^3时，该方法最低检出质量浓度为 0.002 $\mu g/(100\ m^3)$。

多环芳烃是具有 $\pi-\pi$ 电子共轭体系的分子，当受适宜波长的紫外线照射时，便吸收紫外线而被激发，瞬间又放出能量，发射比入射光波长稍长的荧光。以 367 nm 波长的光激发苯并(a)芘，测定其在 405 nm 波长处发射荧光强度 F_{405}；因为在 402 nm、408 nm 波长处发射荧光的其他多环芳烃在 405 nm 波长处也发射荧光，故需同时测定 402 nm、408 nm 波长处的荧光强度（F_{402}、F_{408}），并按以下两式分别计算标准样品、空白样品、待测样品的相对荧光强度（F）和颗粒物中 BaP 的质量浓度：

$$f = F_{405} - \frac{F_{402} + F_{408}}{2} \tag{2-13}$$

$$空气中\ BaP(\mu g/m^3) = \frac{f_2 - f_0}{f_1 - f_0} \cdot \frac{mR}{V_S} \tag{2-14}$$

式中 f_2——待测样品斑点洗脱液相对荧光强度；

f_0——空白样品斑点洗脱液相对荧光强度；

f_1——标准样品斑点洗脱液相对荧光强度；

m——标准样品斑点中 BaP 质量，μg；

R——提取液总量和点样量的比值；

V_S——标准状态下的采样体积，m^3。

也可以将层析分离后的 BaP 斑点直接用荧光分光光度计的薄层扫描仪测定。

2）高效液相色谱法（HPLC）

测定颗粒物中 BaP 的方法是将采集在玻璃纤维滤膜上的颗粒物中的 BaP 在乙腈溶液中用超声提取，再将离心后的上清液注入高效液相色谱仪测定。色谱柱将样品溶液中的 BaP 与其他有机组分分离后，进入荧光检测器测定。荧光检测器使用波长 365 nm 的激发光，波长 405 nm 的发射光。根据样品溶液 BaP 峰面积或峰高、标准溶液 BaP 峰面积或峰高及其质量浓度、标准状态下采样体积，计算颗粒物中 BaP 的含量。当采样体积为 40 m^3，提取、浓缩液为 0.5 mL 时，方法最低检出质量浓度为 2.5×10^{-5} $\mu g/m^3$。

任务四 空气污染源监测

空气污染源包括固定污染源和流动污染源。固定污染源又分为有组织排放源和无组织排放源。有组织排放源指烟道、烟囱及排气筒等。无组织排放源指设在露天环境中的无组织排放设施或无组织排放的车间、工棚等。它们排放的废气中既含有固态的烟尘和粉尘，也含有气态和气溶胶态的多种有害物质。流动污染源指汽车、火车、飞机、轮船等交通运输工具排放的废气，含有一氧化碳、氮氧化物、碳氢化合物、烟尘等。

维 2-6

一、固定污染源监测

（一）监测目的和要求

1. 监测目的

检查排放的废气有害物质含量是否符合国家或地方的排放标准和总量控制标准；评价净化装置及污染防治设施的性能和运行情况，为空气质量评价和管理提供依据。

2. 监测要求

进行有组织排放污染源监测时，要求生产设备处于正常运转状态下，对因生产过程而引起排放情况变化的污染源，应根据其变化特点和周期进行系统监测。进行无组织排放污染源监测时，通常在监控点采集空气样品，捕捉污染物的最高浓度。

3. 监测内容

排放废气中有害物质的浓度（mg/m^3）、有害物质的排放量（kg/h）、废气排放量（m^3/h）。

在计算废气排放量和污染物质排放浓度时，都使用标准状况（温度为 0 ℃，大气压力为 101.3 kPa 或 760 mm 汞柱）下的干气体体积。

（二）采样点布设

正确地选择采样位置，确定适当的采样点数目，是决定能否获得代表性废气样品和尽可能地节约人力、物力的一项很重要的工作。

1. 采样位置

采样位置应选在气流分布均匀稳定的平直管段上，避开弯头、变径管、三通管及阀门等易产生涡流的阻力构件。一般原则是按照废气流向，将采样断面设在阻力构件下游方向大于 6 倍管道直径处或上游方向大于 3 倍管道直径处。即使客观条件难以满足要求，采样断面与阻力构件的距离也不应小于管道直径的 1.5 倍，并适当增加测点数目。采样断面气流流速最好在 5 m/s 以下。此外，由于水平管道中的气流速度与污染物的浓度分布不如垂直管道中的均匀，所以应优先考虑垂直管道。还要考虑方便、安全等因素。

2. 采样点数目

因烟道内同一断面上各点的气流速度和烟尘浓度分布通常是不均匀的，因此必须按照一定原则进行多点采样。采样点的位置和数目主要根据烟道断面的形状、尺寸大小和流速分布情况确定。

1）矩形（或方形）烟道

将烟道断面分成一定数目的等面积矩形小块，各小块中心为采样点的位置，如图 2-13 所示。小矩形的数目可根据烟道断面的面积确定，按照表 2-2 所列数据确定。小矩形面积一般不超过 0.6 m^2。

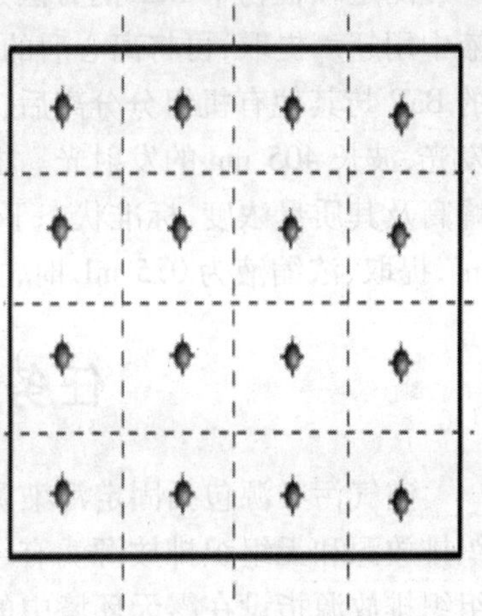

图 2-13　矩形烟道采样点布设

表 2-2　矩（方）形烟道的分块和测点数

烟道断面面积（m^2）	等面积小块长边长（m）	测点数
0.1～0.5	<0.35	1～4
0.5～1.0	<0.50	4～6
1.0～4.0	<0.67	6～9
4.0～9.0	<0.75	9～16
>9.0	≤1.0	≤20

当水平烟道内积灰时，应从总断面面积中扣除积灰断面面积，按有效面积设置采样点。

2)圆形烟道

在选定的采样断面上设两个相互垂直的采样孔。如图 2-14 所示,将烟道断面分成一定数量的同心等面积圆环,沿两个采样孔中心线设四个采样点。若采样断面上气流流速均匀,可设一个采样孔,采样点数目减半。当烟道直径小于 0.3 m,且流速均匀时,可在烟道中心设一个采样点。不同直径圆形烟道的等面积环数、采样点数及采样点距离烟道内壁的距离见表 2-3。

3)拱形烟道

拱形烟道的上部为半圆形,下部为矩形,因此可分别按圆形和矩形烟道的布点方法确定采样点的位置和数目。

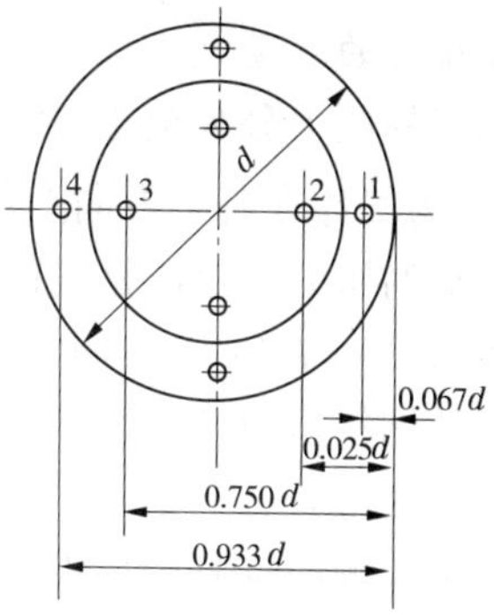

图 2-14　圆形烟道采样点布设

表 2-3　圆形烟道的分环和各点距烟道内壁的距离

烟道直径(m)	分环数(个)	各测点距烟道内壁的距离(烟道直径为单位)(m)									
		1	2	3	4	5	6	7	8	9	10
<0.6	1	0.146	0.856								
0.6~1.0	2	0.067	0.250	0.750	0.933						
1.0~2.0	3	0.044	0.146	0.296	0.704	0.854	0.956				
2.0~4.0	4	0.033	0.105	0.194	0.323	0.677	0.806	0.895	0.967		
>4.0	5	0.026	0.082	0.146	0.226	0.342	0.658	0.774	0.854	0.918	0.974

采样点布设在能满足测压管和采样管到达各采样点位置的情况下,尽可能地少开采样孔,一般开两个互成 90°角的孔。采样孔内径应不小于 80 mm,采样孔管长应不大于 50 mm。对正压下输送的高温或有毒废气的烟道应采用带有闸板阀的密封采样孔。

(三)基本状态参数的测定

烟道排气的体积、温度和压力是烟气的基本状态常数,也是拱形烟道计算烟气流速、颗粒物及有害物质浓度的依据。

1.温度的测量

对于直径小、温度不高的烟道,可使用长杆水银温度计。测量时,应将温度计球部放在靠近烟道中心位置,封闭测孔,待温度稳定(5 min)后读数,读数时不要将温度计抽出烟道外。

对于直径大、温度高的烟道,要用热电偶测温毫伏计测量。测温原理是将两根不同的金属导线连成闭合回路,当两接点处于不同温度环境时,便产生热电势,两接点温差越大,热电势越大。如果热电偶一个接点温度保持恒定(称为自由端),则热电偶的热电势大小便完全取决于另一个接点的温度(称为工作端),用毫伏计测出热电偶的热电势,可得知工作端所处的环境温度。根据测温高低,选用不同材料的热电偶。测量 800 ℃以下的烟气用镍铬－康铜热电偶;测量 1 300 ℃以下的烟气用镍铬—镍铝热电偶;测量 1 600 ℃以下的烟气用铂—铂铑热电偶。

2. 压力的测量

烟气的压力分为全压(P_t)、静压(P_s)和动压(P_v)。静压是单位体积气体所具有的势能,表现为气体在各个方向上作用于器壁的压力。动压是单位体积气体具有的动能,是使气体流动的压力。全压是气体在管道中流动具有的总能量。在管道中任意一点上,三者的关系为:$P_t = P_s + P_v$,所以只要测出三项中任意两项,即可求出第三项。

测量烟气压力常用测压管和压力计。

1)测压管

常用的测压管有标准皮托管和S形皮托管。

标准皮托管的结构见图2-15(a),它是一根弯成90°的双层同心圆管,前端呈半圆形,前方有一开孔与内管相通用来测量全压;在靠近前端的外管壁上开有一圈小孔,通至后端的侧出口,用来测量静压。标准皮托管具有较高的测量精度,但测孔很小,当烟气中颗粒物浓度大时,易被堵塞,适用于测量含尘量少的烟气。

S形皮托管由两根相同的金属管并联组成,见图2-15(b),其测量端有两个大小相等、方向相反的开口,测量烟气压力时,一个开口面向气流,接受气流的全压,另一个开口背向气流,接受气流的静压。由于气体绕流的影响,测得的静压比实际值小,因此在使用前必须用标准皮托管进行校正。因开口较大,适用于测颗粒物含量较高的烟气。

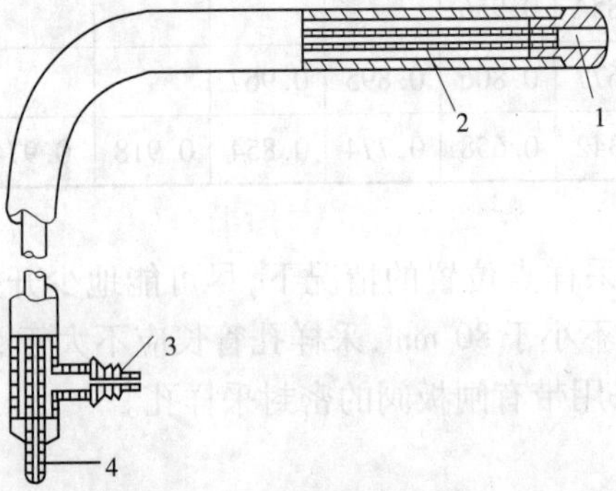

(a)标准皮托管

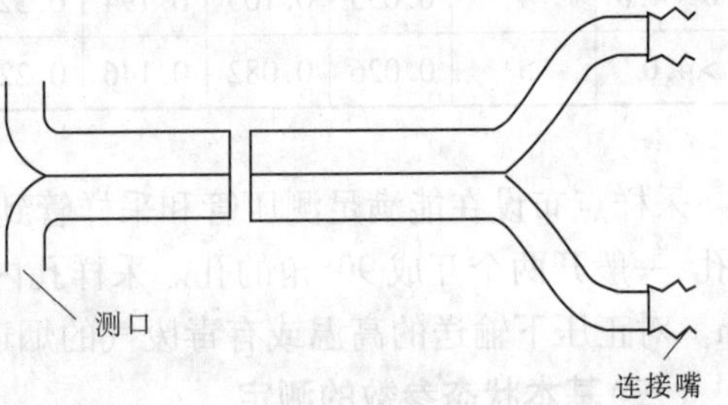

(b)S形皮托管

1—全压测孔;2—静压测孔;3—静压管接口;4—全压管接口

图2-15　标准皮托管和S形皮托管

2)压力计

常用的压力计有U形压力计和斜管式微压计。

U形压力计是一个内装工作液体的U形玻璃管。常用的工作液体有水、乙醇、汞,视被测压力范围选用。用于测量烟气的全压和静压。

斜管式微压计(见图2-16)由一截面面积较大的容器和一截面面积很小的玻璃管组成,内装工作溶液的玻璃管上有刻度,以指示压力读数。测压时,将微压计容器开口与测压系统压力较高的一端连接,斜管与压力较低的一端连接,则作用在两液面上的压力差使液柱沿斜管上升,指示出所测压力。斜管上的压力刻度是由斜管内液柱长度、斜管截面面积、斜管与水平面夹角及容器截面面积、工作溶液密度等参数计算得知的。这种微压计用于测量烟气动压。

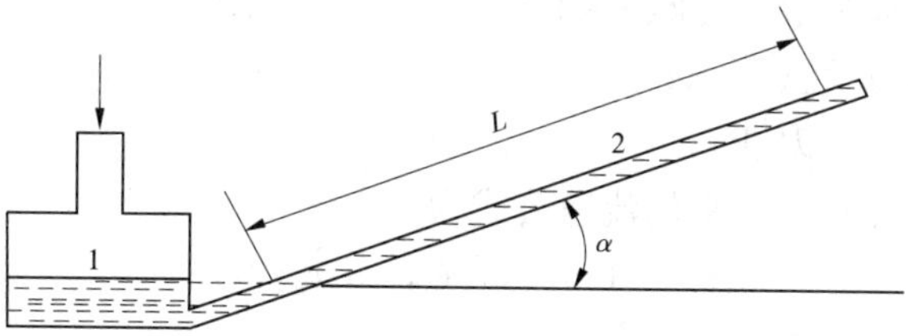

1—容器;2—玻璃管

图 2-16　斜管式微压计

3)测量方法

先检查压力计液柱内有无气泡,微压计和皮托管是否漏气,然后按照如图 2-17(a)、(b)所示的连接方法分别测量烟气的动压和静压。其中,使用 S 形皮托管测量静压时,只用一路测压管,将其测量口插入测点,使测口平面平行于气流方向,出口端与 U 形压力计一端连接。

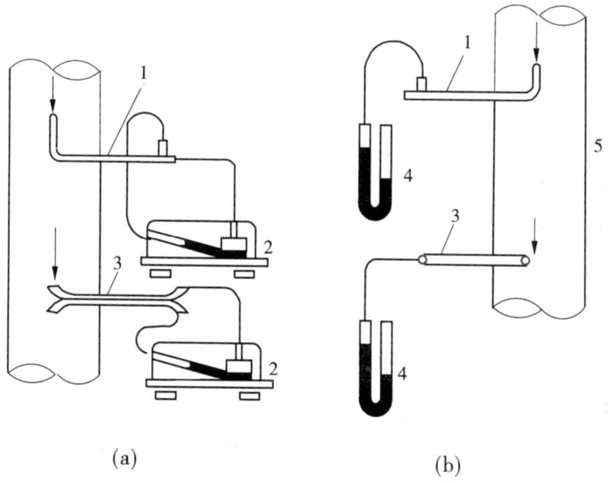

1—标准皮托管;2—斜管式微压计;3—S 形皮托管;4—U 形压力计;5—烟道

图 2-17　动压(a)和静压(b)测量方法

3. 流速和流量的计算

1)烟气流速

在测出烟气的温度、压力等参数后,按下式计算各测点的烟气流速 v_s

$$v_s = K_p\sqrt{2P_v/\rho} \tag{2-15}$$

或者

$$v_s = K_p\sqrt{2P_v}\sqrt{R_sT_sB_s} \tag{2-16}$$

式中　v_s——烟气流速,m/s;

K_p——皮托管校正系数;

P_v——烟气动压，Pa；

ρ——烟气密度，kg/m^3；

R_s——烟气气体常数，$J/(kg \cdot K)$；

T_s——烟气热力学温度，K；

B_s——烟气绝对压力，Pa。

烟道断面上各采样点烟气平均流速公式为

$$v_s = (v_1 + v_2 + \cdots + v_n)/n \tag{2-17}$$

式中 v_s——烟气平均流速，m/s；

v_1、v_2、v_n——断面上各测点烟气流速，m/s；

n——测点数。

2）烟气流量

计算公式为

$$Q_s = 3\,600 v_s S \tag{2-18}$$

式中 Q_s——烟气流量，m^3/h；

S——测点烟道横截面面积，m^2。

标准状态下干烟气流量按下式计算

$$Q_{Nd} = Q_s(1 - X_w) \cdot \frac{B_a P_s}{101\,325} \cdot \frac{273}{273 + t_s} \tag{2-19}$$

式中 Q_{Nd}——标准状态下干烟气流量，m^3/h；

P_s——烟气静压，Pa；

B_a——大气压力，Pa；

X_w——湿烟气中水蒸气的体积分数；

t_s——烟气温度，℃。

烟气的体积由采样流量和采样时间的乘积求得。

（四）含湿量的测定

与大气相比，烟气中的水蒸气含量较高，变化范围较大，为了便于比较，监测方法规定以除去水蒸气后标准状态下的干烟气表示。含湿量的测定方法有重量法、冷凝法和干湿球温度计法。

1. 冷凝法

抽取一定体积的烟气，通过冷凝器，根据冷凝出的水量及从冷凝器排出的烟气中的饱和水蒸气量计算烟气的含湿量。该方法的测定装置如图 2-18 所示，含湿量按下式计算

$$X_w = \frac{1.24 G_w + V_s \cdot \frac{P_z}{B_a + P_r} \cdot \frac{273}{273 + t_r} \cdot \frac{B_a + P_r}{101\,325}}{1.24 G_w + V_s \cdot \frac{273}{273 + t_r} \cdot \frac{B_a + P_r}{101\,325}} \times 100\% \tag{2-20}$$

$$= \frac{461.4(273 + t_r) G_w + P_z V_s}{461.4(273 + t_r) G_w + (B_a + P_r) V_s} \times 100\%$$

式中 X_w——烟气中水蒸气的体积分数；

G_w——冷凝器中的冷凝水量,g;

V_s——测量状态下抽取的烟气体积,L;

P_z——冷凝器出口烟气中饱和水蒸气压,kPa;

B_a——大气压力,kPa;

P_r——流量计前烟气表压,kPa;

t_r——流量计前烟气温度,℃;

1.24——标准状态下 1 g 水蒸气的体积,L。

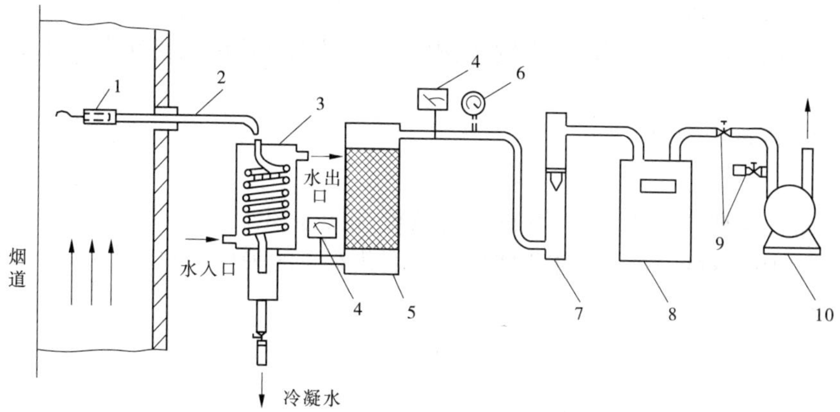

1—滤筒;2—采样管;3—冷凝器;4—温度计;5—干燥器;6—真空压力表;
7—转子流量计;8—累计流量计;9—调节阀;10—抽气泵

图 2-18　冷凝法测定含湿量装置

2. 重量法

从烟道中抽取一定体积的烟气,使之通过装有吸收剂的吸收管,则烟气中的水蒸气被吸收剂吸收,吸收管的增重即为所采烟气中的水蒸气质量。该方法的测定装置如图 2-19 所示。

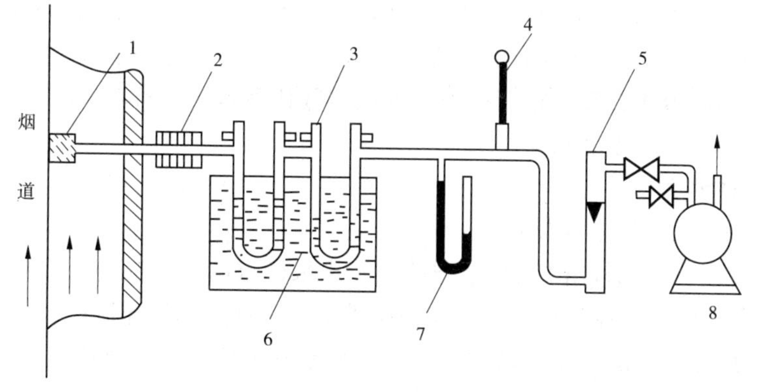

1—过滤器;2—加热器;3—吸湿管;4—温度计;5—流量计;6—冷却器;7—压力计;8—抽气泵

图 2-19　重量法测定烟气含湿量装置

烟气中的含湿量按下式计算

$$X_w = \frac{1.24G_w}{V_d \cdot \frac{273}{273+t_r} \cdot \frac{B_a+P_r}{101\ 325} + 1.24G_w} \times 100\% \tag{2-21}$$

式中 G_w——吸湿管采样后增加的质量,g;

V_d——测量状态下抽取干烟气体积,L;

其他字母含义同前。

3. 干湿球温度计法

气体在一定流速下流经干湿球温度计,根据干湿球温度计读数及有关压力,计算烟气中含湿量。

(五)烟尘浓度的测定

1. 原理

抽取一定体积烟气通过已知质量的捕尘装置,根据捕尘装置采样前后的质量差和采样体积计算烟尘的浓度。将采样体积转化为标准状态下的采样体积,按下式计算烟尘浓度

$$C = \frac{m}{V_{Nd}} \times 10^6 \tag{2-22}$$

式中 C——烟气中烟尘浓度,mg/m^3;

m——测得烟尘质量,g;

V_{Nd}——标准状态下干烟气体积,L。

2. 等速采样

测定排气烟尘浓度必须采用等速采样法,即烟气进入采样嘴的速度应与采样点烟气流速相等。采气流速大于或小于采样点烟气流速都将造成测定误差。不同采样速度时颗粒物运动状况如图 2-20 所示。当采样速度(v_n)大于采样点的烟气流速(v_s)时,由于气体分子的惯性小,容易改变方向,而尘粒惯性大,不容易改变方向,所以采样嘴边缘以外的部分气流被抽入采样嘴,而其中的尘粒按原方向前进,不进入采样嘴,从而导致测量结果偏低;当采样速度(v_n)小于采样点的烟气流速(v_s)时,情况正好相反,使测定结果偏高;只有$v_n = v_s$时,气体和烟尘才会按照它们在采样点的实际比例进入采样嘴,采集的烟气样品中烟尘浓度才与烟气实际浓度相同。

3. 等速采样方法

1)预测流速(或普通采样管)法

预测流速(或普通采样管)法在采样前先测出采样点的烟气温度、压力、含湿量,计算出流速,再结合采样嘴直径计算出等速采样条件下各采样点的采样流量。采样时,通过调节流量调节阀按照计算出的流量采样。由于预测流速法测定烟气流速与采样不是同时进行的,故仅适用于烟气流速比较稳定的污染源。

2)皮托管平行测速采样法

皮托管平行测速采样法将采样管、S 形皮托管和热电偶温度计固定在一起插入同一采样点,根据预先测得的烟气静压、含湿量和当时测得的动压、温度等参数,结合选用的采

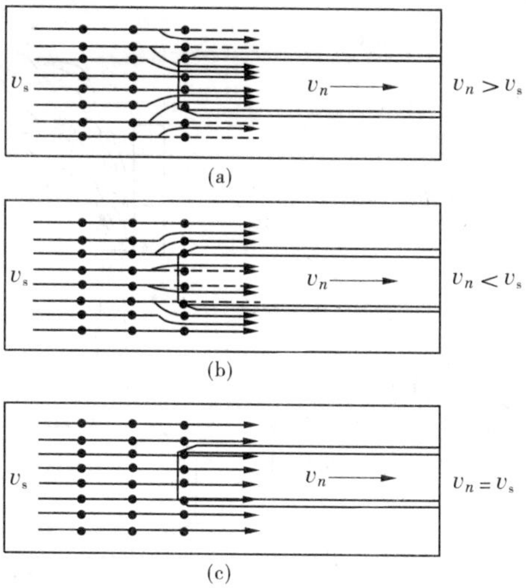

图 2-20　不同采样速度时颗粒物运动状况

样嘴直径，由编有程序的计算器及时算出等速采样流量，迅速调节转子流量计至所要求的读数。此法与预测流速采样法不同之处在于测定流量和采样几乎同时进行，适用于工况易发生变化的烟气。

3）动态平衡型等速管采样法

动态平衡型等速管采样法利用装置在采样管中的孔板在采样抽气时产生的压差与采样管平行放置的皮托管所测出的烟气动压相等来实现等速采样。当工况发生变化时，通过双联斜管微压计的指示可及时调整采样流量，随时保持等速采样条件。

4. 采样类型

采样类型分为移动采样、定点采样和间断采样。移动采样是用一个捕集器在已确定的采样点上移动采样，各点采样时间相同，计算出断面上烟尘的平均浓度。定点采样是在每个测点上采一个样，求出断面上烟尘平均浓度，并可了解断面上烟尘浓度变化情况。间断采样适用于有周期性变化的排放源，即根据工况变化情况，分时段采样，求出时间加权平均浓度。

（六）烟气黑度的测定

烟气黑度是一种用视觉方法监测烟气中排放有害物质情况的指标。尽管这一指标难以确定与烟气中有害物质含量之间的精确对应关系，也不能取代污染物排放量和排放浓度的实际监测，但其测定方法简便易行，成本低廉，适合监测燃煤类烟气中有害物质的排放情况。测定烟气黑度的主要方法有林格曼黑度图法、测烟望远镜法和光电测烟仪法等。

1. 林格曼黑度图法

该方法是把林格曼烟气黑度图放在适当的位置上，将图上的黑度与烟气的黑度（不透光度）相比较，凭人的视觉对烟气的黑度进行评价（见图 2-21）。

我国使用的林格曼烟气黑度图如图 2-22 所示。它由 6 个不同黑度的小块（14 cm × 21 cm）组成，除全白与全黑分别代表林格曼黑度 0 级和 5 级外，其余 4 块是在白色背景底

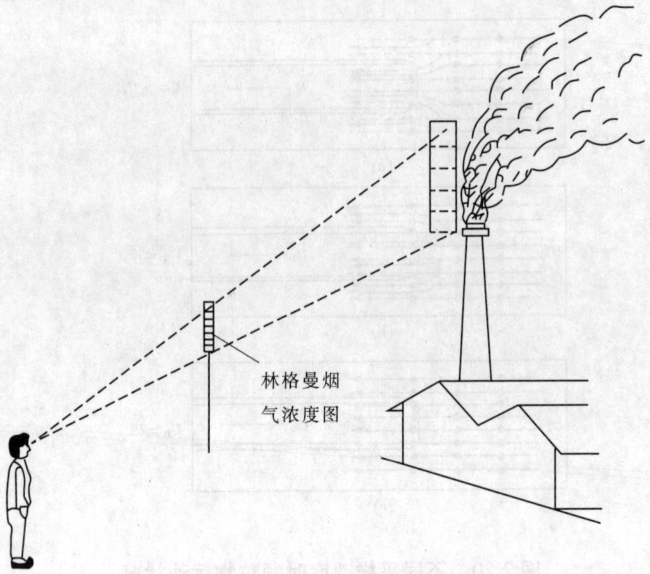

图 2-21　用林格曼烟气黑度图观测烟气

上画上不同宽度的黑色条格，根据黑色条格在整个小块中面积的百分数来确定级别，黑色条格的面积占 20% 为 1 级，占 40% 为 2 级，占 60% 为 3 级，占 80% 为 4 级。

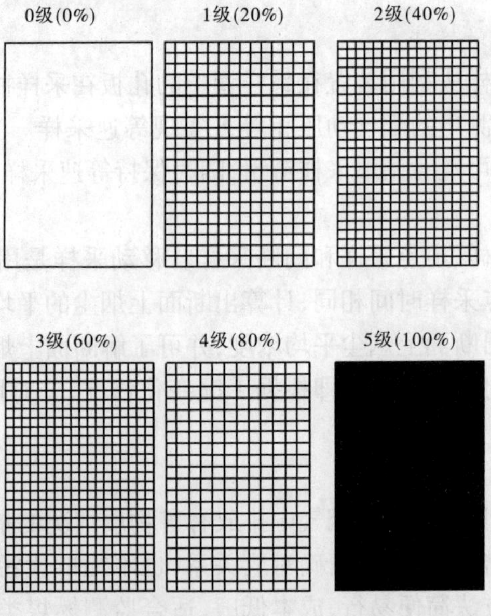

图 2-22　林格曼烟气黑度图

测定应在白天进行。观测刚离开烟囱黑度最大部位的烟气。连续观测烟气黑度不少于 30 min，记下烟气的林格曼级数及持续时间。在 30 min 内，如果出现 2 级林格曼黑度的累计时间超过 2 min，则烟气的黑度计为 2 级，出现 3 级林格曼黑度的累计时间超过 2 min 计为 3 级，出现 4 级林格曼黑度的累计时间超过 2 min 计为 4 级，出现超过 4 级林格曼黑度时计为 5 级。如果烟气黑度介于两个林格曼级之间，可估计一个 0.5 或 0.25 林格曼级数。

采用林格曼图监测烟气黑度取决于观测者的判断能力，其观测到的黑度读数也与天空的均匀性和亮度、风速、烟囱的大小和形状及观察时照射光线的角度有关。

2. 测烟望远镜法

测烟望远镜是在望远镜筒内安装了一个圆形光屏板，光屏板的一半是透明玻璃，另一半是0～5级林格曼黑度标准图。观测时，透过光屏的透明玻璃部分观看烟囱出口烟气的烟色，通过与光屏另一半的林格曼黑度标准图比较，确定烟气黑度的级别。

该方法对观测条件的要求和计算黑度级别的方法同林格曼黑度图法。

3. 光电测烟仪法

光电测烟仪法是利用测烟仪内的光学系统收集烟气的图像，把烟气的透光率与仪器内安装的标准黑度板透光率（黑度板透光率是根据林格曼黑度分级定义确定的）比较，经光学系统处理后，用光电检测系统把光信号转换成电信号，自动显示和打印烟气的林格曼黑度级数。利用这种仪器测定烟气黑度，可以排除人视力因素的影响。

（七）烟气组分的测定

烟道排气组分包括主要气体组分和微量有害气体组分。主要气体组分为氮、氧、二氧化碳和水蒸气等。测定这些组分的目的是考察燃料燃烧情况和为烟尘测定提供计算烟气密度、相对分子质量等参数的数据。有害组分为一氧化碳、氮氧化物、硫氧化物和硫化氢等。

1. 样品的采集

由于气态和蒸气态物质分子在烟道内分布比较均匀，不需要多点采样，在靠近烟道中心的任何点都可采集到具有代表性的气样。同时，气体分子质量极小，可不考虑惯性作用，故也不需要等速采样。但因为烟气湿度大、温度高、烟尘及有害气体浓度大，并具有腐蚀性，所以在采样管头部应装有烟尘滤器，采样管需要加热或保温并且耐腐蚀，防止水蒸气冷凝而导致被测组分损失。

2. 烟气主要组分的测定

烟气中的主要组分为 N_2、O_2、CO_2 和水蒸气等，可采用奥氏气体分析器吸收法和仪器分析法测定。奥氏气体分析器吸收法的测定原理是用适当的吸收液吸收烟气中的欲测组分，通过测定前后气体体积的变化计算欲测组分的含量。例如，用 KOH 溶液吸收 CO_2，用焦性没食子酸溶液吸收 O_2，用氨性氧化亚铜溶液吸收 CO 等，还有的带有燃烧法测 H_2 装置。依次吸收 CO_2、O_2 和 CO 后，剩余气体主要是 N_2。

用仪器分析法可以分别测定烟气中的组分，其准确度比奥氏气体分析器吸收法高。

3. 烟气中有害组分的测定

对含量较低的有害组分，其测定方法原理大多与空气中气态有害组分相同；对于含量高的组分，多选用化学分析法。

二、流动污染源监测

污染大气环境的主要流动污染源是汽车，汽车尾气是石油体系燃料在内燃机内燃烧后的产物，含有氮氧化物、碳氢化合物、CO 等有害组分。

汽车尾气中污染物含量与其运转工况(怠速、加速、定速、减速)有关,因为怠速法试验工况简单,可使用便携式仪器测定一氧化碳和碳氢化合物含量,故应用广泛。

(一)汽油车怠速排气中一氧化碳、碳氢化合物的测定

1. 怠速工况条件

发动机运转,离合器处于接合位置,油门踏板与手油门处于松开位置,变速器处于空挡位置;采用化油器的供油系统,其阻风门处于全开位置。

2. 测定方法

一般采用非分散红外气体分析仪进行测定。专用分析仪有国产 MEXA-324F 型汽车排气分析仪,可直接显示测定结果。测定时,先将汽车发动机由怠速加速至中等转速,保持 5 s 以上,再降至怠速状态,插入采样管(深度不少于 500 mm)测定,读取最大值。若为多个排气管,应取各排气管测定值的算术平均值。

(二)汽油车排气中氮氧化物的测定

在汽车尾气排气管处用取样管将废气引出(用采样泵),经冰浴(冷凝除水)、玻璃棉过滤器(除油尘),抽取到 100 mL 注射器中,然后将抽取的气样经氧化管注入冰乙酸-对氨基苯磺酸-盐酸萘乙二胺吸收显色液,显色后用分光光度法测定,测定方法同大气中 NO_x 的测定。

(三)柴油车排气烟度的测定

由汽车柴油机或柴油车排出的黑烟含有多种颗粒物,其组分复杂,但主要是炭的聚合体(占 85% 以上),还有少量氧、氢、灰分和多环芳烃化合物等。为防止烟尘对环境的污染,国家制定出一系列排气烟度的排放标准。

汽车排气烟度常用滤纸式烟度计测定,以波许烟度单位(R_b)或滤纸烟度单位(FSN)表示。

1. 测定原理

用一只活塞式抽气泵在规定的时间内从柴油机排气管中抽取一定体积的排气,让其通过一定面积的白色滤纸,排气中的炭粒就附着在滤纸上,将滤纸染黑,然后用光电测量装置测量染黑滤纸的吸光度,以吸光度大小表示烟度大小。规定洁白滤纸的烟度为零,全黑滤纸的烟度为 10。滤纸式烟度计烟度刻度计算式为

$$R_b = 10 \times (1 - I/I_0) \tag{2-23}$$

式中 R_b——波许烟度单位;

I——被测烟样滤纸反射光强度;

I_0——洁白滤纸反射光强度。

由于滤纸的质量会直接影响烟度测定结果,所以要求滤纸色泽洁白,纤维及微孔均匀,机械强度和通气性良好,以保证烟气中的炭粒能均匀地分布在滤纸上,提高测定精度。

2. 波许烟度计

当抽气泵活塞受脚踏开关的控制而上行时,排气管中的排气依次通过取样探头、取样软管及一定面积的滤纸被抽入抽气泵,排气中的黑烟被阻留在滤纸上,然后用步进电机(或手控)将已抽取黑烟的滤纸送到光电检测系统测量,由仪表直接指示烟度值。规程中要求按照一定时间间隔测量 3 次,取其平均值。

采集烟样后的滤纸经光源照射，则部分光被滤纸上的炭粒吸收，另一部分被滤纸反射给环形硒光电池，产生相应的光电流，送入测量仪表测量。

任务五　室内空气监测

室内环境是指人们工作、生活、社交及其他活动所处的相对封闭的空间，包括住宅、办公室、教室、医院、候车（机）室及交通工具等室内活动场所。室内空气质量与人体健康息息相关。室内空气污染是指引入污染源或通风不足而导致室内空气有害物质含量升高，并引发人群不适（如注意力分散、工作效率下降，严重时还会使人产生头痛、恶心、疲劳、皮肤红肿等）症状的现象。

维 2-7

一、室内空气污染的主要来源

（一）人体呼吸、烟气

研究结果表明，人体在新陈代谢过程中，会产生约 500 多种化学物质，经呼吸道排出的有 149 种，人体呼吸散发出的病原菌及多种气味，其中混有多种有毒成分，决不可忽视。人体通过皮肤汗腺排出的体内废物多达 171 种，例如尿素、氨等。此外，人体皮肤脱落的细胞，大约占空气尘埃的 90%。若浓度过高，将形成室内生物污染，影响人体健康，甚至诱发多种疾病。

吸烟是室内空气污染的主要来源之一。烟雾成分复杂，有固相和气相之分。经国际癌症研究所专家小组鉴定并通过动物致癌实验证明，烟草烟气中的致癌物多达 40 多种。吸烟可明显增加心血管疾病的发病概率，是人类健康的“头号杀手”。

（二）装修材料、日常用品

室内装修使用各种涂料、油漆、墙布、胶黏剂、人造板材、大理石地板以及新购买的家具等，都会散发出酚、甲醛、石棉粉尘、放射性物质等，它们可导致人们头疼、失眠、皮炎和过敏等反应使人体免疫功能下降，因而国际癌症研究所将其列为可疑致癌物质。

（三）微生物、病毒、细菌

微生物及微尘多存在于温暖潮湿及不干净的环境中，随灰尘颗粒一起在空气中飘散，成为过敏源及疾病传播的途径。特别是尘螨，是人体哮喘病的一种过敏源。尘螨喜欢栖息在房间的灰尘中，春秋两季是尘螨生长、繁殖最旺盛时期。

（四）厨房油烟

过去厨房油烟对室内空气的污染很少被人们重视。研究表明，城市女性中肺癌患者增多，经医院诊断大部分患者为腺癌，它是一种与吸烟极少有联系的肺癌病例。进一步的调研发现，致癌途径与厨房油烟导致突变性和高温食用油氧化分解的致变物有关。厨房内的另一主要污染源为燃料的燃烧。在通风差的情况下，燃具产生的一氧化碳和氮氧化物的浓度远远超过空气质量标准规定的极限值，这样的浓度必然会对人体造成危害。

（五）空调

长期在空调环境中工作的人，往往会感到烦闷、乏力、嗜睡、肌肉痛，感冒的发生概率也较高,工作效率和健康状况明显下降,这些症状统称为空调综合症。造成这些不良反应的主要原因是在密闭的空间内停留过久,CO_2、CO、可吸入颗粒物、挥发性有机化合物以及一些致病微生物等的逐渐聚集而使污染加重。上述种种原因造成室内空气质量不佳,引起人们出现很多疾病,继而影响了工作效率。

二、室内空气污染的特点

(一)累积性

室内环境是一个相对密闭的空间,其空气流动性远不如室外大气,因而大气扩散稀释作用受到诸多因素限制。污染物进入室内空间后,其浓度在较长时间内不降低,甚至在短期内升高,即时常表现为污染物累积效应。

(二)长期性

甲醛、苯等许多室内污染物来自大芯板和油漆涂料等永久性室内装修材料,这些装修材料只要存在室内就会不断释放污染物质,直至材料报废移出。污染源的长期存在是室内污染具有长期性的最主要原因,因而即使开窗通风换气也只能是通风换气期间污染物浓度降低,通风换气结束污染物浓度又会逐渐升高。

(三)多样性

引发室内空气污染的污染源多种多样,释放污染物的种类多种多样,因而室内空气污染的表现也是多种多样的。再者,同类型、同强度的室内空气污染程度,因居住者身体健康状况不同,其受害症状及危害程度也多种多样。

三、主要室内空气污染物

(一)甲醛

甲醛是一种无色、极易溶于水、具有刺激性气味的气体。甲醛具有凝固蛋白质的作用,其35% ~40%的水溶液被称作福尔马林,常用作浸渍标本和室内消毒。室内甲醛的主要污染源是复合木制品(刨花板、密度板、胶合板等人造板材制作的家具)、胶黏剂、墙纸、化纤地毯、油漆、炊事燃气和吸烟等。甲醛对人体的危害具长期性、潜伏性、隐蔽性的特点。长期吸入低浓度的甲醛可引发鼻咽癌等疾病。短时间吸入高浓度的甲醛,首先会感到眼睛、鼻子和咽喉不舒服,进而会引发咳嗽、哮喘、恶心呕吐和头痛,甚至导致鼻出血。

(二)苯

苯是一种无色、具有特殊芳香气味的气体。苯及苯系物被人体吸入后,可出现中枢神经系统麻醉现象;可抑制人体造血功能,使红血球、白血球和血小板减少,再生障碍性贫血患病率增大;可导致女性月经异常和胎儿先天性缺陷等危害症状。化学胶、油漆、涂料和黏合剂是室内空气中苯的主要来源。

(三)挥发性有机物

挥发性有机物(volatile organic compounds,VOCs)是指沸点为50 ~260 ℃、室温下饱和蒸气压大于133.322 Pa的易挥发性有机化合物。室内空气中常见的VOCs有甲醛、苯、甲苯、二甲苯、乙苯、苯乙烯、三氯乙烯、四氯乙烯和四氯化碳等。由于VOCs成分复杂、种类繁多,故一般不予以逐个分别表示,而以总挥发性有机物TVOC(total volatile organic compounds)表示其总量。VOCs 多表现出毒性、刺激性和致癌性,对人体健康造成现实或潜在的危害。VOCs 能引起机体免疫水平失调,影响中枢神经系统功能,出现头晕、头痛、嗜睡、无力、胸闷等症状,也能影响消化系统,使人出现食欲不振、恶心等,严重时甚至损伤肝脏和造血系统。室内空气中 VOCs 的来源主要是复合板、涂料、粘结剂等建筑装修材料,其次是消毒剂、清洁剂和空气清新剂等化学合成生活用品。此外,还有炊事燃气、香烟、装饰植物等天然生活用品。

(四)氨

氨是一种无色、极易溶于水、具有刺激性气味的气体。氨可通过皮肤及呼吸道进入机体引起中毒,又因其极易溶于水而对眼、喉和上呼吸道作用快、刺激性强。短时间接触氨,轻者引发鼻充血和分泌物增多,重者可导致肺水肿。长时间接触低浓度氨可引起咽喉炎,使患者声音嘶哑。长时间接触高浓度氨可引发咽喉水肿、痉挛而导致窒息,也可能出现呼吸困难、肺水肿和昏迷休克。室内空气中氨的主要来源是混凝土中的防冻剂、防火板中的阻燃剂和化工涂料中的增白剂。

(五)氡

氡是一种无色、无味、无法觉察的放射性气体。氡及其子体随空气进入人体附着于气管薄膜及肺部表面,或溶入体液进入细胞组织形成体内辐射,诱发肺癌、白血病和呼吸道病变。世界卫生组织认为氡是仅次于吸烟引起肺癌的第二大致癌物质。水泥、砖块、沙石、花岗岩、大理石和陶瓷砖等建筑材料,以及地质断裂带处的土壤都会有氡及其子体析出。

四、室内环境有害物质监测方案的制订

(一)样品采集

1. 采样点位及数目

采样点位及数目应根据室内面积大小和现场情况确定,要能正确反映室内空气污染物的污染程度。公共场所原则上小于 50 m^2的房间应设 1 ~ 3 个点,50 ~ 100 m^2设 3 ~ 5 个点,100 m^2以上至少设 5 个点。居室面积小于 10 m^2的设 1 个点,10 ~ 25 m^2设 2 个点,25 ~ 50 m^2设 3 ~ 4 个点。两点之间的距离相距 5 m 左右。

多点采样时应按对角线或梅花式布点法均匀布点,应避开通风口,离墙壁及室内器物外壁距离应大于 0.5 m,离门窗距离应大于 1 m。采样点的高度原则上与人的呼吸带高度一致,一般相对高度 1.0 ~ 1.5 m。也可根据房间的使用功能,室内人群高低以及在房间立、坐或卧的时间长短来选择采样高度,有特殊要求的可根据具体情况而定。

2. 采样时间及频次

新装修房间的室内空气监测应在装修完成 7 d 以后进行,一般建议在使用前采样监测。监测时,采样应在对外门窗关闭 12 h 后进行。在对装有中央空调的室内环境采样时,空调应正常运转,有特殊要求的可根据现场情况及要求而定。一般年平均浓度至少连续或间隔采样 3 个月,日平均浓度至少连续或间隔采样 18 h,8 h 平均浓度至少连续或间隔采样 6 h,1 h 平均浓度至少连续或间隔采样 45 min。

3. 采样方法

采样应按照欲测污染物检验方法中规定的操作步骤进行。要求年平均、日平均、8 h

平均值参数的，可以先做筛选采样检验，检验结果符合标准值要求即为达标，若筛选采样检验结果达不到室内空气质量标准值要求，必须按年平均、日平均、8 h平均值的要求，用累积采样检验结果重新评价。

筛选法采样，要求采样前先关闭对外门窗12 h，再在门窗关闭条件下至少采样45 min；或者采用瞬时采样；采样间隔时间为10～15 min。每个点位应至少采集3次样品，每次的采样量大致相同，以监测结果的平均值作为该采样点位的小时均值。

4. 采样仪器

室内空气污染监测常用的采样装置及用法与室外大气监测的基本相同。主要采样装置有玻璃注射器（100 mL）、空气采样袋、气泡吸收管、U形多孔玻板吸收管、滤膜、固体吸附管（内径3.5～4.0 mm、长80～180 mm的玻璃吸附管，或内径5 mm、长90 mm内壁抛光的不锈钢管）和不锈钢采样罐。

5. 采样记录

采样时，要使用墨水笔或签字笔对采样情况做出详细的现场记录。每个样品上要贴上标签，标明点位编号、采样日期和时间、测定项目等，字迹应端正、清晰。采样记录随样品一同报到实验室。

（二）监测项目及分析方法

监测项目可根据《室内空气质量标准》（GB/T 18883—2002）和《室内装饰装修材料有害物质限量标准》的规定，分析方法可参照空气和废气监测方法。

【思考题】

1. 空气中的污染物以哪几种形态存在？了解它们的存在形态对监测工作有何意义？

2. 直接采样法和富集采样法各适用于什么情况？怎样提高溶液吸收法的富集效率？

3. 填充柱阻留法和滤料阻留法各适用于采集何种污染物质？其富集原理有什么不同？

维2-8

4. 说明大气采样器的基本组成部分及各部分的作用。

5. 简述四氯汞钾溶液吸收－盐酸副玫瑰苯胺分光光度法与甲醛缓冲溶液吸收－盐酸副玫瑰苯胺分光光度法测定SO_2原理的异同之处。影响方法测定准确度的因素有哪些？

6. 说明紫外荧光法测定大气中SO_2的原理。荧光分光光度计和分光光度计有何主要不同？

7. 简要说明盐酸萘乙二胺分光光度法测定大气中NO_x的原理和测定过程，分析影响测定准确度的因素。

8. 在烟道气监测中，对采样点的位置有何要求？根据什么原则确定采样点数？

9. 测定烟气中的颗粒物的采样方法和测定气态或蒸气态组分的采样方法有何不同？为什么？

10. 室内空气污染物来源有哪些？主要污染物都包括什么？

11. 对汽车和柴油机车排气中主要测定哪些有害物质？其测定方法原理是什么？

【技能训练】

实训一　环境空气中颗粒物的测定

一、总悬浮颗粒物的测定——重量法

（一）实训目的

（1）掌握测定大气中悬浮颗粒物（TSP）的基本原理和方法；

（2）能够正确操作使用TSP采样器；

（3）能够及时解决在采样现场出现的技术问题。

维实2-1

（二）方法适用范围

本方法适用于用大流量和中流量总悬浮颗粒物采样器（简称采样器）进行空气中总悬浮颗粒物的测定。方法的检出限为0.001 mg/m^3。总悬浮颗粒物含量过高或雾天采样使滤膜阻力大于10 kPa时，本方法不适用。

（三）原理

通过具有一定切割特性的采样器，以恒速抽取定量体积的空气，空气中粒径小于100 μm的悬浮颗粒物，被截留在已恒重的滤膜上。根据采样前后滤膜质量之差及采样体积，计算总悬浮颗粒物的浓度。滤膜经处理后，可进行组分分析。

（四）仪器和材料

（1）大流量或中流量采样器。

（2）X光看片机：用于检查滤膜有无缺损。

（3）打号机：用于在滤膜及滤膜袋上打号。

（4）镊子：用于夹取滤膜。

（5）滤膜：超细玻璃纤维滤膜，对0.3 μm标准粒子的截留效率不低于99%，在气流速度为0.45 m/s时，单张滤膜阻力不大于3.5 kPa，在同样气流速度下，抽取经高效过滤器净化的空气5 h，1 cm^2滤膜失重不大于0.012 mg。

（6）滤膜袋：用于存放采样后对折的采尘滤膜。袋面印有编号、采样日期、采样地点、采样人等项栏目。

（7）滤膜保存盒：用于保存运送滤膜，保证滤膜在采样前处于平展不受折状态。

（8）恒温恒湿箱：箱内空气温度要求在15～30 ℃连续可调，控温精度±1 ℃；箱内相对湿度应控制在（50±5）%。恒温恒湿箱可连续工作。

（9）天平。

①总悬浮颗粒物大盘天平：用于大流量采样滤膜称重。称量范围≥10 g，感量1 mg，再现性（标准差）≤2 mg。

②分析天平：用于中流量采样滤膜称重。称量范围≥10 g，感量0.1 mg，再现性（标准差）≤0.2 mg。

（五）实训内容

1. 采样器的流量校准

新购置或维修后的采样器在启用前，需进行流量校准，正常使用的采样器每月需进行一次流量校准。流量校准仪器可用孔口流量计，也可用电子校准装置。校准流量时，要确保气路密封连接，流量校准后，如发现滤膜上尘的边缘轮廓不清晰或滤膜安装歪斜等情况，可能造成漏气，应重新进行校准。校准合格的采样器，即可用于采样，不得再改动调节器状态。

2. 采样

1）滤膜准备

检查滤膜（不得有针孔或任何缺陷）→滤膜编号（光滑表面两个对角上）→滤膜袋编号→滤膜在 15 ~ 30 ℃恒温恒湿箱中平衡 24 h，记录平衡温度与湿度→称量滤膜 W_0（g）（在上述平衡条件下，大流量采样器滤膜称量精确到 1 mg；中流量采样器滤膜称量精确到 0.1 mg。）→滤膜盒中保存（不得弯曲或折叠）。

2）安放滤膜及采样

取出滤膜夹，清洁采样头内及滤膜夹的灰尘→将准备好的滤膜绒面向上安放在滤膜支持网上，放上滤膜夹→安好采样头顶盖→设置采样时间，启动采样→样品采完后取下滤膜，放入号码相同的滤膜袋内填写采样记录（见实表 2-1）。

实表 2-1 总悬浮颗粒物分析原始记录表

样品名称：环境空气　　　　收样日期：　年　月　日

称重日期：W_0：　年　月　日　W_1：　年　月　日　　天平编号：

方法依据：GB/T 15432—1995　　　　方法检出限：0.001 mg/m³

计算公式：公式 $c = K \times (W_1 - W_0)/V_0$（大流量采样器 $K = 1 \times 10^6$；中流量采样器 $K = 1 \times 10^9$）

序号	样品编号	标准状态下采样体积 V_0（m³）	采样前滤膜质量 W_0（g）	采样后滤膜质量 W_1（g）	$W_1 - W_0$（g）	样品浓度（mg/m³）

分析：　　　校准：　　　审核：

取滤膜时，如发现滤膜损坏或滤膜上尘的边缘轮廓不清晰、滤膜安装歪斜（说明漏气），则本次采样作废，需重新采样。

3. 样品测定

在与干净滤膜相同条件下平衡 24 h→在上述平衡条件下称量滤膜→记录滤膜质量 W_1（g），记录表格见实表 2-2。

滤膜增重：大流量滤膜不小于 100 mg，中流量滤膜不小于 10 mg。

（六）数据处理

1. 测定数据记录（见实表 2-1、实表 2-2）

实表 2-2　大气采样原始记录表

委托单位：　　采样点名称：　　采样日期：　　年　月　日

方法依据：　　采样器型号：　　采样器编号：

天气状况：　　相对湿度：　%　　风向：　　风速：　m/s

序号	监测项目	样品编号	采样起止时间		累计采样时间（min）	采样流量（L/min）	气温 T（℃）	气压 p（kPa）	采样体积 V_t（L）	标准状态下采样体积 V_0（L）
			开始	结束						
计算公式					样品现场处理情况					

采样：　　送样：　　接样：

2. 计算

（1）将采样体积按下式换算成标准状态下采样体积

$$V_0 = V_t \times \frac{T_0}{T_0 + t} \times \frac{p}{p_0}$$

式中　V_0——标准状态下的采样体积，L；

V_t——采样体积［采样流量（L/min）×采样时间（min）］，L；

t——采样点的气温，℃；

T_0——标准状态下的绝对温度，273 K；

p——采样点的大气压力，kPa；

p_0——标准状态下的大气压力，101 kPa。

（2）大气中总悬浮颗粒物含量

$$总悬浮颗粒物含量 = K \times (W_1 - W_0)/V_0$$

式中　K——常数，大流量采样器 $K = 1 \times 10^6$，中流量采样器 $K = 1 \times 10^9$；

W_1——采样后滤膜质量，g；

W_0——采样前滤膜质量，g；

V_0——标准状态下的采样体积，m^3。

（七）注意事项

（1）采样时，应使采样头的进气方向与仪器的排气方向不在同一方位上，迎风向采样。

（2）当两台总悬浮颗粒物采样器安放位置相距不大于 4 m、不小于 2 m 时，同时采样测定总悬浮颗粒物含量，相对偏差不大于 15%，以保证测试方法的再现性。

（3）要经常检查采样头是否漏气，若采样后滤膜上颗粒物与四周白边之间的界线模糊，表明滤膜密封垫没有垫好或密封性能不好，应更换滤膜密封垫。

二、可吸入颗粒物浓度测定方法(PM10 的测定)

(一)实训目的

维实 2-2

(1)掌握测定可吸入颗粒物浓度的基本原理和方法。

(2)能够正确操作和使用 PM10 采样器。

(3)能及时解决在采样现场出现的技术问题。

(二)原理

使一定体积的空气,进入切割器,将 10 μm 以上粒径的微粒分离。小于这粒径的微粒随着气流经分离器的出口被阻留在已恒重的滤膜上。根据采样前后滤膜的质量差及采样体积,计算出可吸入颗粒物浓度,以 mg/m^3 表示。

(三)仪器和材料

(1)PM10 大流量或中流量采样器。

(2)同 TSP 法中(四)(2)~(9)。

(四)实训内容

1. 采样器的流量校准

同 TSP 法。

2. 采样

(1)采用合格的超细玻璃纤维滤膜。采样前在干燥器内放置 24 h,用感量优于 0.1 mg 的分析天平称重,放回干燥器 1 h 后再称重,两次重量之差不大于 0.4 mg 即为恒重(见实表 2-3)。

(2)将已恒重好的滤膜,用镊子放入清净采样夹内的滤网上,滤膜毛面应朝进气方向,牢固压紧至不漏气,连接好采样仪器,按照采样仪器有关说明正确启动仪器,开始采样。如果测定任何一次浓度,每次需更换滤膜;如测日平均浓度,样品采集在一张滤膜上。采样结束后,用镊子取出滤膜,将有尘面两次对折,放入纸袋,并做好采样记录(见实表 2-3)。

3. 样品测定

在与干净滤膜相同的平衡条件下平衡 24 h→在上述平衡条件下称重滤膜→记录滤膜质量 W_1(g)(见实表 2-4)。

(五)数据处理

1. 测定数据记录

测定数据记录见实表 2-3、实表 2-4。

2. 计算

可吸入颗粒物(PM10)浓度按下式计算:

$$\rho = [(W_1 - W_0) \times 1\,000]/V$$

式中 ρ——PM10 浓度,mg/m^3;

W_1——采样后滤膜质量,g;

W_0——采样前滤膜质量,g;

V——实际采样体积,m^3。

实表 2-3 大气采样原始记录表

委托单位： 采样点名称： 采样日期： 年 月 日

方法依据： 采样器型号： 采样器编号：

天气状况： 相对湿度： % 风向： 风速： m/s

序号	监测项目	样品编号	采样起止时间		累计采样时间(min)	采样流量(L/min)	气温 T(℃)	气压 P(kPa)	采样体积 V(L)
			开始	结束					
计算公式						样品现场处理情况			

采样： 送样： 接样：

实表 2-4 可吸入颗粒物分析原始记录表

样品名称：环境空气 收样日期： 年 月 日

称重日期：W_0： 年 月 日 W_1： 年 月 日 天平编号：

方法依据：HJ 618—2011 计算公式：公式 $\rho=[(W_1-W_0)\times 1\,000]/V$

分析编号	样品编号	实际采样体积 V(m^3)	采样前滤膜质量 W_0(g)			采样后滤膜质量 W_1(g)			W_1-W_0(g)	样品浓度(mg/m^3)
			1	2	3	1	2	3		

分析： 校准： 市核：

(六)注意事项

(1)采样点应避开污染源及障碍物，如测定交通枢纽处可吸入颗粒物，采样点应布置在距人行道边缘 1 m 处。

(2)如果测定任何一次浓度，采样时间不得少于 1 h，测定日平均浓度，间隔采样时不得少于 4 次。

(3)采样时，采样器入口距地面高度不得低于 1.5 m。

(4)采样不能在雨、雪和风速大于 8 m/s 等天气条件下进行。

(5)当 PM10 含量很低时，采样时间不能过短，要保证足够的采尘量，以减少称量误差。

实训二 大气中氮氧化物的测定(Saltzman 法)

一、实训目的

(1)掌握溶液吸收富集采样方法对大气中分子态污染物的采集。

(2)掌握盐酸萘乙二胺分光光度法测定大气中氮氧化物的原理和操作技术。

(3)能够正确操作使用大气采样器。

二、方法使用范围

当采样体积为 4～24 L 时，本标准适用于测定空气中二氧化氮的浓度范围为 0.015～2.0 mg/m^3。

三、原理

空气中的二氧化氮与吸收液中的对氨基苯磺酸进行重氮化反应，再与 N－(1－萘基)乙二胺盐酸盐作用，生成粉红色的偶氮染料，于波长 540～545 nm 处，测定吸光度。

维实 2-3

四、仪器

(一)采样导管

采样导管应为硼硅玻璃、不锈钢、聚四氟乙烯或硅胶管，内径约为 6 mm，尽可能短一些，任何情况下不得长于 2 m，配有朝下的空气入口。

(二)吸收瓶

内装 10 mL、25 mL 或 50 mL 吸收液的多孔玻板吸收瓶，液柱不低于 80 mm。检查吸收瓶的玻板阻力、气泡分散的均匀性及采样效率。

(三)空气采样器

1. 便携式空气采样器(用于短时间采样)

流量范围为 0～1 L/min。采气流量为 0.4 L/min 时，误差小于 ±5%。采样前用电子皂膜流量计或玻璃皂膜流量计进行流量校准。

2. 恒温自动连续采样器(用于 24 h 连续采样)

采气流量为 0.2 L/min 时，误差小于 ±5%。能将吸收液恒温在(20±4)℃。

(四)分光光度计

(五)硅胶管

硅胶管内径约 6 mm。

五、试剂

除另有说明，分析时均使用符合国家标准的分析纯试剂和无亚硝酸根的蒸馏水或同等纯度的水，必要时可在全玻璃蒸馏器中加少量高锰酸钾和氢氧化钡重新蒸馏。

水纯度的检验方法：按绘制标准曲线的步骤测量，吸收液的吸光度不超过 0.005。

(一)N－(1－萘基)乙二胺盐酸盐储备液

称取 0.50 g N－(1－萘基)乙二胺盐酸盐[$C_{10}H_7NH(CH_2)_2NH_2 \cdot 2HCl$]于 500 mL 容量瓶中，用水溶解稀释至刻度。此溶液储于密封的棕色试剂瓶中，在冰箱中冷藏，可稳定 3 个月。

(二)显色液

称取 5.0 g 对氨基苯磺酸($NH_2C_6H_4SO_3H$)，溶于约 200 mL 热水中，将溶液冷却至室温，全部移入 1 000 mL 容量瓶中，加入 50 mL 冰乙酸和 50 mL N－(1－萘基)乙二胺盐酸盐储备液用水稀释至刻度。密闭于棕色瓶中，在 25 ℃以下暗处存放，可稳定 3 个月。

（三）吸收液

使用时，将显色液和水按 4 + 1（$V + V$）比例混合，即为吸收液。密闭于棕色瓶中，25 ℃以下暗处存放，可稳定 3 个月。若呈现淡红色，应弃之重配。

（四）亚硝酸盐标准储备液

称取 0.375 0 g 亚硝酸钠（$NaNO_2$，优级纯，预先在干燥器内放置 24 h 以上）溶于水，移入 1 000 mL 容量瓶中，用水稀释至标线。此溶液每毫升含 250 μg NO_2^-，保存在暗处，可稳定 3 个月。

（五）亚硝酸盐标准工作溶液

吸取亚硝酸盐标准储备液 10.00 mL 于 1 000 mL 容量瓶中，用水稀释至标线。此溶液每毫升含 2.5 μg NO_2^-。

六、实训内容

（一）采样

到达采样现场后，安装好采样装置。试启动采样仪器 2 ~ 3 次，检查气密性，观察仪器是否正常，吸收管与仪器之间的连接是否正确。

1. 短时间采样（1 h 以内）

取一支多孔玻板吸收瓶，装入 10.0 mL 吸收液，标记吸收液液面位置，以 0.4 L/min 流量采气 6 ~ 24 L。做好采样记录。

2. 长时间采样（24 h 以内）

用大型多孔玻板吸收瓶，内装 25.0 mL 或 50.0 mL 吸收液，液柱不低于 80 mm，标记吸收液液面位置，使吸收液温度保持在（20 ± 4）℃，以 0.2 L/min 流量采气 288 L。

采样、样品运输及存放过程中应避免阳光照射。温度超过 25 ℃时，长时间运输及存放样品应采取降温措施。

（二）标准曲线的绘制

用亚硝酸盐标准工作溶液绘制标准曲线：取 6 支 10 mL 具塞比色管，按实表 2-5 制备标准色列。

实表 2-5　亚硝酸盐标准色列

管号	0	1	2	3	4	5
标准工作溶液（mL）	0	0.40	0.80	1.20	1.60	2.00
水（mL）	2.00	1.60	1.20	0.80	0.40	0
显色液（mL）	8.00	8.00	8.00	8.00	8.00	8.00
二氧化氮浓度（μg/mL）	0	0.10	0.20	0.30	0.40	0.50

各管混匀，于暗处放置 20 min（室温低于 20 ℃时，应适当延长显色时间。如室温为 15 ℃时，显色时间为 40 min），用 10 mm 比色皿，以水为参比，在 540 ~ 545 nm 波长处，测定吸光度并做好记录。扣除空白实验（零浓度）的吸光度以后，对应 NO_2^- 的浓度

(μg/mL),用最小二乘法计算标准曲线的回归方程。

(三)样品的测定

采样后放置 20 min(气温低时适当延长显色时间。如室温为 15 ℃,显色 40 min),用水将采样瓶中吸收液的体积补至标线,混匀,按绘制标准曲线的步骤测定样品的吸光度和空白实验样品的吸光度,做好记录。

若样品的吸光度超过标准曲线的上限,应用空白实验溶液稀释,再测定其吸光度。

(四)空白实验

与采样用吸收液同一批配制的吸收液。

七、数据处理

(一)测定数据记录

测定数据记录见实表 2-6、实表 2-7。

实表 2-6　校准曲线绘制原始记录

曲线名称:二氧化氮校准曲线　标准溶液来源:　　适用项目:空气中二氧化氮的测定

仪器型号:　　　　　　仪器编号:　　　　　　方法依据:GB/T 15435—1995

测定波长:540 nm　比色皿厚度:10 mm　参比溶液:纯水　绘制日期:　　　年　月　日

分析编号	标准溶液加入体积(mL)	标准物质加入量(μg)	仪器响应值	空白响应值	仪器响应值 - 空白响应值
1	0.40	0.10			
2	0.80	0.20			
3	1.20	0.30			
4	1.60	0.40			
5	2.00	0.50			
回归方程:			a =	b =	r =

分析:　　　　　　校核:　　　　　　审核:

实表 2-7　二氧化氮分析原始记录表

样品名称:环境空气　采样日期:　　年　　月　　日　分析日期:　　年　　月　　日

方法依据:GB/T 15435—1995 方法最低检出浓度:0.015 mg/m³　参比溶液:纯水

仪器型号:　　　仪器编号:　　　采样用吸收液体积 V:　　　测定波长:540 nm

比色皿厚度:10 mm　　Saltzman 系数 f =　　公式 $c = [(A - A_0 - a) \times V \times D]/(b \times f \times V_0)$

分析编号	样品编号	标准状态下采样体积 V_0(L)	稀释倍数 D	样品吸光度 A	空白吸光度 A_0	$A - A_0$	样品浓度(mg/m³)

分析:　　　　　　校核:　　　　　　审核:

(二)计算

用亚硝酸盐标准溶液绘制标准曲线时,空气中二氧化氮的浓度 c(mg/m^3)用下式计算:

$$c(NO_2, mg/m^3) = [(A - A_0 - a) \times V \times D]/(b \times f \times V_0)$$

式中 A——样品溶液的吸光度;

A_0——空白实验溶液的吸光度;

b——标准曲线的斜率,吸光度 · mL/μg;

a——标准曲线的截距;

V——采样用吸收液体积,mL;

V_0——换算为标准状态(273 K、101.3 kPa)下的采样体积,L;

D——样品的稀释倍数;

f——Saltzman 实验系数,取 0.88(当空气中二氧化氮浓度高于 0.720 mg/m^3 时,f 取 0.77)。

(注:Saltzman 实验系数:用浸透法制备的二氧化氮校准用混合气体,在采气过程中被吸收液吸收生成的偶氮染料相当于亚硝酸根的量与通过采样系统的二氧化氮总量的比值。该系数为多次重复实验测定的平均值。测定方法参照 GB/T 15435—1995 附录 B)。

八、注意事项

(1)空气中臭氧浓度超过 0.25 mg/m^{3}时使吸收液略显红色,对二氧化氮的测定产生干扰。采样时,在吸收瓶入口端串接一段 15 ~ 20 cm 长的硅胶管,即可将臭氧浓度降低到不干扰二氧化氮测定的水平。

(2)采样后应尽快测量样品的吸光度,若不能及时分析,应将样品于低温暗处存放。样品于 30 ℃暗处存放,可稳定 8 h;于 20 ℃暗处存放,可稳定 24 h;于 0 ~ 4 ℃冷藏,可稳定 3 d。

(3)空白、样品和标准曲线应用同一批次配制的吸收液。

(4)玻板阻力及微孔均匀性检查。新的多孔玻板吸收瓶在使用前,应用(1 + 1)HCl 浸泡 24 h 以上,用清水洗净,每只吸收瓶在使用前和使用一段时间以后,应测定其玻板阻力,检查通过玻板后气泡分散的均匀性。阻力不符合要求和气泡分散不均匀的吸收瓶不宜使用。

内装 10 mL 吸收液的多孔玻板吸收瓶,以 0.4 L/min 流量采样时,玻板阻力为 4 ~ 5 kPa,通过玻板后的气泡应分散均匀。

内装 50 mL 吸收液的大型多孔玻板吸收瓶,以 0.2 L/min 流量采样时,玻板阻力为 5 ~ 6 kPa,通过玻板后的气泡应分散均匀。

(5)采样效率的测定。吸收瓶在使用前和使用一段时间以后应测定其采样效率。将两只吸收瓶串联,采集环境空气,当第一只吸收瓶中 NO_2^- 浓度约为 0.4 g/mL 时,停止采样。按绘制标准曲线的步骤测定前后两只吸收瓶中样品的吸光度,按下式计算第一只吸收瓶的采样效率:$E = C_1/(C_1 + C_2)$。

(6)吸收液应避光,且不能长时间暴露在空气中,以防止光照使吸收液显色或吸收空气中的氮氧化物而使试剂空白值增高。因此,在采样、运送及存放过程中,都应采取避光措施。

(7)亚硝酸钠(固体)应密封保存,防止空气及湿气侵入。部分氧化成硝酸钠或呈粉末状的试剂都不能用直接法配制标准溶液。若无颗粒状亚硝酸钠试剂,可用高锰酸钾容量法标定出亚硝酸钠储备溶液的准确浓度,再稀释为亚硝酸盐的标准溶液浓度。

(8)绘制标准曲线,向各管中加亚硝酸钠标准使用溶液时,都应以均匀、缓慢的速度加入,这样曲线的线性较好。

实训三　大气中二氧化硫的测定

一、实训目的

在测定 NO_2 的基础上,逐步熟悉且独立地开展大气环境监测工作,进一步强化训练,最后完全掌握大气环境监测工作的全过程和各种方法技术。

(1)通过对城市面源二氧化硫的监测,基本掌握监测大气中二氧化硫的全过程(包括现场调查、布点、确定采样时间和频率、采样分析测试数据处理、初步评价及总结报告等)。

(2)在实训过程中,要使实验技能得到较全面的提高。

维实 2-4

二、方法适用范围

甲醛吸收－副玫瑰苯胺分光光度法适用于环境空气中二氧化硫的测定。当用 10 mL 吸收液采样 30 L 时,本法测定下限为 0.07 mg/m^3;当用 50 mL 吸收液连续 24 h 采样 300 L 时,空气中二氧化硫的测定下限为 0.003 mg/m^3。

三、原理

二氧化硫被甲醛缓冲溶液吸收后,生成稳定的羟甲基磺酸加成化合物。在样品溶液中加入氢氧化钠使加成化合物分解,释放出二氧化硫与副玫瑰苯胺、甲醛作用,生成紫红色化合物,用分光光度计在 577 nm 处进行测定。

四、仪器

(1)分光光度计:可见光波长 380～780 nm。

(2)多孔玻板吸收管 10 mL(用于短时间采样),50 mL(用于 24 h 连续采样)。

(3)恒温水浴器:广口冷藏瓶内放置圆形比色管架,插一支长约 150 mm、量程 0～40 ℃的酒精温度计,其误差应不大于 0.5 ℃。

(4)具塞比色管:10 mL。

(5)空气采样器:用于短时间采样的空气采样器流量为 0～1 L/min;用于 24 h 连续采样的空气采样器应具有恒温、恒流、计时、自动控制仪器开关的功能,流量为 0.2～0.3 L/min。

五、试剂

除非另有说明，分析时均使用符合国家标准的分析纯试剂和蒸馏水或同等纯度的水。

(1)氢氧化钠溶液 $c(NaOH)=1.5$ mol/L。

(2)环已二胺四乙酸二钠溶液 $c(CDTA-2Na)=0.05$ mol/L；称取1.82 g反式1,2－环已二胺四乙酸[(trans－1,2－cyclohexylen edinitilo)tetraacetic acid，简称CDTA]，加入1.5 mol/L氢氧化钠溶液6.5 mL，溶解后用水稀释至100 mL。

(3)甲醛缓冲吸收液储备液：吸取36%～38%的甲醛溶液5.5 mL、CDTA－2Na溶液20.0 mL；称取2.04 g邻苯二甲酸氢钾溶于少量水中；将三种溶液合并再用水稀释至100 mL，储于冰箱可保存1年。

(4)甲醛缓冲吸收液：用水将甲醛缓冲吸收液储备液稀释100倍而成，临用现配。此溶液每毫升含0.2 mg甲醛。

(5)6 g/L氨磺酸钠溶液：称取0.60 g氨磺酸置于100 mL容量瓶中，加入4.0 mL 1.5 mol/L氢氧化钠溶液，搅拌至完全溶解后，用水稀释至标线，摇匀。此溶液密封保存可用10 d。

(6)碘储备液 $c(1/2\ I_2)=0.1$ mol/L：称取12.7 g碘(I_2)于烧杯中，加入40 g碘化钾和25 mL水，搅拌至完全溶解，用水稀释至1 000 mL，储存于棕色细口瓶中。

(7)碘使用液 $c(1/2\ I_2)=0.05$ mol/L：量取碘储备液250 mL，用水稀释至500 mL，储于棕色细口瓶中。

(8)5 g/L淀粉溶液：称取0.5 g可溶性淀粉，用少量水调成糊状，慢慢倒入100 mL沸水中，继续煮沸至溶液澄清，冷却后储于试剂瓶中。临用现配。

(9)碘酸钾标准溶液 $c(1/6\ KIO_3)=0.100\ 0$ mol/L：称取3.566 7 g碘酸钾(KIO_3，优级纯，经110 ℃干燥2 h)溶于水，移入1 000 mL容量瓶中，用水稀释至标线，摇匀。

(10)盐酸溶液(1＋9)。

(11)硫代硫酸钠储备液 $c(Na_2S_2O_3)=0.10$ mol/L：称取25.0 g硫代硫酸钠($Na_2S_2O_3\cdot 5H_2O$)，溶于1 000 mL新煮沸但已冷却的水中，加入0.2 g无水碳酸钠，储于棕色细口瓶中，放置1周后备用。如溶液呈现混浊，必须过滤。

(12)硫代硫酸钠标准溶液 $c(Na_2S_2O_3)=0.05$ mol/L：取250 mL硫代硫酸钠储备液置于500 mL容量瓶中，用新煮沸但已冷却的水稀释至标线，摇匀。

标定方法：吸取3份10.00 mL碘酸钾标准溶液分别置于250 mL碘量瓶中，加70 mL新煮沸但已冷却的水，加1 g碘化钾，振摇至完全溶解后，加10 mL(1＋9)盐酸溶液，立即盖好瓶塞，摇匀。于暗处放置5 min后，用硫代硫酸钠标准溶液滴定溶液至浅黄色，加2 mL淀粉溶液，继续滴定溶液至蓝色刚好褪去为终点。硫代硫酸钠标准溶液的浓度按下式计算：

$$c=10.00\times 0.100\ 0/V$$

式中　c——硫代硫酸钠标准溶液的浓度，mol/L；

　　V——滴定所耗硫代硫酸钠标准溶液的体积，mL。

(13)乙二胺四乙酸二钠盐(EDTA)溶液，0.05 g/100 mL：称取0.25 g EDTA－2Na

($C_{10}H_{14}N_2O_8Na_2 \cdot 2H_2O$)溶于 500 mL 新煮沸但已冷却的水中。临用现配。

(14)二氧化硫标准溶液:称取 0.250 g 亚硫酸钠(Na_2SO_3),溶于 250 mL EDTA-2Na 溶液中,缓缓摇匀以防充氧,使其溶解。放置 2~3 h 后标定。此溶液每毫升相当于 320~400 μg 二氧化硫。

标定方法:吸取 3 份 20.00 mL 二氧化硫标准溶液,分别置于 250 mL 碘量瓶中,加入 50 mL 新煮沸但已冷却的水、20.00 mL 碘使用液及 1 mL 冰乙酸,盖塞,摇匀。于暗处放置 5 min 后,用硫代硫酸钠标准溶液滴定溶液至浅黄色,加入 2 mL 淀粉溶液,继续滴定至溶液蓝色刚好褪去为终点。记录滴定硫代硫酸钠标准溶液的体积 V(mL)。

另吸取 3 份 EDTA-2Na 溶液 20 mL,用同样方法进行空白实验。记录滴定硫代硫酸钠标准溶液的体积 V_0(mL)。

平行样滴定所耗硫代硫酸钠标准溶液体积之差应不大于 0.04 mL,取其平均值。二氧化硫标准溶液浓度按下式计算:

$$c(SO_2, \mu g/mL) = (V_0 - V)c \times 32.02 \times 1\,000 \div 20.00 \times 1\,000$$

式中 V_0——空白滴定所耗硫代硫酸钠标准溶液的体积,mL;

V——二氧化硫标准溶液滴定所耗硫代硫酸钠标准溶液的体积,mL;

c——硫代硫酸钠标准溶液的浓度,mol/L;

32.02——二氧化硫(1/2 SO_2)的摩尔质量。

标定出准确浓度后,立即用甲醛缓冲吸收液稀释为每毫升含 10.00 μg 二氧化硫的标准溶液储备液,临用时再用甲醛缓冲吸收液稀释为每毫升含 1.00 μg 二氧化硫的标准溶液。在冰箱中 5 ℃保存。10.00 μg/mL 二氧化硫标准溶液储备液可稳定 6 个月;1.00 μg/mL 二氧化硫标准溶液可稳定 1 个月。

(15)2 g/L 副玫瑰苯胺(Pararosaniline,简称 PRA,即副品红、对品红)储备液:其纯度应达到质量检验的指标。

(16)0.5 g/L PRA 溶液:吸取 25.0 mL PRA 储备液于 100 mL 容量瓶中,加 30 mL 85%的浓磷酸、12 mL 浓盐酸,用水稀释至标线,摇匀,放置过夜后使用。避光密封保存。

六、实训内容

(一)采样

1. 采样时间和频率的确定

根据二氧化硫排放规律和气象条件对二氧化硫浓度的时间变化,确定 07:00、10:00、13:00、17:00 四个时段,每次采样 60 min(可根据实际情况设置)。

2. 采样方法

采用内装 10 mL 吸收液的 U 形多孔玻板吸收管,以 0.5 L/min 的流量采样,并做好采样记录。采样时,吸收液温度的最佳范围为 23~29 ℃(温度过高,样品不稳定;温度过低,吸收效率低。因此,冬、夏两季手工采样时,吸收管可置于适当的恒温装置中)。

(二)标准曲线的绘制

取 14 支 10 mL 具塞比色管,分为 A、B 两组,每组 7 支,分别对应编号。A 组按实表 2-8 配制标准溶液系列。

实表 2-8　标准色列配制

加入溶液	比色管编号						
	A_0	A_1	A_2	A_3	A_4	A_5	A_6
二氧化硫标准溶液体积(mL)	0	0.50	1.00	2.00	5.00	8.00	10.00
甲醛缓冲溶液体积(mL)	10.00	9.50	9.00	8.00	5.00	2.00	0
二氧化硫含量(μg)	0	0.50	1.00	2.00	5.00	8.00	10.00

B 组各管中加入 1.00 mL 0.5 g/L PRA 溶液，A 组各管分别加入 0.50 mL 6 g/L 氨磺酸钠溶液和 1.5 mol/L 氢氧化钠 0.5 mL，混匀。再逐管迅速将溶液倒入对应编号并盛有 PRA 溶液的 B 管中，立即盖塞混匀后放入恒温水浴中显色。显色温度与室温之差不超过 3 ℃，根据不同季节和环境条件按实表 2-9 选择显色温度与显色时间。

实表 2-9　显色温度与显色时间

显色温度(℃)	10	15	20	25	30
显色时间(min)	40	25	20	15	5
稳定时间(min)	35	25	20	15	10
空白试样吸光度 A_0	0.03	0.035	0.04	0.05	0.06

在 577 nm 波长处用 1 cm 比色皿，以水为参比，测定吸光度，做好记录。用最小二乘法计算校准曲线的回归方程式：

$$Y = bX + a$$

式中　Y——校准溶液吸光度 A 与试剂空白吸光度 A_0 之差，$Y = A - A_0$；

X——二氧化硫含量，μg；

b——回归方程的斜率(由斜率倒数求得校正因子：$B_3 = 1/b$)；

a——回归方程的截距(一般要求小于 0.005)。

本标准的校准曲线斜率为 0.044 ±0.002，试剂空白吸光度 A_0 在显色规定条件下波动范围不超过 ±15%。

(三)样品测定

所采环境空气样品溶液中如有混浊物，则应离心分离除去。样品放置 20 min，以使臭氧分解。

1. 短时间样品

将吸收管中的吸收液全部移入 10 mL 具塞比色管内，用少量甲醛缓冲吸收液洗涤吸收管，倒入比色管中，并用吸收液稀释至标线，加入 6 g/L 氨基磺酸钠溶液 0.50 mL，摇匀，放置 10 min 以除去氮氧化物的干扰。以下步骤同标准曲线的绘制。

如样品吸光度超过校准曲线上限，则可用试剂空白溶液稀释，在数分钟内再测量其吸光度，但稀释倍数不要大于 6。

2. 连续 24 h 样品

将吸收瓶中样品溶液移入 50 mL 容量瓶(或比色管)中，用少量甲醛缓冲吸收液洗涤吸收瓶,洗涤液并入样品溶液中,再用吸收液稀释至标线。吸取适量样品溶液(视浓度高低而决定取2~10 mL)于10 mL具塞比色管中,再用吸收液稀释至标线,加入6 g/L氨基磺酸钠溶液0.50 mL,混匀,放置10 min以除去氮氧化物的干扰。以下步骤同标准曲线的绘制。

七、数据处理

(一)测定结果记录

将测定结果记录于实表2-10、实表2-11中。

实表2-10 校准曲线绘制原始记录

曲线名称:二氧化硫校准曲线 标准溶液来源:自配 适用项目:空气中二氧化硫的测定

仪器型号: 仪器编号: 方法依据:GB/T 15262—1994

测定波长:577 nm 比色皿厚度:10 mm 参比溶液:纯水 绘制日期: 年 月 日

分析编号	标准溶液加入体积(mL)	标准物质加入量(μg)	仪器响应值	空白响应值	仪器响应值-空白响应值	备注
1	0.50	0.50				
2	1.00	1.00				
3	2.00	2.00				
4	5.00	5.00				
5	8.00	8.00				
6	10.00	10.00				
回归方程:			a =	b =	r =	

分析: 校核: 审核:

实表2-11 二氧化硫样品分析原始记录

样品名称:环境空气 采样日期: 年 月 日 分析日期: 年 月 日

方法依据:GB/T 15262—1994 仪器型号: 仪器编号:

方法最低检出浓度:0.007 mg/m³ 参比溶液:纯水 测定波长:577 nm

比色皿厚度:10 mm 公式 $c = [(A - A_0 - a)/(V_0 \times b)] \times (V_t/V_a)$

样品编号	标准状态下采样体积 V_0(L)	样品溶液总体积 V_t(L)	样品吸光度 A	空白吸光度 A_0	$A-A_0$	样品浓度(mg/m³)

分析: 校核: 审核:

(二)计算

$$c(SO_2, mg/m^3) = [(A - A_0) \times B_s/V_s] \times (V_t/V_a)$$

式中 A——样品溶液的吸光度;

A_0——试剂空白溶液的吸光度;

B_s——校正因子；

V_t——样品溶液总体积，mL；

V_a——测定时所取样品溶液体积，mL；

V_s——换算为标准状态(0 ℃、101.325 kPa)下的采样体积，L。

二氧化硫浓度计算结果应准确到小数点后第三位。

八、注意事项

(1)四氯汞盐－盐酸副玫瑰苯胺比色法(HJ 483—2009)是国内外广泛采用的测定环境空气中二氧化硫的方法，具有灵敏度高、选择性好等优点，但吸收液毒性较大。甲醛吸收－副玫瑰苯胺分光光度法(GB/T 15262—1994)也适用于环境空气中二氧化硫的测定。这两个方法的精密度、准确度、选择性和检出限相近，但甲醛吸收－副玫瑰苯胺分光光度法避免使用毒性大的含汞吸收液，目前多采用此方法。

(2)干扰与消除：测定中主要干扰物为氮氧化物、臭氧及某些重金属元素。样品放置一段时间可使臭氧自动分解；加入氨磺酸钠溶液可消除氮氧化物的干扰；加入 CDTA 可以消除或减少某些金属离子的干扰。在 10 mL 样品中存在 50 μg 钙、镁、铁、镍、镉、铜等离子及 5 μg 二价锰离子时，不干扰测定。

(3)正确掌握本标准的显色温度、显色时间，特别在 25～30 ℃条件下，控制反应条件是实验成败的关键。

(4)采样时，应注意检查采样系统的气密性、流量、温度，及时更换干燥剂及限流孔前的过滤膜，用皂膜流量计校准流量，做好采样记录。

(5)因六价铬能使紫红色络合物褪色，使测定结果偏低，故应避免用硫酸－铬酸洗液洗涤所用玻璃器皿。若已用此洗液洗过，则需用(1＋1)盐酸溶液浸泡 1 h 后，再用水充分洗涤，烘干备用。

(6)用过的具塞比色管及比色皿应及时用酸洗涤，否则红色难以洗净，具塞比色管用(1＋4)盐酸溶液洗涤，比色皿用(1＋4)盐酸加 1/3 体积乙醇混合液洗涤。

(7)在分析环境空气样品时，PRA 溶液的纯度对试剂空白液的吸光度影响很大，可使用精制的商品 PRA 试剂。

实训四　室内空气中甲醛的测定

一、实训目的

(1)掌握酚试剂分光光度法测定室内空气中甲醛的原理和操作技术。

(2)熟练掌握大气采样器。

二、原理

空气中的甲醛与酚试剂反应生成嗪，嗪在酸性溶液中被高铁离子氧化形成蓝绿色络合物，根据颜色深浅，比色定量。

维实 2-5

三、仪器

(1)气泡吸收管:10 mL。

(2)空气采样器:流量范围0~1 L/min。

(3)具塞比色管:10 mL。

(4)分光光度计。

四、试剂

本法中所用水均为重蒸馏水或去离子交换水,所用的试剂纯度一般为分析纯。

(1)吸收液原液:称量0.10 g酚试剂[$C_6H_4SN(CH_3)C{:}NNH_2 \cdot HCl$,盐酸-3-甲基-2-苯并噻唑酮腙,简称MBTH],加水溶解,置于100 mL容量瓶中,加水至刻度。放冰箱中保存,可稳定3 d。

(2)吸收液:量取吸收原液5 mL,加95 mL水,即为吸收液。采样时,临用现配。

(3)1%硫酸铁铵溶液:称量1.0 g硫酸铁铵[$NH_4Fe(SO_4)_2 \cdot 12H_2O$]用0.1 mol/L盐酸溶解,并稀释至100 mL。

(4)0.100 0 mol/L碘溶液:称量40 g碘化钾溶于25 mL水中,加入12.7 g碘。待碘完全溶解后用水定容至1 000 mL。移入棕色瓶中,暗处储存。

(5)1 mol/L氢氧化钠溶液:称量40 g氢氧化钠溶于水中,并稀释至1 000 mL。

(6)0.5 mol/L硫酸溶液:取28 mL浓硫酸缓慢加入水中,冷却后,稀释至1 000 mL。

(7)硫代硫酸钠标准溶液[$c(Na_2S_2O_3)=0.100\ 0$ mol/L]:称量26 g硫代硫酸钠溶于新煮沸冷却水中,加入0.2 g无水碳酸钠,再用水稀释至1 000 mL,储于棕色瓶中,如混浊应过滤,放置1周后标定其准确浓度。

硫代硫酸钠标准溶液的标定:准确量取25.00 mL 0.100 0 mol/L碘溶液置于250 mL碘量瓶中,加入75 mL新煮沸冷却水,加3 g KI及10 mL冰乙酸溶液,摇匀后,于暗处放置3 min,用待标定的硫代硫酸钠标准溶液滴定至淡黄色。加入1 mL 0.5%淀粉溶液,继续滴定至蓝色刚好褪去为终点。记录消耗硫代硫酸钠标准溶液的体积。重复滴定两次,两次所用硫代硫酸钠标准溶液的体积差不超过0.05 mL。

(8)0.5%淀粉溶液:将0.5 g可溶性淀粉用少量水调成糊状后,再加入100 mL沸水,并煎沸2~3 min至溶液透明。冷却后,加入0.1 g水杨酸或0.4 g氯化锌保存。

(9)甲醛标准储备液:取2.8 mL含量为36%~38%甲醛溶液放入1 000 mL容量瓶中,加水稀释至刻度。此溶液1 mL约相当于1 mg甲醛。

甲醛标准储备液的标定:精确量取20.00 mL待标定的甲醛标准储备液,置于250 mL碘量瓶中。加入20.00 mL碘溶液和15 mL 1 mol/L氢氧化钠溶液,放置15 min,加入20 mL 0.5 mol/L硫酸溶液,再放置15 min,用0.100 0 mol/L硫代硫酸钠溶液滴定,至溶液呈现淡黄色时,加入1 mL 0.5%淀粉溶液,继续滴定至刚使蓝色褪去为终点,记录所用硫代硫酸钠溶液体积V_2。同时,用水作试剂空白滴定,记录空白滴定所用硫代硫酸钠标准溶液的体积V_1。

甲醛溶液的浓度用下式计算

$$c = (V_1 - V_2) \times c_1 \times 15 \div 20$$

式中 c——甲醛标准储备液中的甲醛浓度,mg/mL;

V_1——试剂空白消耗硫代硫酸钠溶液的体积,mL;

V_2——甲醛标准储备溶液消耗硫代硫酸钠溶液的体积,mL;

c_1——硫代硫酸钠标准溶液的摩尔浓度,mol/L;

15——甲醛的换算值;

20——所取甲醛标准储备液的体积,mL。

二次平行滴定,误差应小于0.05 mL,否则重新标定。

(10)甲醛标准溶液:临用时,将甲醛标准储备液用水稀释成1.00 mL含10 μg甲醛溶液,立即再取此溶液10.00 mL加入100 mL容量瓶中,加入5 mL吸收原液用水定容至100 mL,此液1.00 mL含1.00 μg甲醛,放置30 min后,用于配制标准色列。此标准溶液可稳定24 h。

五、实训内容

(一)采样

到达采样现场后安装好采样装置。试启动采样器2~3次,检查气密性,观察仪器是否正常,吸收管与仪器之间的连接是否正确。用一个内装5.0 mL吸收液的气泡吸收管,以0.5 L/ min流量采气10 L。并记录采样点的温度和大气压力。采样后样品在室温下应在24 h内分析。

(二)标准曲线的绘制

取10 mL具塞比色管用甲醛标准溶液按实表2-12制备标准系列。

实表2-12 甲醛标准系列

比色管编号	管号								
	0	1	2	3	4	5	6	7	8
标准溶液(mL)	0	0.10	0.20	0.40	0.60	0.80	1.00	1.50	2.00
吸收液(mL)	5.0	4.9	4.8	4.6	4.4	4.2	4.0	3.5	3.0
甲醛含量(μg)	0	0.1	0.2	0.4	0.6	0.8	1.0	1.5	2.0

各管中,加入0.4 mL 1%硫酸铁铵溶液,摇匀。放置15 min。用1 cm比色皿在波长630 nm下,以水作参比,测定各管溶液的吸光度。以甲醛含量为横坐标,吸光度为纵坐标,绘制曲线,并计算回归斜率,以斜率倒数作为样品测定的计算因子B_g(μg/吸光度)。

(三)样品测定

采样后,将样品溶液全部转入比色管中,用少量吸收液洗吸收管,合并使总体积为5 mL。按绘制标准曲线的方法测定吸光度(A);在每批样品测定的同时,用5 mL未采样的吸收液作试剂空白,测定试剂空白的吸光度(A_0)。

六、数据处理

(一)测定数据记录

将测定数据记录于实表 2-13、实表 2-14 中。

实表 2-13 校准曲线绘制原始记录

曲线名称:甲醛校准曲线 标准溶液来源: 适用项目:空气中甲醛的测定

仪器型号: 仪器编号: 方法依据:GB/T 18204.2—2014

测定波长:630 nm 比色皿厚度:10 mm 参比溶液:去离子水 绘制日期: 年 月 日

分析编号	标准溶液加入体积(mL)	标准物质加入量(μg)	仪器响应值	空白响应值	仪器响应值 - 空白响应值
1	0.10	0.10			
2	0.20	0.20			
3	0.40	0.40			
4	0.60	0.60			
5	0.80	0.80			
6	1.00	1.00			
7	1.50	1.50			
8	2.00	2.00			
回归方程:			$a=$	$b=$	$r=$

分析: 校核: 审核:

实表 2-14 甲醛分析原始记录

样品名称:室内空气 采样日期: 年 月 日 分析日期: 年 月 日

方法依据:GB/T 18204.2—2014 仪器型号: 仪器编号:

测定波长:630 nm 比色皿厚度:10 mm 参比溶液:去离子水

方法最低检出浓度:0.01 mg/m³ 公式 $c=[(A-A_0-a)/b]/V_0$

样品编号	标准状态下采样体积 V_0(L)	样品溶液总体积 V_t(L)	样品吸光度 A	空白吸光度 A_0	$A-A_0$	样品浓度(mg/m³)

分析: 校核: 审核:

(二)计算

(1)将采样体积换算成标准状态下采样体积。

(2)空气中甲醛浓度计算公式为

$$c = (A - A_0) \times B_g / V_0$$

式中　c——空气中甲醛浓度，mg/m^3；

A——样品溶液的吸光度；

A_0——空白溶液的吸光度；

B_g——计算因子，μg/吸光度；

V_0——换算成标准状态下的采样体积，L。

七、注意事项

（1）检出限为0.05 μg/5 mL，采样体积为10 L时，最低检出浓度为0.01 mg/m^3。

（2）当与二氧化硫共存时，会使结果偏低，可以在采样时，使气体先通过装有硫酸锰滤纸的过滤器，即可排除干扰。

项目三 土壤污染监测

【知识目标】

1. 了解土壤污染的来源、特点和危害。

2. 掌握土壤样品的采集、制备、保存以及测定方法。

【技能目标】

1. 能够制订土壤监测方案。

2. 能够对土壤理化性质、金属化合物以及有机化合物进行测定。

维 3-1

【项目导入】

土壤污染概述

土壤是指陆地地表具有肥力并能生长植物的疏松表层。它介于大气圈、岩石圈、水圈和生物圈之间,是环境中特有的组成部分。土壤是植物生长的基地,是动物、人类赖以生存的物质基础,因此土壤质量的优劣直接影响人类的生存和发展。但由于近些年人们不合理地开发和利用,致使许多污染物质通过多种渠道进入土壤。当污染物进入土壤的数量和速度超过土壤的自净能力时,将导致土壤质量下降甚至恶化,影响土壤的生产能力。此外,通过地下渗漏、地表径流还将污染地下水和地表水。因此,土壤污染的监测对提高土壤的环境质量和生产能力,保障食品安全具有十分积极的意义。

维 3-2

一、土壤组成

土壤是地球表层的岩石经过生物圈、大气圈和水圈长期的综合影响演变而成的。由于各种成土因素,诸如母岩、生物、气候、地形、时间和人类生产活动等综合作用的不同,形成了多种类型的土壤。

土壤是由固、液、气三相物质构成的复杂体系。土壤固相包括矿物质、有机质和生物。在固相物质之间为形状和大小不同的孔隙,孔隙中存在水分和空气。

(一)土壤矿物质

土壤矿物质是岩石经物理风化和化学风化作用形成的,占土壤固相部分总质量的90%以上,是土壤的骨骼和植物营养元素的重要供给源,按其成因可分为原生矿物质和次生矿物质两类。

1. 原生矿物质

原生矿物质是岩石经过物理风化作用形成的碎屑,其原来的化学组成没有改变。这类矿物质主要有硅酸盐类矿物、氧化物类矿物、硫化物类矿物和磷酸盐类矿物。

2. 次生矿物质

次生矿物质是原生矿物质经过化学风化后形成的新的矿物质，其化学组成和晶体结构均有所改变。这类矿物质包括简单盐类（如碳酸盐、硫酸盐、氯化物等）、三氧化物类和次生铝硅酸盐类。次生铝硅酸盐类是构成土壤黏粒的主要成分，故又称为黏土矿物，如高岭石、蒙脱石和伊利石等；三氧化物类如针铁矿（$Fe_2O_3 \cdot H_2O$）、褐铁矿（$2Fe_2O_3 \cdot 3H_2O$）、三水铝石（$Al_2O_3 \cdot 3H_2O$）等，它们是硅酸盐类矿物彻底风化的产物。

土壤矿物质所含主体元素是氧、硅、铝、铁、钙、钠、钾、镁等，其质量分数约占96%，其他元素含量多在0.1%（质量分数）以下，甚至低至十亿分之几，属微量、痕量元素。

土壤矿物质颗粒（土粒）的形状和大小多种多样，其粒径从几微米到几厘米，差别很大。不同粒径的土粒的成分和物理化学性质有很大差异，如对污染物的吸附、解吸和迁移、转化能力，以及有效含水量和保水保温能力等。为了研究方便，常按粒径大小将土粒分为若干类，称为粒级；同级土粒的成分和性质基本一致，表3-1为我国土粒分级标准。

表3-1　我国土粒分级标准

土粒名称		粒径(mm)	土粒名称		粒径(mm)
石块		>10	粉粒	粗粉粒	0.01～0.05
石砾	粗砾	3～10		细粉粒	0.005～0.01
	细砾	1～3	黏粒	粗黏粒	0.001～0.005
沙砾	粗砂砾	0.25～1		细黏粒	<0.001
	细砂砾	0.05～0.25			

自然界中任何一种土壤，都是由粒径不同的土粒按不同的比例组合而成的，按照土壤中各粒级土粒含量的相对比例或质量分数分类，称为土壤质地分类。表3-2列出了国际制土壤质地分类。

表3-2　国际制土壤质地分类

土壤质地分类		各级土粒（质量分数，%）		
类别	土壤质地名称	黏粒（<0.002 mm）	粉砂粒（0.002～0.02 mm）	砂粒（0.02～2 mm）
砂土类	砂土及壤质砂土	0～15	0～15	85～100
壤土类	砂质壤土	0～15	0～15	55～85
	壤土	0～15	30～45	40～55
	粉砂质壤土	0～15	45～100	0～55
黏壤土类	砂质黏壤土	15～25	0～30	55～85
	黏壤土	15～25	20～45	30～55
	粉砂质黏壤土	15～25	45～85	0～40
黏土类	砂质黏土	25～45	0～20	55～75
	壤质黏土	25～45	0～45	10～55
	粉砂质黏土	25～45	45～75	0～30
	黏土	45～65	0～55	0～55
	重黏土	65～100	0～35	0～35

（二）土壤有机质

土壤有机质是土壤中有机化合物的总称，由进入土壤的植物、动物、微生物残体及施入土壤的有机肥料经分解转化逐渐形成的，通常可分为非腐殖质和腐殖质两类。非腐殖质包括糖类化合物（如淀粉、纤维素等）、含氮有机化合物及有机磷、有机硫化合物，一般占土壤有机质总量的10% ~15%（质量分数）。腐殖质是植物残体中稳定性较强的木质素及其类似物，在微生物作用下，部分被氧化形成的一类特殊的高分子聚合物，具有苯环结构，苯环周围连有多种官能团，如羧基、羟基、甲氧基及氨基等，使之具有表面吸附、离子交换、络合、缓冲、氧化还原作用及生理活性等性能。土壤有机质一般占土壤固相物质总质量的5%左右，对于土壤的物理、化学和生物学性状有较大的影响。

（三）土壤生物

土壤中生活着微生物（细菌、真菌、放线菌、藻类等）及动物（原生动物、蚯蚓、线虫类等），它们不但是土壤有机质的重要来源，更重要的是对进入土壤的有机污染物的降解及无机污染物（如重金属）的形态转化起着主导作用，是土壤净化功能的主要贡献者。

（四）土壤溶液

土壤溶液是土壤水分及其所含溶质的总称，存在于土壤孔隙中，它们既是植物和土壤生物的营养来源，又是土壤中各种物理、化学反应和微生物作用的介质，是影响土壤性质及污染物迁移转化的重要因素。

土壤溶液中的水来源于大气降水、地表径流和农田灌溉，若地下水位接近地面，则也是土壤溶液中水的来源之一。土壤溶液中的溶质包括可溶性无机盐、可溶性有机物、无机胶体及可溶性气体等。

（五）土壤空气

土壤空气存在于未被水分占据的土壤孔隙中，来源于大气、生物化学反应和化学反应产生的气体（如甲烷、硫化氢、氢气、氮氧化物、二氧化碳等）。土壤空气组成与土壤本身特性相关，也与季节、土壤水分、土壤深度等条件相关，如在排水良好的土壤中，土壤空气主要来源于大气，其组分与大气基本相同，以氮、氧和二氧化碳为主；而在排水不良的土壤中氧含量下降，二氧化碳含量增加，土壤空气含氧量比大气的少，而二氧化碳含量高于大气的。

二、土壤的基本性质

（一）吸附性

土壤的吸附性能与土壤中存在的胶体物质密切相关。土壤胶体包括无机胶体（如黏土矿物和铁、铝、硅等水合氧化物）、有机胶体（主要是腐殖质及少量的生物活动产生的有机物）、有机无机复合胶体。由于土壤胶体具有巨大的比表面积，胶粒带有电荷，分散在水中时界面上产生双电层等性能，使其对有机污染物（如有机磷、有机氯农药等）和无机污染物（如 Hg^{2+}、Pb^{2+}、Cu^{2+}、Cd^{2+} 等重金属离子）有极强的吸附能力或离子交换吸附能力。

（二）酸碱性

土壤的酸碱性是土壤的重要理化性质之一，是土壤在形成过程中受生物、气候、地质、水文等因素综合作用的结果。土壤的酸碱度可以划分为九级：$pH < 4.5$ 为极强酸性土，

pH =4.5 ~5.5 为强酸性土，pH =5.6 ~6.0 为酸性土，pH =6.1 ~6.5 为弱酸性土，pH =6.6 ~7.0 为中性土，pH =7.1 ~7.5 为弱碱性土，pH =7.6 ~8.5 为碱性土，pH =8.6 ~9.5 为强碱性土，pH >9.5 为极强碱性土。我国土壤的 pH 值大多为 4.5 ~8.5，并呈“东南酸、西北碱”的规律。土壤的酸碱性直接或间接地影响着污染物在土壤中的迁移转化。

根据氢离子的存在形式，土壤酸度分为活性酸度和潜性酸度两类。活性酸度又称有效酸度，是指土壤溶液中游离氢离子浓度反映的酸度，通常用 pH 值表示。潜性酸度是指土壤胶体吸附的可交换氢离子和铝离子经离子交换作用后所产生的酸度。如土壤中施入中性钾肥后，溶液中的钾离子与土壤胶体上的氢离子和铝离子发生交换反应，产生盐酸和三氯化铝。土壤潜性酸度常用 100 g 烘干土壤中氢离子的物质的量表示。土壤碱度主要来自土壤中钙、镁、钠、钾的重碳酸盐、碳酸盐及土壤胶体上交换性钠离子的水解作用。

（三）氧化还原性

由于土壤中存在着多种氧化性和还原性无机物质及有机物质，使其具有氧化性和还原性。土壤中的游离氧和高价金属离子、硝酸根等是主要的氧化剂，土壤有机质及其在厌氧条件下形成的分解产物和低价金属离子是主要的还原剂。土壤环境的氧化作用或还原作用通过发生氧化反应或还原反应表现出来，故可以用氧化还原电位（E_h）来衡量。因为土壤中氧化性和还原性物质的组成十分复杂，计算 E_h 很困难，所以主要用实测的氧化还原电位衡量。通常当 $E_h>300$ mV 时，氧化体系起主导作用，土壤处于氧化状态；当 $E_h<300$ mV 时，还原体系起主导作用，土壤处于还原状态。

三、土壤背景值

土壤背景值又称土壤本底值，是指在未受人类社会行为干扰（污染）和破坏时，土壤成分的组成和各组分（元素）的含量。当今，由于人类活动的长期影响和工农业的高速发展，土壤环境的化学成分和含量水平发生了明显的变化，要想寻找绝对未受污染的土壤环境是十分困难的，因此土壤背景值实际上是一个相对的概念。土壤背景值是环境保护和环境科学的基础数据，是研究污染物在土壤中迁移转化和进行土壤质量评价与预测的重要依据。

四、土壤污染

由于自然原因和人为原因，各类污染物质通过多种渠道进入土壤环境。土壤环境依靠自身的组成和性能，对进入土壤的污染物有一定的缓冲、净化能力，但当进入土壤的污染物质量和速率超过了土壤能承受的容量和土壤的净化速率时，就破坏了土壤环境的自然动态平衡，使污染物的积累逐渐占据优势，引起土壤的组成、结构、性状改变，功能失调，质量下降，导致土壤污染。土壤污染不仅使其肥力下降，还可能成为二次污染源污染水体、大气、生物，进而通过食物链危害人体健康。

土壤环境污染的自然源来自矿物风化后的自然扩散、火山爆发后降落的火山灰等。人为源是土壤污染的主要污染源，包括不合理地施用农药、化肥，废（污）水灌溉，使用不符合标准的污泥，生活垃圾和工业固体废弃物等的随意堆放或填埋，以及大气沉降物等。

土壤中污染物种类多，但以化学污染物最为普遍和严重，也存在生物类污染物和放射性污染物。化学污染物如重金属、硫化物、氟化物、农药等，生物类污染物主要是病原体，放射性污染物主要是^{90}Sr、^{137}Cs 等。

近年来,我国各地区、各部门积极采取措施,在土壤污染防治方面进行探索和实践,取得了一定成效。但是由于我国经济发展方式总体粗放,产业结构和布局仍不尽合理,污染物排放总量较大,土壤作为大部分污染物的最终受体,其环境质量受到显著影响,部分地区污染较为严重。为此,2016 年 5 月 28 日,国务院印发了《土壤污染防治行动计划》(简称"土十条"),这一计划的发布是我国土壤修复事业的重要事件,它为今后我国的土壤污染防治工作制定了工作目标。2018 年 8 月 31 日,我国颁布《土壤污染防治法》,于 2019 年 1 月 1 日起施行,这部法律是贯彻落实党中央有关土壤污染防治的决策部署,也是完善中国特色法律体系,尤其是生态环境保护和污染防治的法律制度体系,为我国开展土壤污染防治工作、扎实推进"净土保卫战"提供了法治保障。

五、土壤环境质量标准

土壤环境质量标准规定了土壤中污染物的最高允许浓度或范围,是判断土壤环境质量的依据,我国颁布的这类标准有《土壤环境质量　农用地土壤污染风险管控标准(试行)》(GB 15618—2018)和《土壤环境质量　建设用地土壤污染风险管控标准(试行)》(GB 36600—2018)等。

《土壤环境质量　农用地土壤污染风险管控标准(试行)》(GB 15618—2018)以保护食用农产品质量安全为主,兼顾保护农作物生长和土壤生态的需要,确定了两级标准:一是风险筛选值,规定了镉、汞、砷、铅、铬、铜、锌、镍等基本项目(风险筛选值见表 3-3),以及六六六、滴滴涕、苯并(a)芘等选测项目。其基本内涵是土壤中污染物低于该值时,农产品超标等风险很低,可以忽略,该农用地原则上可以划为优先保护类。二是风险管制值,规定了镉、汞、砷、铅、铬 5 项污染物。其基本内涵是土壤中污染物高于该值时,农产品超标风险很高,且难以通过农艺调控、替代种植等措施降低超标风险,该农用地原则上可以划为严格管控类。介于筛选值和管制值之间的,农产品存在超标风险,具体需要通过结合农产品质量协同调查确定,一般可通过农艺调控、替代种植等措施达到安全利用。

表 3-3　农用地土壤污染风险筛选值(基本项目)　(单位:mg/kg)

序号	污染物项目①②		风险筛选值			
			pH≤5.5	5.5＜pH≤6.5	6.5＜pH≤7.5	pH＞7.5
1	镉	水田	0.3	0.4	0.6	0.8
		其他	0.3	0.3	0.3	0.6
2	砷	水田	0.5	0.5	0.6	1.0
		其他	1.3	1.8	2.4	3.4
3	砷	水田	30	30	25	20
		其他	40	40	30	25
4	铅	水田	80	100	140	240
		其他	70	90	120	170

续表 3-3

序号	污染物项目①②		风险筛选值			
			pH≤5.5	5.5＜pH≤6.5	6.5＜pH≤7.5	pH＞7.5
5	铬	水田	250	250	300	350
		其他	150	150	200	250
6	铜	果园	150	150	200	200
		其他	50	50	100	100
7	镍		60	70	100	190
8	锌		200	200	250	300

注：①重金属和类金属砷均按元素总量计；
②对于水旱轮作地，采用其中较严格的风险筛选值。

【任务分析】

任务一　土壤样品的采集、制备和预处理

一、土壤样品采集

（一）现场调查，收集资料

在实施监测方案时，首先必须对监测地区进行调查研究。主要调研的内容如下：

（1）地区的自然条件：包括母质、地形、植被、水文、气候等；

（2）地区的农业生产情况：包括土地利用、作物生长与产量情况，水利及肥料、农药使用情况等；

（3）地区的土壤性状：土壤类型及性状特征等；

（4）地区污染历史及现状。

通过以上调查，选择一定量的采样单元，布设采样点。

维 3-3

（二）采样点的布设

在进行土壤样品采集时，由于土壤本身在空间分布上具有一定的不均匀性，故应多点采样、均匀混合，以使所采样品具有代表性。不同土壤类型都要布点，通常根据土壤污染发生的原因来考虑布点的多少，在一定区域面积内要有一个采样点，污染较重的地区布点要密些。采样地如面积不大，在 2～3 亩（1 亩＝1/15 hm^2）以内，可在不同方位选择 5～10 个有代表性的采样点。如果面积较大，采样点可酌情增加。采样点的布设应尽量照顾土壤的全面情况，不可太集中。

根据土壤自然条件、类型及污染情况的不同，常用方法如下。

1. 对角线布点法

对角线布点法适用于面积小、地势平坦的受污水灌溉的田块。布点方法是由田块进水口向对角引一直线，将对角线划分为若干等份（一般为 3 ~ 5 等份），在每等份的中点处采样。

2. 梅花形布点法

梅花形布点法适用于面积较小，地势平坦，土壤较均匀的田块。中心点设在两对角线相交处，一般设 5 ~ 10 个采样点。

3. 棋盘式布点法

棋盘式布点法适用于中等面积，地势平坦，地形完整开阔，但土壤较不均匀的田块，一般设 10 个以上采样点，也适用于受固体废弃物污染的土壤，设 20 个以上的采样点。

4. 蛇形布点法

蛇形布点法适用于面积较大，地形不平坦，土壤不均匀的田块。布设采样点数目较多。

为全面客观评价土壤污染情况，在布点的同时要做到与土壤生长作物监测同步进行布点、采样、监测，以利于对比和分析。

（三）采样深度与采样量

采样深度视监测目的而定。如果只是常规了解土壤污染状况，只需取 0 ~ 15 cm 或 0 ~ 20 cm表层（或耕层）土壤。如果要了解土壤污染对植物或农作物的影响，采样深度通常在耕层地表以下 15 ~ 30 cm 处，对于根深的作物，也可取 50 cm 深度处的土壤样品。若要了解污染物质在土壤中的垂直分布，则应沿土壤剖面层次分层取样。土壤剖面是指地面向下的垂直土体的切面。在垂直切面上可观察到与地面大致平行的若干层具有不同颜色、性状的土层。典型的自然土壤剖面分为 A 层（表层，腐殖质淋溶层）、B 层（亚层，淀积层）、C 层（风化母岩层、母质层）和底岩层。采集土壤剖面样品时，首先挖一个 1 m × 1.5 m 左右的长方形土坑，深度达潜水区（约 2 m）或视情况而定。根据土壤剖面的颜色、结构、质地、植物根系分布等划分土层，在各层最典型的中部由下而上逐层采集，在各层内分别用小铲切取一片片土壤，根据监测目的，可取分层试样或混合体。用于重金属项目分析的样品，应将和金属采样器接触部分的土样弃去。

由于测定所需的土壤样品一般是多点均量混合而成的，取土量往往较大，具体需要多少土壤视分析测定项目而定，一般 1 ~ 2 kg 即可。对多点均量混合的样品可反复按四分法弃取，最后留下所需的土量，装入塑料袋或布袋内，贴上标签备用。

（四）采样时间

土壤的采样时间应根据调查的目的和污染特点确定。为了解土壤污染状况，可随时采集样品进行测定。如需同时掌握在土壤上生长的作物受污染状况，可依季节变化或作物收获期采集。一年中在同一地点采样两次进行对照。

（五）采样方法

1. 采样筒取样

采样筒直接压入土层中，用铲子将其铲出，清除采样筒口多余的土壤，采样筒内的土壤即为所取样品。

2. 土钻取样

使用土钻钻至所需深度后将其提出，用挖土勺挖出土样。

3. 挖坑取样

先用铁铲挖一截面为 1.5 m×1 m、深为 1.0 m 的坑，平整一面坑壁，并用干净的取样小刀或小铲刮去坑壁表面 1 ~5 cm 的土，然后在所需层次内采样 0.5 ~1 kg，装入容器中。适用于采集分层的土样。

（六）采样注意事项

（1）采样点不能设在田边、沟边、路边或肥堆边。

（2）将现场采样点的具体情况，如土壤剖面形态特征等做详细记录。

（3）现场填写两张标签（地点、土壤深度、日期、采样人姓名），一张放入样品袋内，一张扎在样品口袋上。

二、土壤样品的制备

（一）土壤样品的风干

除了测定游离挥发酚、硫化物、铵态氮、硝态氮等不稳定组分需要新鲜土样外，多数项目需用风干土样。因为风干后的样品较易混合均匀，用其分析结果的重复性、准确性都比较好。风干的方法是将全部样品倒在塑料薄膜上或瓷盘内在阴凉处慢慢风干，当达到半干状态时把土块压碎，剔除碎石、残根等杂物后铺成薄层，经常翻动，切忌阳光直射，酸、碱等气体及灰尘的污染。

风干后土样含水率一般小于 5%。

（二）磨碎和过筛

取风干土样 100 ~200 g，用有机玻璃棒或木棒碾碎后，使土样全部通过 2 mm 孔径的筛子，筛下样品反复按四分法缩分，留下足够供分析用的数量，再用玛瑙研钵磨细，使其全部通过 100 目尼龙筛，过筛后的样品充分搅匀、装瓶，贴上标签备用。

（三）土壤样品的保存

将风干土样或标准土样样品等储存于洁净的玻璃瓶或聚乙烯容器内。现场填写两张标签，写上地点、土壤深度、日期、采样人姓名等，一张放入样品内。在常温、阴凉、干燥、避阳光、密封（石蜡涂封）条件下可保存 30 个月。

三、土壤样品的预处理

土壤样品组分复杂，污染组分含量低，并且处于固体状态。在测定之前，往往需要处理成液体状态和将欲测组分转变为适合测定方法要求的形态、浓度，并消除共存组分的干扰。土壤样品的预处理方法主要有分解法和提取法，前者用于元素的测定，后者用于有机污染物和不稳定组分的测定。

(一)土壤样品分解方法

土壤样品分解方法有酸分解法、碱熔分解法、高压釜密闭分解法、微波炉加热分解法等。分解法的作用是破坏土壤的矿物质晶格和有机质,使待测元素进入样品溶液中。

1. 酸分解法

酸分解法也称消解法,是测定土壤中重金属常选用的方法。分解土壤样品常用的混合酸消解体系有盐酸—硝酸—氢氟酸—高氯酸、硝酸—氢氟酸—高氯酸、硝酸—硫酸—高氯酸、硝酸—硫酸—磷酸等。为了加速土壤中欲测组分的溶解,还可以加入其他氧化剂或还原剂,如高锰酸钾、五氧化二钒、亚硝酸钠等。

用盐酸—硝酸—氢氟酸—高氯酸分解土壤样品的操作要点是:首先,取适量风干土样于聚四氟乙烯坩埚中,用水润湿,加适量浓盐酸,于电热板上低温加热,蒸发至约剩 5 mL 时加入适量浓硝酸,继续加热至近黏稠状;其次,加入适量氢氟酸并继续加热,为了达到良好的除硅效果,应不断摇动坩埚;最后,加入少量高氯酸并加热至白烟冒尽。对于含有机质较多的土样,在加入高氯酸之后加盖消解。分解好的样品应呈白色或淡黄色(含铁较高的土壤),倾斜坩埚时呈不流动的黏稠状。用水冲洗坩埚内壁及盖,温热溶解残渣,冷却后定容至要求体积(根据欲测组分含量确定)。这种消解体系能彻底破坏土壤矿物质晶格,但在消解过程中,要控制好温度和时间。如果温度过高,消解样品时间短及将样品溶液蒸干,会导致测定结果偏低。

2. 碱熔分解法

碱熔分解法是将土壤样品与碱混合,在高温下熔融,使样品分解的方法。所用器皿有铝坩埚、瓷坩埚、镍坩埚和铂金坩埚等。常用的熔剂有碳酸钠、氢氧化钠、过氧化钠等。其操作要点是:称取适量土样于坩埚中,加入适量溶剂(用碳酸钠熔融时,应先在坩埚底垫上少量碳酸钠或氢氧化钠),充分混匀,移入马弗炉中高温熔融。熔融温度和时间视所用熔剂而定,如用碳酸钠于 900 ~ 920 ℃熔融 30 min,如用过氧化钠于 650 ~ 700 ℃熔融 20 ~ 30 min 等。熔融后的土样冷却至 60 ~ 80 ℃,移入烧杯中,于电热板上加水和(1 + 1)盐酸加热浸取和中和、酸化熔融物,待大量盐类溶解后,滤去不溶物,滤液定容,供分析测定。

碱熔分解法具有分解样品完全,操作简便、快速且不产生大量酸蒸气的特点,但由于使用试剂量大,引入了大量可溶性盐,也易引进污染物质。另外,有些重金属如镉、铬等在高温下易挥发损失。

3. 高压釜密闭分解法

高压釜密闭分解法是将用水润湿、加入混合酸并摇匀的土样放入能严格密封的聚四氟乙烯坩埚内,置于耐压的不锈钢套筒中,放在烘箱内加热(一般不超过 180 ℃)分解的方法,具有用酸量少、易挥发元素损失少、可同时进行批量样品分解等特点。其缺点是:观察不到分解反应过程,只能在冷却开封后才能判断样品分解是否完全;分解土样量一般不能超过 1.0 g,使测定含量极低的元素时的称样量受到限制;分解含有机质较多的土样时,特别是在使用高氯酸的场合下,有发生爆炸的危险,可先在 80 ~ 90 ℃将有机物充分分解。

4. 微波炉加热分解法

微波炉加热分解法是将土壤样品和混合酸放入聚四氟乙烯容器中,置于微波炉内加热使土样分解的方法。由于微波炉加热不是利用热传导方式使土样从外部受热分解,而是以土样与酸的混合液作为发热体,从内部加热使土样分解,热量几乎不向外部传导损失,所以热效率非常高,并且利用微波能激烈搅拌和充分混匀土样,使其加速。如果用微波炉加热分解法分解一般土壤样品,经几分钟便可达到良好的分解效果。

(二)土壤样品提取方法

测定土壤中的有机污染物、受热后不稳定的组分,以及进行组分形态分析时,需要采用提取方法。提取溶剂常用有机溶剂、水和酸。

1. 有机污染物的提取

测定土壤中的有机污染物,一般用新鲜土样。称取适量土样放入锥形瓶中,放在振荡器上用振荡提取法提取。对于农药、苯并(a)芘等含量低的污染物,为了提高提取效率,常用索氏提取器提取法。常用的提取剂有环己烷、石油醚、丙酮、二氯甲烷、三氯甲烷等。

2. 无机污染物的提取

土壤中易溶无机物组分、有效态组分,可用酸或水提取。例如,用 0.1 mol/L 盐酸振荡提取镉、铜、锌,用蒸馏水提取造成土壤酸度的组分,用无硼水提取有效态硼等。

(三)净化和浓缩

土壤样品中的欲测组分被提取后,往往还存在干扰组分,或达不到分析方法测定要求的浓度,需要进一步净化或浓缩。常用净化方法有层析法、蒸馏法等。浓缩方法有 K－D 浓缩器法、蒸发法等。

土壤样品中的氰化物、硫化物常用蒸馏—碱溶液吸收法分离。

任务二　土壤污染物的测定

一、土壤水分

维 3-4

土壤水分是土壤生物生长必需的物质,不是污染组分。但无论是用新鲜土样,还是用风干土样测定污染组分,都需要测定土壤含水量,以便计算按烘干土样为基准的测定结果。

对于风干土样,用分度为 0.001 g 的天平称取适量通过 1 mm 孔径筛的土样,置于已恒重的铝盒中;对于新鲜土样,用分度为 0.01 g 的天平称取适量土样,置于已恒重的铝盒中;将称量好的风干土样和新鲜土样放入烘箱内,于(105 ± 2)℃烘至恒重,按以下两式计算含水量:

$$水分含量(分析基)\% = (m_1 - m_2)/(m_1 - m_0) \times 100$$

$$水分含量(烘干基)\% = (m_2 - m_2)/(m_2 - m_0) \times 100$$

式中　m_0——烘至恒重的空铝盒质量,g;

m_1——铝盒及土样烘干前的质量,g;

m_2——铝盒及土样烘至恒重时的质量,g。

二、pH 值

土壤 pH 值是土壤重要的理化参数,对土壤微量元素的有效性和肥力有重要影响。

pH 值为 6.5 ~ 7.5 的土壤，磷酸盐的有效性最大。土壤酸性增强，使所含许多金属化合物溶解度增大，其有效性和毒性也增大。土壤 pH 值过高（碱性土）或过低（酸性土），均影响植物的生长。

测定 pH 值的土样应存放在密闭玻璃瓶中，防止空气中的氨、二氧化碳及酸碱性气体的影响。测定土壤 pH 值使用玻璃电极法。其测定要点是：称取通过 1 mm 孔径筛的土样 10 g 于烧杯中，加入无二氧化碳蒸馏水 25 mL，轻轻摇动后用电磁搅拌器搅拌 1 min，使水和土样混合均匀，放置 30 min，用 pH 值计测定上部混浊液的 pH 值。测定方法同水的 pH 值测定方法。

三、可溶性盐分

土壤中可溶性盐分是用一定量的水从一定量土壤中经一定时间提取出来的水溶性盐分。当土壤所含的可溶性盐分达到一定数量后，会直接影响作物的萌发和生长，其影响程度主要取决于可溶性盐分的含量、组成及作物的耐盐度。就盐分的组成而言，碳酸钠、碳酸氢钠对作物的危害最大，其次是氯化钠，而硫酸钠危害相对较轻。因此，定期测定土壤中可溶性盐分总量及盐分的组成，可以了解土壤盐渍程度和季节性盐分动态，为制定改良和利用盐碱土壤的措施提供依据。

测定土壤中可溶性盐分的方法有重量法、比重计法、电导法、阴阳离子总和计算法等，下面简要介绍广泛应用的重量法。

重量法的原理：称取通过 1 mm 孔径筛的风干土壤样品 1 000 g，放入 1 000 mL 大口塑料瓶中，加入 500 mL 无二氧化碳蒸馏水，在振荡器上振荡提取后，立即抽滤，滤液供分析测定。吸取 50 ~ 100 mL 滤液于已恒重的蒸发皿中，置于水浴上蒸干，再在 100 ~ 105 ℃烘箱中烘至恒重，将所得烘干残渣用质量分数为 15% 的过氧化氢溶液在水浴上继续加热去除有机质，再蒸干至恒重，剩余残渣量即为可溶性盐分总量。

水土比和振荡提取时间影响土壤可溶性盐分的提取，故不能随意更改，以使测定结果具有可比性。此外，抽滤时尽可能快速，以减少空气中二氧化碳的影响。

四、金属化合物

土壤中金属化合物的测定方法与水中金属化合物的测定方法基本相同，仅在预处理方法和测定条件方面有差异，故在此作简要介绍。

（一）铅和镉

铅和镉都是动植物非必需的有毒有害元素，可在土壤中积累，并通过食物链进入人体。测定它们的方法多用原子吸收光谱法和原子荧光光谱法。

1. 石墨炉原子吸收光谱法

石墨炉原子吸收光谱法测定要点是：采用盐酸—硝酸—氢氟酸—高氯酸分解法，在聚四氟乙烯坩埚中消解 0.1 ~ 0.3 g 通过 0.149 mm（100 目）孔径筛的风干土样，使土样中的欲测元素全部进入溶液，加入基体改进剂后定容。取适量溶液注入原子吸收分光光度计的石墨炉内，按照预先设定的干燥、灰化、原子化等升温程序，使铅、镉化合物解离为基态原子蒸气，对空心阴极灯发射的特征光进行选择性吸收，根据铅、镉对各自特征光的吸光度，用标准曲线法定量（仪器测量条件见表3-4）。在加热过程中，为防止石墨管氧化，需要不断通入载气（氩气）。

表3-4　仪器测量条件

元素	铅	镉
测定波长（nm）	283.3	228.8
通带宽度（nm）	1.3	1.3
灯电流（mA）	7.5	7.5
干燥温度（℃）（时间）（s）	80～100（20）	80～100（20）
灰化温度（℃）（时间）（s）	700（20）	500（20）
原子化温度（℃）（时间）（s）	2 000（5）	1 500（20）
消除温度（℃）（时间）（s）	2 700（3）	2 600（3）
氩气流量（mL/min）	200	200
原子化阶段是否停气	是	否
进样量（μL）	10	10

2. 氢化物发生－原子荧光光谱法

氢化物发生－原子荧光光谱法测定原理的依据：将土样用盐酸—硝酸—氢氟酸—高氯酸体系消解，彻底破坏矿物质晶格和有机质，使土样中的欲测元素全部进入溶液。消解后的样品溶液经转移稀释后，在酸性介质中及有氧化剂或催化剂存在的条件下，样品中的铅或镉与硼氢化钾（KBH_4）反应，生成挥发性铅的氢化物（PbH_4）或镉的氢化物（CdH_4）。以氩气为载气，将产生的氢化物导入原子荧光分光光度计的石英原子化器，在室温（铅）或低温（镉）下进行原子化，产生的基态铅原子或基态镉原子在特制铅空心阴极灯或镉空心阴极灯发射特征光的照射下，被激发至激发态，由于激发态的原子不稳定，瞬间返回基态，发射出特征波长的荧光，其荧光强度与铅或镉的含量成正比，通过将测得的样品溶液荧光强度与系列标准溶液荧光强度比较进行定量。

（二）铜、锌

铜和锌是植物、动物和人体必需的微量元素，可在土壤中积累，当其含量超过最高允许浓度时，将会危害作物。测定土壤中的铜、锌，广泛采用火焰原子吸收光谱法。

测定要点如下：用盐酸—硝酸—氢氟酸—高氯酸消解通过0.149 mm孔径筛的土样，使欲测元素全部进入溶液，加入硝酸镧溶液（消除共存组分干扰），定容。将制备好的溶液吸入原子吸收分光光度计的原子化器，在空气—乙炔（氧化型）火焰中原子化，产生的铜、锌基态原子蒸气分别选择性地吸收由铜空心阴极灯、锌空心阴极灯发射的特征光，根据其吸光度用标准曲线法定量（仪器测量条件见表3-5）。

（三）总铬

由于各类土壤成土母质不同，铬的含量差别很大。土壤中铬的背景值一般为20～200 mg/kg。铬在土壤中主要以三价和六价两种形态存在，其存在形态和含量取决于土壤pH值和污染程度等。六价铬化合物迁移能力强，其毒性和危害大于三价铬的。三价铬和六价铬可以相互转化。测定土壤中铬的方法主要有火焰原子吸收光谱法、分光光度法等。

表 3-5 仪器测量条件

元素	铜	锌
测定波长(nm)	324.7	213.9
通带宽度(nm)	1.3	1.3
灯电流(mA)	7.5	7.5
火焰性质	氧化性	氧化性
其他可测定波长(nm)	327.4,225.8	307.6

1. 火焰原子吸收光谱法

火焰原子吸收光谱法测定要点:用盐酸—硝酸—氢氟酸—高氯酸混合酸体系消解土壤样品,使待测元素全部进入溶液,同时,所有铬都被氧化成 $Cr_2O_7^{2-}$ 形态。在消解液中加入氯化铵溶液(消除共存金属离子的干扰)后定容,喷入原子吸收分光光度计原子化器的富燃型空气—乙炔火焰中进行原子化,产生的基态铬原子蒸气对铬空心阴极灯发射的特征光进行选择性吸收,测其吸光度,用标准曲线法定量(仪器测量条件见表 3-6)。

表 3-6 仪器测量条件

元素	铬
测定波长(nm)	357.9
通带宽度(nm)	0.7
火焰性质	还原性
次灵敏线(nm)	359.0,360.5,425.4
燃烧器高度	10 nm(使空心阴极灯光斑通过火焰亮蓝色部分)

2. 二苯碳酰二肼分光光度法

称取土壤样品于聚四氟乙烯坩埚中,用硝酸—硫酸—氢氟酸体系消解,消解产物加水溶解并定容。取一定量溶液,加入磷酸和高锰酸钾溶液,继续加热氧化,将土样中的铬完全氧化成 $Cr_2O_7{}^{2-}$ 形态,用叠氮化钠溶液除去过量的高锰酸钾后,加入二苯碳酰二肼溶液,与 $Cr_2O_7{}^{2-}$ 反应生成紫红色铬合物,用分光光度计于 540 nm 波长处测量吸光度,用标准曲线法定量。

五、有机化合物

(一)六六六和滴滴涕

六六六和滴滴涕属于高毒性、高生物活性的有机氯农药,在土壤中残留时间长,其半衰期为 2 ~4 年。土壤被六六六和滴滴涕污染后,对土壤生物会产生直接毒害,并通过生物积累和食物链进入人体,危害人体健康。六六六和滴滴涕的测定方法广泛使用气相色谱法,其最低检出质量分数为 0.05 ~4.87 μg/kg。

方法原理：用丙酮—石油醚提取土壤样品中的六六六和滴滴涕，经硫酸净化处理后，用带电子捕获检测器的气相色谱仪测定。根据色谱峰保留时间进行两种物质异构体的定性分析，根据峰高（或峰面积）进行各组分的定量分析。

测定要点：准确称取 20 g 土样，置于索氏提取器中，用石油醚和丙酮（体积比为 1∶1）提取，则六六六和滴滴涕被提取进入石油醚层，分离后用浓硫酸和无水硫酸钠净化，弃去水相，石油醚提取液定容。根据各组分的保留时间和峰高（或峰面积）分别进行定性和定量分析，用标准曲线法计算土样中农药的质量分数。

（二）苯并（a）芘

苯并（a）芘是研究得最多的多环芳烃，被公认为强致癌物质。它在自然界土壤中的背景值很低，但当土壤受到污染后，便会产生严重危害。开展土壤中苯并（a）芘的监测工作，掌握不同条件下土壤中苯并（a）芘量的变化规律，对评价和防治土壤污染具有重要意义。

测定苯并（a）芘的方法有紫外分光光度法、荧光光谱法、高效液相色谱法等。

1. 紫外分光光度法

紫外分光光度法的测定要点是：称取通过 0.25 mm 孔径筛的土壤样品于锥形瓶中，加入三氯甲烷，在 50 ℃水浴上充分提取，过滤，滤液在水浴上蒸发近干，用环己烷溶解残留物，制成苯并（a）芘提取液。将提取液进行两次氧化铝层析柱分离纯化和溶出后，在紫外分光光度计上测定 350 ~ 410 mm 波段的吸收光谱，依据苯并（a）芘在 365 nm、385 nm、403 nm 处有三个特征吸收峰进行定性分析。测量溶出液对 385 nm 紫外线的吸光度，对照苯并（a）芘标准溶液的吸光度进行定量分析。该方法适用于苯并（a）芘质量分数大于 5 μg/kg 的土壤样品，如苯并（a）芘质量分数小于 5 μg/kg，则用荧光光谱法。

2. 荧光光谱法

荧光光谱法是将土壤样品的三氯甲烷提取液蒸发近干，并把环己烷溶解后的溶液滴入氧化铝层析柱上进行分离，分离后用苯洗脱，洗脱液经浓缩后再用纸层析法分离，在层析滤纸上得到苯并（a）芘的荧光带，用甲醇溶出，取溶出液在荧光分光光度计上测量其被 387 nm 紫外线激发后发射的荧光（405 nm）强度，对照标准溶液的荧光强度定量。

3. 高效液相色谱法

高效液相色谱法是将土壤样品置于索氏提取器内，用环己烷提取苯并（a）芘，提取液注入高效液相色谱仪测定。

【思考题】

1. 土壤污染的主要来源和特点是什么？
2. 何谓土壤背景值？
3. 土壤样品采集的布设方法有哪几类？
4. 如何制备和保存土壤样品？
5. 常用的土壤样品预处理方法有哪些？
6. 如何测定土壤中的铅、镉含量？

维 3-5

【技能训练】

实训一 原子吸收法测定土壤中铅、镉的含量

一、实训目的

(1)理解原子吸收法测定土壤中铅、镉含量的原理。

(2)熟悉原子吸收分光光度计的使用方法。

(3)学会用原子吸收分光光度计测定同一土壤样品中多种重金属的技术。

维实 3-1

二、原理

采用盐酸—硝酸—氢氟酸—高氯酸全消解的方法,彻底破坏土壤的矿物晶格,使试样中的待测元素全部进入试液。然后,将试液注入石墨炉中。经过预先设定的干燥、灰化、原子化等升温程序使共存基体成分蒸发除去,同时在原子化阶段的高温下铅、镉化合物离解为基态原子蒸气,并对空心阴极灯发射的特征谱线产生选择性吸收。在选择的最佳测定条件下,通过背景扣除,测定试液中铅、镉的吸光度。

三、试剂

(1)盐酸(HCl),$\rho=1.19$ g/mL,优级纯。

(2)硝酸(HNO_3),$\rho=1.42$ g/mL,优级纯。

(3)硝酸溶液,1+5:用(2)配制。

(4)硝酸溶液,体积分数为0.2%:用(2)配制。

(5)氢氟酸(HF),$\rho=1.49$ g/mL。

(6)高氯酸($HClO_4$),$\rho=1.68$ g/mL,优级纯。

(7)磷酸氢二铵($(NH_4)_2HPO_4$)(优级纯)水溶液,质量分数为5%。

(8)铅标准储备液,0.500 mg/mL:准确称取0.500 0 g(精确至0.000 2 g)光谱纯金属铅于50 mL烧杯中,加入20 mL硝酸溶液(3),微热溶解。冷却后转移至1 000 mL容量瓶中,用水定容至标线,摇匀。

(9)镉标准储备液,0.500 mg/mL:准确称取0.500 0 g(精确至0.002 g)光谱纯金属镉粒于50 mL烧杯中,加入20 mL硝酸溶液(3),微热溶解。冷却后转移至1 000 mL容量瓶中,用水定容至标线,摇匀。

(10)铅、镉混合标准使用液,铅250 μg/L、镉50 μg/L:临用前将铅、镉标准储备液(8)(9),用硝酸溶液(4)经逐级稀释配制。

四、仪器

一般实验室仪器和以下仪器:

(1)石墨炉原子吸收分光光度计(带有背景扣除装置)。

(2)铅空心阴极灯。

(3)镉空心阴极灯。

(4)氩气钢瓶。

(5)10 μL 手动进样器。

(6)仪器参数。

不同型号仪器的最佳测试条件不同,可根据仪器使用说明书自行选择。

通常采用的仪器测量条件见实表 3-1。

实表 3-1　仪器测量条件

元素	铅	镉
测定波长(nm)	283.3	228.8
通带宽度(nm)	1.3	1.3
灯电流(mA)	7.5	7.5
干燥温度(℃)(时间)(s)	80~100(20)	80~100(20)
灰化温度(℃)(时间)(s)	700(20)	500(20)
原子化温度(℃)(时间)(s)	2 000(5)	1 500(20)
消除温度(℃)(时间)(s)	2 700(3)	2 600(3)
氩气流量(mL/min)	200	200
原子化阶段是否停气	是	否
进样量(μL)	10	10

五、样品预处理

维实 3-2

将采集的土壤样品(一般不少于 500 g)混匀后用四分法缩分至约 100 g。缩分后的土样经风干(自然风干或冷冻干燥)后,除去土样中石子和动植物残体等异物,用木棒(或玛瑙棒)研压,通过 2 mm 尼龙筛(除去 2 mm 以上的砂砾),混匀。用玛瑙研钵将通过 2 mm 尼龙筛的土样研磨至全部通过 100 目(孔径 0.149 mm)尼龙筛,混匀后备用。

六、分析步骤

(一)试液的制备

准确称取 0.1~0.3 g(精确至 0.002 g)试样于 50 mL 聚四氟乙烯坩埚中,用水润湿后加入 5 mL 盐酸[见三、(1)],于通风橱内的电热板上低温加热,使样品初步分解,当蒸发至 2~3 mL 时,取下稍冷,然后加入 5 mL 硝酸[见三、(2)],4 mL 氢氟酸[见三、(5)],2 mL 高氯酸[见三、(6)],加盖后于电热板上中温加热 1 h 左右,然后开盖,继续加热除硅,为了达到良好的飞硅效果,应经常摇动坩埚。当加热至冒浓厚高氯酸白烟时,加盖,使黑色有机碳化物充分分解。待坩埚壁上的黑色有机物消失后,开盖驱赶白烟并蒸至内容物呈黏稠状。视消解情况,可再加入 2 mL 硝酸[见三、(2)],2 mL 氢氟酸[见三、(5)]、1

mL 高氯酸[见三、(6)],重复上述消解过程。当白烟再次基本冒尽且内容物呈黏稠状时,取下稍冷,用水冲洗坩埚盖和内壁,并加入 1 mL 硝酸溶液[见三、(3)]温热溶解残渣。然后将溶液转移至 25 mL 容量瓶中,加入 3 mL 磷酸氢二铵溶液[见三、(7)]冷却后定容,摇匀备测。由于土壤种类多,所含有机质差异较大,在消解时,应注意观察,各种酸的用量可视消解情况酌情增减。土壤消解液应呈白色或淡黄色(含铁较高的土壤),没有明显沉淀物存在。

注意:电热板的温度不宜太高,否则会使聚四氟乙烯坩埚变形。

(二)测定

按照仪器使用说明书调节仪器至最佳工作状态,测定试液的吸光度。

(三)空白实验

用水代替试样,采用与"六、(一)试液的制备"相同的步骤和试剂,制备全程序空白溶液,并按"六、(二)测定"进行测定。每批样品至少制备 2 个以上的空白溶液。

(四)校准曲线

准确移取铅、镉混合标准使用液"三、(10)"0.00 mL、0.50 mL、1.00 mL、2.00 mL、3.00 mL、5.00 mL 于 25 mL 容量瓶中。加入 3.0 mL 磷酸氢二铵溶液"三、(7)",用硝酸溶液"三、(4)"定容。该标准溶液含铅 0 μg/L、5.0 μg/L、10.0 μg/L、20.0 μg/L、30.0 μg/L、50.0 μg/L,含镉 0 μg/L、1.0 μg/L、2.0 μg/L、4.0 μg/L、6.0 μg/L、10.0 μg/L。按"六、(二)测定"中的条件由低到高浓度顺次测定标准溶液的吸光度。

用减去空白的吸光度与相对应的元素含量(μg/L)分别绘制铅、镉的校准曲线。

七、结果计算

土壤样品中铅、镉的含量 W[Pb(Cd)mg/kg]按下式计算。

$$W = \frac{c \times V}{m \times (1 - f)}$$

式中　c——试液的吸光度减去空白实验的吸光度,然后在校准曲线上查得铅、镉的含量,μg/L;

V——试液定容的体积,mL;

m——称取试样的质量,g;

f——试样中水分的含量,%。

八、注意事项

(1)实验室要保持清洁卫生,尽可能做到无尘,无大磁场、电场,无阳光直射和强光照射,无腐蚀性气体,仪器抽风设备良好,室内空气相对湿度应 <70%,温度 15 ~30 ℃。

(2)实验室必须与化学处理室及发射光谱实验室分开,以防止腐蚀性气体侵蚀和强电磁场干扰。

(3)仪器较长时间不使用时,应保证每周 1 ~2 次打开仪器电源开关通电 30 min 左右。

(4)样品前处理和测定过程中所使用的实验器皿清洗干净后,应使用(1+1)硝酸溶液浸泡过夜,再用自来水冲洗、去离子水反复冲洗,晾干备用。

项目四　噪声监测

【知识目标】

1. 了解环境噪声控制的基本概念、控制原则和技术。

2. 理解各类噪声测试标准和环境质量评价方法。

3. 掌握常用噪声测试仪器的功能、操作、维护技术、数据处理及各种环境噪声监测方法。

维 4-1

【技能目标】

1. 能够给出噪声监测方案,并熟练预测和监测环境噪声,制定合理的减噪降噪措施。

2. 能够分析和解决一些环境噪声控制方面的实际问题。

【项目导入】

噪声监测概述

声音是由物体振动产生的声波,是通过介质(空气或固体、液体)传播并能被人或动物听觉器官所感知的波动现象。最初发出振动的物体叫声源。而声音作为一种波,只有频率为 20 Hz～20 kHz 时才可以被人耳识别。

所谓的噪声,就是人们不需要的声音。它包括杂乱无章的和影响人们工作、休息的各种不协调的声音,甚至谈话声、脚步声、不需要的音乐声都是噪声。然而,与人们接触时间最长、危害最广泛、治理最困难的噪声就是生活和社会活动所产生的噪声,它的存在不仅会对人们正常生活和工作造成极大干扰,影响人们交谈、思考,影响人的睡眠,使人烦躁、反应迟钝,工作效率降低,分散人的注意力,引起工作事故,而且更为严重的是噪声可使人的听力和健康受到损害。噪声可以作用于人的中枢神经系统,使人们大脑皮层兴奋与抑制平衡失调,导致条件反射异常,产生疾病。同时,噪声对仪器设备的使用也会有严重影响,强噪声会使机械结构因声疲劳而断裂酿成事故,使建筑物遭受破坏,如墙壁开裂、屋顶掀起、玻璃震碎、烟囱倒塌等。

进入 21 世纪以来,我国政府十分重视环境噪声污染的防治工作,在成立各级环境保护机构的同时,也开始注重环境噪声的管理、监测和治理,并从科研、标准和立法等方面逐步建立了具有中国特色,符合中国国情的环境噪声控制工程。因此,我国的噪声控制技术得到长足的发展。目前,世界上常用的噪声控制技术有消音、吸音、隔音、隔振阻尼等,主要是在声源、噪声传播途径及接收点上进行控制和处理。从噪声和振动源上进行噪声控制是最积极主动、有效合理的措施,将成为工业生产中噪声控制的努力方向之一。可以预计,随着国民经济的发展和科学技术水平的提高,噪声控制将会有一个更大的发展。

【任务分析】

任务一　噪声评价

噪声评价是对各种环境条件下的噪声做出其对接收者影响的评价，并用可测量计算的评价指标来表示影响的程度。噪声评价涉及的因素很多，它与噪声的强度、频谱、持续时间、随时间的起伏变化和日出时间等特性有关。因此，在进行噪声评价时要根据不同的情况，拟定不同的噪声评价量，制定不同的评价标准和方案。

维 4-2

一、噪声评价量

（一）响度与响度级

从刚能听见的听阈到感觉疼痛的听阈之间，人耳对强度相同而频率不同的声音有不同的响度感觉。响度是用来描述声音大小的主观感觉量，响度的单位是“宋”（sone），定义 1 kHz 纯音声压级为 40 dB 时的响度为 1 sone。

如果把某个频率的纯音与一定响度的 1 kHz 纯音很快地交替比较，当听者感觉两者为一样响时，把该频率的声强标在图上，便可画出一条等响曲线。图 4-1 是在自由声场中测得的等响曲线图。人们把 1 kHz 纯音时声强的分贝数称为这条等响曲线的以“方”（phon）为单位的响度级。例如，图 4-1 中 1 kHz 纯音的声强为 10^{-6} W/m^2，对应的声强级为 60 dB，则这条等响曲线的响度级为 60 phon。同一条等响曲线（响度级相同）上的不同频率纯音的声强不同，但人们主观感觉的响度是相同的。例如，30 dB 1 kHz 的纯音与 40 dB 300 Hz 的纯音一样响，响度级都是 30 phon。

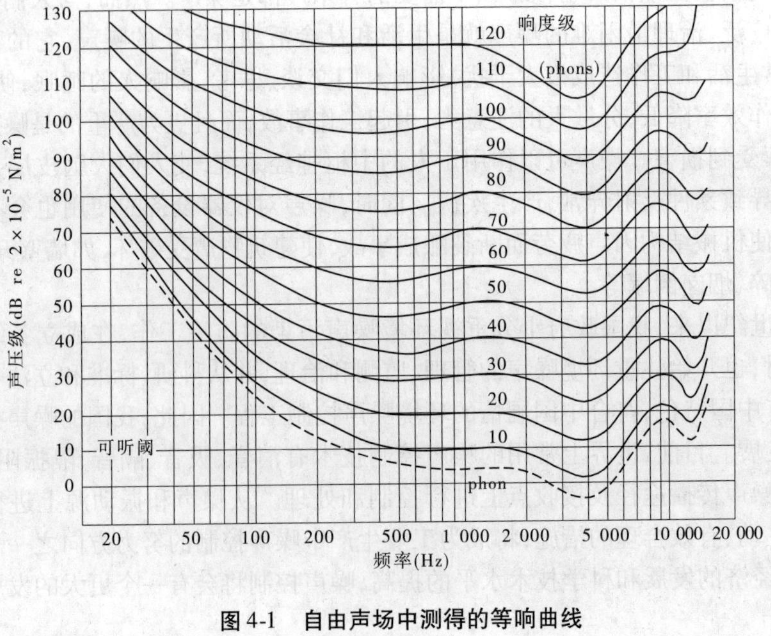

图 4-1　自由声场中测得的等响曲线

响度级只是反映了不同频率声音的等响感觉，不能表示一个声音比另一个声音响多少倍的那种主观感觉。图4-1中"0"phon的虚线是最小可听声场曲线，相当于听阈曲线。而且，不同响度级的等响曲线之间是不平行的，响度低时等响曲线有较大弯曲，响度高时等响曲线变化较小。在频率很低时，人耳对低强度的感觉很迟钝，但在一定强度以上，则较小的强度变化将感到有较大的响度差别。大约响度级每改变10 phon，响度感觉就增减10倍。在2～120 phon的纯音或窄带噪声，响度级L_N与响度N之间近似有如下关系：

$$N = 2^{(L_N-40)/10} \quad 或 \quad L_N = 40 + 10\log_2 N$$

（二）计权声级

如上所述，相同强度的纯音，如果频率不同，则人们主观感觉到的响度是不同的，而且不同响度级的等响曲线也是不平行的，即在不同声强的水平上，不同频率的响度差别也有不同。在评价一种声音的大小时，为了要考虑到人们主观上的响度感觉，人们设计一种仪器，把300 Hz 40 dB左右的响度降低10 dB，从而使仪器反映的读数与人的主观感觉相接近。其他频率也都根据等响曲线做一定的修正。这种对不同频率给以适当增减的方法称为频率计权。经频率计权后测量得到的分贝数称为计权声级。因为在不同声强水平上的等响曲线不同，要使仪器能适应所有不同强度的响度修正值是困难的。常用的有A、B、C三种计权网络，图4-2是这几种计权网络的频率曲线。A计权曲线近似于响度级为40 phon等响曲线的倒置。经过A计权曲线测量出的分贝读数称A计权声级，简称A声级或L_A，表示为dB(A)。同样，B计权曲线近似于70 phon等响曲线的倒置。C计权曲线近似于100 phon等响曲线的倒置。测得的分贝读数分别为B计权声级和C计权声级。如果不加频率计权，即仪器对不同频率的响应是均匀的，即线性响应，测量的结果就是声压级，以分贝或dB表示，记作L_n，称为L计权声级。

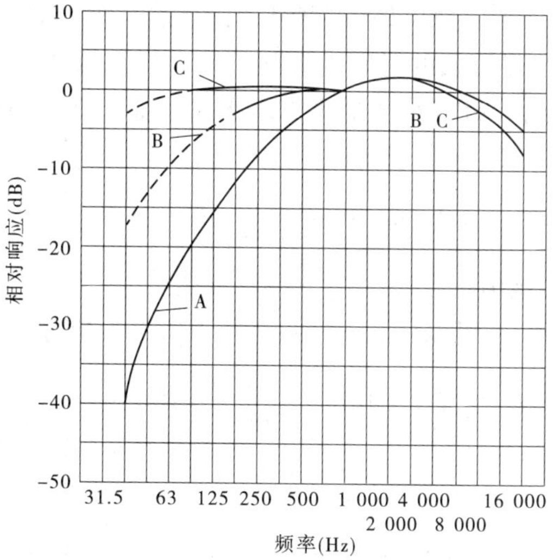

图4-2　计权网络频率响应特性曲线

经验表明，时间上连续、频谱较均匀、无显著纯音成分的宽频带噪声的A声级，与人们的主观反映有良好的相关性，即测得的A声级大，人们听起来也觉得响。当用A声级大小对噪声排次序时，与人们主观上的感觉是一致的。同时，A声级的测量，只需一台小型化的手持仪器即可进行。所以,A 声级是目前广泛应用的一个噪声评价量,已成为国际标准化组织和绝大多数国家用作评价噪声的主要指标。许多环境噪声的容许标准和机器噪声的评价标准都采用 A 声级或以 A 声级为基础。

但是,A 声级并不反映频率信息,即同一 A 声级值的噪声,其频谱差别可能非常大。所以对于相似频谱的噪声,用 A 声级排次序是完全可以的。但若要比较频谱完全不同的噪声,那就要注意到 A 声级的局限性。如果要评价有纯音成分或频谱起伏很大的噪声的响度,以及要分析噪声产生的原因,研究噪声对人体生理影响、噪声对语言通信的干扰等工作,就必须进行频谱分析或其他信息处理。

C 计权曲线在主要音频范围内基本上是平直的,只在最低与最高频段略有下跌,所以 C 声级与线性声压级是比较接近的。在低频段,C 计权与 A 计权的差别最大,所以根据 C 声级与 A 声级的相差大小,可以大致上判断该噪声是否以低频成分为主。D 计权测得的分贝数称 D 计权声级,表示为 dB(D)。D 声级主要用于航空噪声的评价。

(三)等效连续 A 声级

实际噪声很少是稳定地保持固定声级的,而是随时间有忽高忽低的起伏。对于这种非稳态的噪声评价常用的方法是采用声能按时间平均,求得某段时间内随时间起伏变化的各个 A 声级的平均能量,并用一个在相同时间内声能与之相等的连续稳定的 A 声级来表示该段时间内噪声的大小。称这一连续稳定的 A 声级为该不稳定噪声的等效连续声级,记为 L_{eq},这相当于在这段时间内,一直有 L_{eq} 这么大的 A 声级在作用,也称为等效连续 A 声级,或简称为等效 A 声级或等效声级。其定义式为

$$L_{eq} = 10\lg \frac{1}{T}\int_0^T 10^{0.1L_A(t)}\,dt$$

现在的自动化测量仪器,例如积分式声级计,可以直接测量出一段时间内的 L_{eq} 值。一般的测量方法是在一段足够长的时间内等间隔地取样读取 A 声级,再求它的平均值。要注意是将 A 声级换算到 A 计权声压的平方求平均。如果在该段时间内一共有 n 个离散的 A 声级读数,则等效连续 A 声级的计算公式为:

$$L_{eq} = 10\lg(\frac{1}{n}\sum_{i=1}^{n} 10^{0.1L_j})$$

式中　L_j——第 j 个 A 声级值。

为了指数运算的方便,还可以任意选择一个较小值作为参考声级 L_0,则有

$$L_{eq} = L_{10} + 10\lg[\frac{1}{n}\sum_{i=1}^{n}\frac{n_i}{n}10^{0.1(L_i-L_0)}]$$

二、评价对象

噪声污染按其发生形态可分为交通噪声、工业噪声、建筑噪声、施工噪声、社会生活噪声,而交通噪声又可分为公路交通噪声、铁路噪声、飞机噪声等。

三、评价内容

噪声影响评价就是解释和评估拟建项目造成的周围环境预期变化的重大性,据此提

出削减其影响的措施。

国内噪声评价主要包括以下内容：

(1)根据拟建项目多个方案的噪声预测结果和环境噪声标准，评述拟建项目各个方案在施工、运行阶段产生噪声的影响程度、影响范围和超标状况(以敏感区域或敏感点为主)。对项目建设前和预测得到的建设后的状况进行分析比较，判断影响的重要性，依据各个方案噪声影响的大小提出推荐方案。

维 4-3

(2)分析受噪声影响的人口分布(包括受超标和不超标噪声影响的人口分布)。

(3)分析拟建项目的噪声源和引起超标的主要噪声源或主要原因。

(4)分析拟建项目的选址、设备布置和设备选型的合理性，同时分析建设项目设计中已有的噪声防治对策的适应性和防治效果。

(5)为了使拟建项目的噪声达标，提出需要增加的、适用于该项目的噪声防治对策，并分析其经济、技术的可行性。

(6)提出针对该拟建项目的有关噪声污染管理、噪声监测和城市规划方面的建议。

四、评价工作程序

第一阶段：开展现场勘探、了解环境法规和标准的规定、确定评价级别与评价范围和编制环境噪声评价工作大纲。

第二阶段：开展工程分析、收集资料、现场监测调查噪声的基线水平及噪声源的数量、各声源噪声级与发生持续时间、声源空间位置等。

第三阶段：预测噪声对敏感点人群的影响，对影响的意义和重大性做出评价，并提出削减影响的相应对策。

第四阶段：编写环境噪声影响的专题报告。

五、评价等级划分

评价等级划分依据如下：

(1)按投资额划分拟建项目规模(大、中、小型建设项目)。

(2)噪声源种类及数量。

(3)项目建设前后噪声级的变化程度。

(4)受拟建项目噪声影响范围的环境保护目标、环境噪声目标和人口分布。

(一)评价等级划分

1. 一级评价

属于大、中型建设项目，位于规划区的技术工程，或受噪声影响的范围内有适用于《声环境质量标准》(GB 3096—2008)规定的0类标准及以上的需要特别安静的地区，以及对噪声有限制的保护区等噪声敏感目标；项目建设前后噪声级有显著增高[噪声级增高达50～100 dB(A)或以上]或受影响的人口显著增多的情况，应按一级评价的要求进行评价。

2. 二级评价

对于新建、扩建及改建的大中型建设项目，若其所在功能区属于适用于《声环境质量标准》（GB 3096—2008）规定的1、2类标准的地区，或项目建设前后噪声级有较明显增高［噪声级增高量达3 ~5 dB(A)］，或受噪声影响人口增加较多的情况，应按二级评价进行工作。

3. 三级评价

对处在适用于《声环境质量标准》（GB 3096—2008）中规定的3类标准及以上地区的中型建设项目以及处在《声环境质量标准》（GB 3096—2008）规定的1、2类小型建设项目，或者大中型建设项目建设前后噪声级增高量在3 dB(A)以内，且受影响人口变化不大的情况，应按三级评价工作进行。

（二）评价要求

1. 一级评价要求

现状调查全部实测噪声源强逐点测试和统计，定型设备可利用制造厂测试密度，按车间或工段绘制总体噪声图，评价项目齐全、图表完整、预测计算详细、预测范围覆盖全部敏感目标，并绘制等声级曲线图；编制噪声防治对策方案，内容具体实用，能反馈指导环保工程设计。

2. 二级评价要求

现状调查以实测为主，利用资料为辅；噪声源强可利用现有资料进行类比计算；评价项目较齐全、预测计算较详细；绘制总体等声级曲线图；提出防治对策建议，能反馈指导环保工程设计。

3. 三级评价要求

现状调查以利用资料为主；噪声源强统计以资料为主分析，提出防治对策建议，能付诸实施。

六、评价方法

我国环境噪声评价量与国际标准和大多数国家标准一样，采用计权等效连续噪声级L_{ep}为基本评价量，按照能量叠加原理，将起伏不定的环境噪声进行时间序列的平均，同时模拟人耳的听觉特性加以频率计权。在区域环境噪声评价中辅以累计百分声级L_n。昼夜等效连续声级L_{dn}，在道路交通噪声评价中辅以交通噪声指数TNI等参量进行评价。航空噪声的评价采用国际上通用的计权等效连续感觉噪声级L_{WECPN}进行评价。

七、现状调查

现状调查主要是调查噪声源、频谱特性、传播途径、厂房和其他建筑所受的噪声影响、土地利用状况等，为预测和评价获得必要的基础资料。

（一）调查项目

在进行环境噪声影响评价前，需要收集一些该区域环境与评价有关的资料，包括已有的和现场调查得到的资料。具体项目有：①噪声状况；②土地利用状况；③主要污染源状况；④公害指控情况；⑤根据法令制定的标准。

(二)调查区域

根据建设项目的类型、规模等,把建设项目开发和现有工矿企业对环境造成噪声影响的区域作为调查区域。

(1)工厂装置噪声调查区域。根据评价项目具体情况,取距厂界外100～1 000 m范围。

(2)公路交通噪声调查区域。取距离路边大致100 m范围,在平坦开放的地段和高架公路取200 m的范围线路。

(3)铁路噪声调查区域。取铁路噪声降至60 dB(A)的范围。地面行车路线一般取距离路线100 m的范围。

(4)飞机噪声调查区域。取国际民航机构提出的L_{WECPN}70 dB的区域,但不包括海面噪声影响的调查。L_{WECPN}为国际民航机构(CAO)提出的国际基准。

(5)建筑施工噪声调查区域。取距离施工占地边界线大约200 m的范围。

八、测量方案的确定

在现状调查的基础上,即可进行测量方案的选择确定。其中包括测量项目、测量仪器选择以及监测布点。

(一)测量项目

在确定了噪声源的类型之后,则可根据具体情况,选择合适的能全面反映实际污染状况的测量项目,测量项目的选择可以是一项,也可以是多项结合。

1. 噪声源的测量

该项测量是为了掌握噪声源的声学特性而进行的。其测量项目大体包括噪声源的声功率级、离声源单位距离处的声压级、频谱、指向性及变动性等。

2. 车间内的噪声测量

从噪声源发出的声音扩散到车间内的所有空间,通过墙体、门窗等开口处向外传播。

3. 工厂厂区的噪声测量

无论声源是在工厂内部还是在工厂外部,通过了解声源的传播途径以及接收点处各种声源所给予的影响程度,就能确定有效的防治手段。厂区环境噪声测量数据,是厂区环境评价的重要指标之一。

4. 工厂周围环境噪声测量

工厂周围的环境噪声测量包括周围居民区的生活噪声测量和就近的交通运输噪声测量。

(1)居民区生活噪声测量。其噪声测量包括白天、夜间居民生活噪声。

(2)交通运输噪声测量。包括道路交通噪声测量、铁路交通噪声测量以及飞机、轮船(河流)噪声测量。

5. 其他噪声测量

除上述测量内容外,可根据特殊需要进行噪声接收点的测量(为了某种研究和评价)以及施工噪声、突发噪声测量等,必要时项目延伸到噪声级、噪声频谱、混响时间,振动等。

(二)测量仪器选择

在选定测量项目的基础上,进行噪声的测量,通常测量所用到的声学仪器主要有声级计、频谱仪、计算机控制测量仪器等。

（三）监测布点

1. 工厂、车间环境噪声

测点位置的选择应按测量目的而定，一般都按测量规范的要求进行。

测量生产环境的噪声是为了研究噪声对职工健康的影响，所以测点位置应选在操作人员经常所在的位置或观察生产过程而经常工作、活动的范围内，以工作时的人耳高度为准选择数个点，若该环境内噪声声级差小于 3 dB(A)，则需选择 1 ~ 3 个测点；若该环境内噪声声级分布大于 3 dB(A)，则应按声级的大小将其分成若干个区域，每个区域内的噪声专用级差小于 3 dB(A)，而相邻区域的噪声声级差应大于或等于 3 dB(A)，每个区域取 1 ~ 3 个测点。

测量噪声时，应注意避免气流、电磁场、湿度和温度等环境因素对测量结果的影响。当风或气流吹向传声器时，会使其感受到压力发生变化，产生一种低频噪声而引起读数不准，此时测量宜选在偏离风向 30°、45°或 90°的位置。若无法避免，当风速较小时，可用风罩或纱布、薄手绢包在传声器上。若风速较大而又必须正对风的方向，需装上特制的防风罩锥再进行测量。一般风力大于四级时停止测量。

现场温度过高或过低时会影响传声器的灵敏度；若温度过高，水汽一旦进入电容传声器凝结，将产生强烈的电噪声。因此，现场测量时应当注意。

2. 机器噪声

测量现场机器噪声的目的，是控制机器噪声源并根据结果近似地比较和判定机器噪声大小等特性。

现场测量机器噪声应注意以下几点：

首先必须设法避免或减少环境背景噪声反射的影响。为此，可使测试点尽可能接近机器噪声源，除待测机器外，应关闭其他无关的机器设备。

其次要减少测量环境的反射面，增加噪声面积等。对于室外或高大车间内的机器噪声，在没有其他声源影响的条件下，测点可选在距机器稍远的位置。选择测点时，原则上应使被测机器的直达声大于本底噪声 10 dB，起码要求大于 3 dB，否则测量效果无效。

一般情况下，对于大小不同的机器和空气动力性机械进排气噪声的测点位置和数目，可参考以下建议：

(1) 外形尺寸小于 30 cm 的小型机器，测点距表面的距离约为 30 cm。

(2) 外形尺寸为 30 ~ 100 cm 的中型机器，测点距表面的距离为 50 cm。

(3) 外形尺寸大于 100 cm 的大型机器，测点距表面的距离约为 100 cm。

(4) 特大型或有危险性的设备，可根据具体情况选择较远位置为测点。

(5) 各类型机器噪声的测量，均需按规定距离在机器周围均匀选点，测点数目视机器尺寸大小和发声部位的多少而定，可取 4 ~ 6 个；测点高度应以机器的 1/2 高度为准。

(6) 测量各种类型的通风机、鼓风机、压缩机等空气动力性机械的进排气噪声和内燃机、汽轮机的进排气噪声时，进气噪声测点应在吸气口轴向，与管口平面距离不能小于 1 倍管口直径，也可选在距离管口平面 0.5 m 或 1 m 等位置。

排气口噪声测试点应选在与排气口轴线夹角成 45°方向上，或在管口平面上距口中心 0.5 m、1 m、2 m 处。

3. 城市环境噪声

1) 城市区域环境噪声

(1) 在市区地图上划分网格，以 500 m×500 m 为一网格，测量点在每个网格中心，若中心点的位置不宜测量(如房顶、污沟、禁区等)，可移到旁边能够测量的位置，网格数不应少于 100 个，如果城市小，可按 250 m×250 m 划分网格。

(2) 测量时，一般应选在无雨、无雪(特殊情况例外)时，声级计应加风罩以避免风噪声干扰，同时也可保持传声器的清洁。四级以上大风天气应停止测量。

(3) 声级计可以手持或固定在三角架上，传声器离地面高 1.2 m，如果仪器放在车内，则要求传声器伸出车外一定距离，尽量避免车体反射的影响，与地面距离仍保持 1.2 m 左右。如固定在车顶上要加以标明，手持声级计应使人体与传声器的距离在 0.5 m 以上。

2) 城市交通噪声

在每两个交通路口之间的交通线上选择一个测点，测点在马路边人行道上，离马路 20 cm，这样的点可代表两个路口之间的该段道路的交通噪声。

九、评价标度

在评价噪声的地区反映时，需要一种标度，这种标度与该噪声容易测得的某些性质的主观响应有关，目前国内常用的噪声评价标度方法有以下几种。

(一) 噪声质量等级法

将噪声测量和平均等效连续 A 声级分成五个等级，如表 4-1 所示。

表 4-1　噪声质量等级表

类型	分级名称	指数 P_N 范围	L_{eq} [dB(A)]	类型	分级名称	指数 P_N 范围	L_{eq} [dB(A)]
一	很好	<0.6	<45	四	坏	0.75～1.0	56～75
二	好	0.6～0.67	45～50	五	恶化	>1.0	>75
三	一般	0.67～0.75	50～56				

根据《声环境质量标准》(GB 3096—2008)，交通干线道路两侧昼间的等效连续声级 $L_{eq}=70$ dB(A)。超过此标准 5 dB(A) 即为恶化，指数 P_N 可用下式计算求得

$$P_N = L_{eq}/75$$

噪声质量指数法常常用于噪声现状质量评价等工作上。

(二) 噪声污染级

英国物理学家 D. W. Robinson 认为噪声污染级 L_{NP} 比等效连续声级 L_{eq} 的响应更好一些。

$$L_{NP} = L_{eq} + K\sigma$$

式中　L_{eq}——在测量期间的 A 计权等效连续声级，dB(A)；

σ——在相同时间瞬时声级的标准偏差；

K——常数，取 2.56，此常数是由标度的创始者，英国国家研究物理所 D. W. Robinson 暂定的。

（三）噪声污染指数法

$$NPI = L_{eq}/SN$$

式中　NPI——噪声污染指数；

L_{eq}——测得所在区域的平均等效连续 A 声级；

SN——该评价区域的环境噪声标准。

（四）城市的平均交通噪声级

将全市分成若干声级相同的街道，按照各路段的噪声级 L_i（以 L_{eq} 或 L_{10} 表示）乘各路段长度 S_i 加权平均。

$$\overline{L} = \frac{\sum L_i S_i}{\sum S_i}$$

式中　$\overline{L}$——城市的平均交通噪声级；

L_i——各路段的噪声级，dB(A)；

S_i——各路段长度，m。

计算出来的 $\overline{L}$ 与该区域的环境噪声标准相比较，进行论述。

（五）暴露于交通噪声大于 55 dB(A) 环境下人口数计算

根据交通噪声的有关计算模型，做出交通噪声传播到居民区降至 55 dB(A) 的等值线，以该区域人口密度乘以污染区域大小，按人口密度不同分段计算，最后求总和，即得到人口暴露比及占城市人口总数的百分比。同理，污染区域及占城市面积总数亦可求出。

（六）噪声指数法

$$P = L_{eq}/K_s$$

式中　L_{eq}——城区等效平均声级；

P——噪声指数；

K_s——取 55 dB(A)。

K_s 的取值根据不同功能区取不同的环境噪声标准值，一类混合区取 55，二类混合区取 60，工业集中区取 65 等。

噪声指数反映了现有的或预期的噪声强度与政府规定的标准的比值而反映出噪声的危害程度。

（七）区域评价值

整个城市区域的噪声评价值是以各测量点的 L_{10}、L_{50}、L_{90} 及 L_{eq} 值的算术平均值来表示的。

整个城市交通干线噪声评价值是以各测量点的噪声级 L_k 并以各点所代表的路段 D_k（m）加权平均求得。计权公式为

$$L = \frac{1}{D}\sum_{k=1}^{n} L_k D_k$$

式中　D——全市交通干线的总长度，km；

D_k——第 k 段干线的长度，km；

L_k——第 k 段干线的噪声级，dB(A)；

(八)噪声冲击次数

对环境噪声评价较合理的办法主要考虑受影响地区人口的密度分布。由于噪声冲击指数 N,把人口因素加权,因此它成为评价区域环境的一种好方法,噪声冲击指数计算公式为

$$N_{\mathrm{I}} = \frac{TW_iP_i}{\sum P_i}$$

式中　TW_iP_i——总的计权人口,$TW_iP_i = \sum E_iP_i$;

W_i——某干扰声级的计权因子;

P_i——某干扰声级下的人口,人;

$\sum P_i$——总人口,人。

任务二　噪声监测仪器及操作

一、噪声基本测量系统

各种噪声测量都是在声场中某些指定位置上或区域进行的。测量时,所使用的声学仪器应当满足所测量的各种参量精度要求。噪声测量仪器种类很多,但各种仪器几乎均可以用一个噪声测量基本系统概括,见图 4-3。

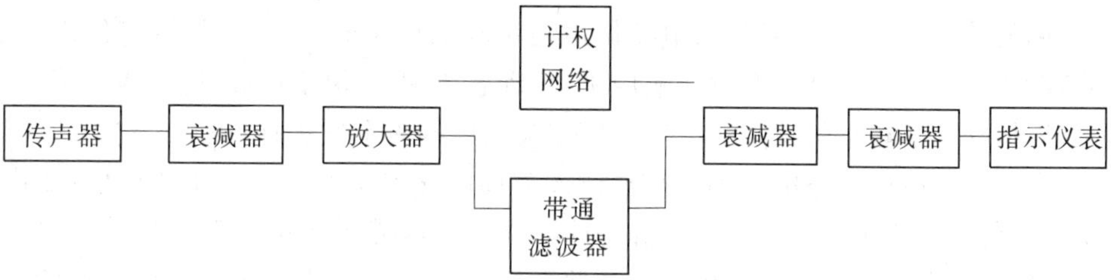

图 4-3　噪声测量基本系统

由图 4-3 可知,一个基本测量系统的四个主要组成部分是传声器、放大器或衰减器、带通滤波器及计权网络、指示仪表等。传声器是一种能量转换器,它能把声压信号成比例地转变成为电压信号。放大器和衰减器能把传声器传来的电信号进行不失真地放大或衰减,以使指示仪表正常工作。带通滤波器能分析噪声的频率成分。计权网络是为模拟人耳特性而设计的滤波线路。指示仪表能读出数据或自动记录声音的特征。

二、声级计

声级计是最基本的噪声测量仪器,它是一种电子仪器,但又不同于电压表等客观电子仪表,在把信号转换成电信号时,可以模拟人耳对声波反应速度的时间特性;对高低倍频有不同灵敏度的频率特性以及不同响度时改变频率特性的强度特性。因此,声级计是一种主观性的电子仪器 。

（一）声级计的组成

声级计是由传声器、放大器或衰减器、有效值检波器和指示电表、电源等部分组成，如图4-4所示。

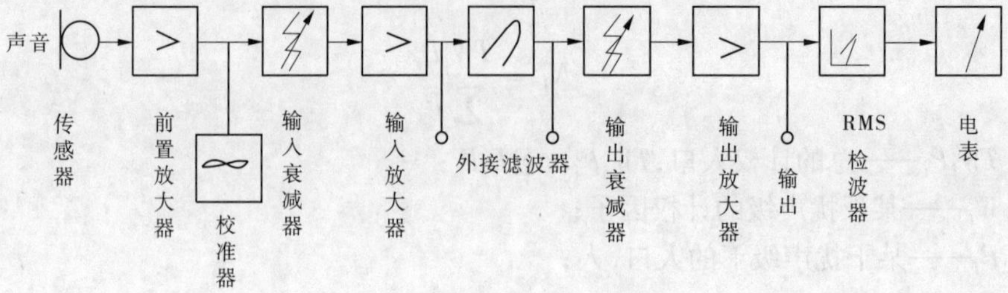

图4-4　声级计工作方块图

声压由传声器膜片接收后，将声压信号转换成电信号，经前置放大器作阻抗变换后输入衰减器，由于表头指示范围一般只有20 dB，而声音范围变化可高达140 dB，甚至更高，所以必须使用衰减器来衰减较强的信号。再输入放大器进行定量的放大。放大后的信号由计权网络进行计权，它的设计是模拟人耳对不同频率有不同灵敏度的听觉效应。在计权网络处可外接滤波器，这样可做频谱分析。输出的信号由衰减器衰减到额定值，随即送到输出放大器放大。使信号达到相应的功率输出，输出信号经RMS检波后送出有效值电压，推动电表，显示所测的声压级分贝值。

1. 传声器

常用的传声器有电容传声器、电感传声器和动圈传声器。其中，以电容传声器最好，应用最广泛。电容传声器具有频率响应平直、动态范围大、灵敏度高、固有噪声低、受电磁场和外界振动影响较小的特点。电容传感器灵敏度的表示方法有三种：①自由场灵敏度，是指传声器输出端的开路电压和传声器放入声场前该点自由声场声压的比值；②声压灵敏度，是指传声器输出端的开路电压和与作用在传声器膜片上的声压比值；③扩散场灵敏度，是指传声器置于扩散场中输出端的开路电压与传声器未放入前该扩散声场的声压之比。但是电容传声器在较大湿度下，两极板间容易放电并产生噪声，严重时甚至无法使用。另外，电容传声器需要前置放大器和极化电压，结构复杂，成本高；膜片又薄又脆，容易破损。所以，电容传声器需要妥善保管，使用时需要特别小心。

2. 放大器

传声器把声压转化为电压，电压一般都很微弱，放大器把微弱的电信号放大，以满足指示器的需要。一般对声级计中放大器的要求如下：

（1）增益足够大而且稳定；

（2）频率响应特性平直；

（3）有足够的动态范围；

（4）固有噪声小，耗电少。

3. 衰减器

由于声级计不仅要测量微弱的信号，还要测量较强的噪声，所以声级计必须设置衰减器。衰减器的作用是使放大器处于正常工作状态，将过强的信号衰减到合适强度再馈入放大器，从而扩大声级计的量程。

4. 计权网络

在噪声测量中，为了使声音客观物理量和人耳听觉的主观感觉近似取得一致，声级计中设有 A、B、C 计权网络，并且已经标准化。它们分别为了模拟 40 phon、70 phon 和 100 phon 等响曲线。有的还有 D 频率计权特性，它是为了测量飞机噪声而设置的。图 4-5 为 A、B、C、D 计权网络特性曲线。计权网络是一种特殊滤波器，当含有各种频率的声波通过时它对不同频率成分的衰减是不一样的。A、B、C 计权网络的主要区别在于对低频率成分衰减程度，A 计权网络衰减最多，B 计权网络其次，C 计权网络最少。

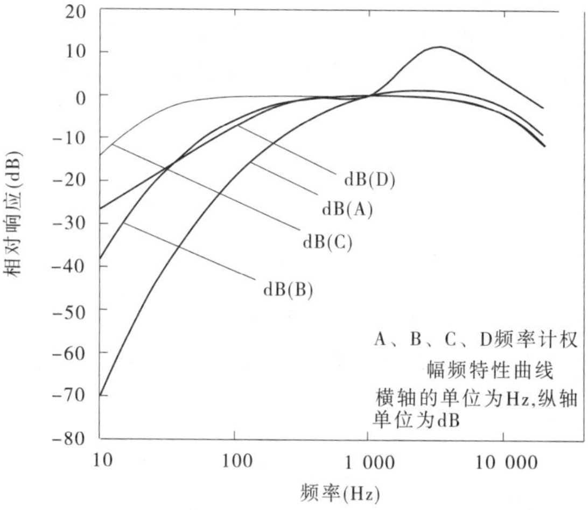

图 4-5　A、B、C、D 计权网络特性曲线

5. 电表电路

电表电路用来将放大器输出的交流信号检波（整流）成直流信号，以便在表头上得到适当的指数。信号的大小有峰值、平均值和有效值三种表示方法，用得最多的是有效值。

声级计表头阻尼有"快"、"慢"两种，"快"挡和"慢"挡分别要求信号输入 0.2 s 和 0.5 s 后，表头能达到它的最大读数。对于脉冲精密声级计表头，除"快"、"慢"两挡外，还有"脉冲"和 "脉冲保持"挡，"脉冲"和 "脉冲保持"表示信号输入 35 ms 后，表头上指针达到最大读数并保持一段时间。可以测量短至 20 μs 的脉冲信号，如枪、炮和爆炸声等。为了保证测量的精确度，声级计在使用前必须进行校准。包括内部参考信号的校准和话筒校准。除此之外，还应避免人体反射对读数的影响，以及及时检查电源，更换电池，长期储存还要注意防潮。同时，为了保证声级计测量较高的灵敏度和精确度，一般情况下，声级计还会装有防风罩、鼻锥、延伸电缆等附属配件。

（二）声级计的分类

声级计按精度可分为普通声级计和精密声级计。普通声级计对传声器的要求不太高。动态范围和频响平直范围较窄，一般不与带通滤波器连用；精密声级计的传声器要求频响宽，灵敏度高，长期稳定性好，且能与各种带通滤波器配合使用，放大器输出可以直接和电平记录仪、录音机连接，可将噪声信号显示或储存起来。按准确度可以分为：0 型、Ⅰ型、Ⅱ型和Ⅲ型。0 型声级计的准确度是 ±0.4 dB，是实验室标准声级计；Ⅰ型声级计的

准确度是 ±0.7 dB，供一般实验室或声学条件可以严格控制的现场使用；Ⅱ型声级计的准确度是 ±1 dB，适用于一般现场噪声测量；Ⅲ型声级计的准确度是 ±1.5 dB，一般用于现场噪声的普查。

按用途不同声级计可分为一般声级计、脉冲声级计和积分声级计等。

三、频谱分析仪

频谱分析仪一般是由带通滤波器和声级计组成，带通滤波器的作用是把复杂的噪声成分分成若干个具有一定宽度的频带。测量时，只允许某特定的频带声音通过，这是表头指示的读数，是该频带的声压级，而不是总声压级。所以，滤波器是频谱仪中进行频谱分析的部分。滤波器的通带宽度决定频谱分析仪的类型。常用频谱分析仪有倍频带分析仪、窄带分析仪和恒定宽带分析仪。

倍频带分析仪是工程上常用的一种分析仪，一个倍频带的上限截止频率是其下限频率的2倍。每个倍频带的中心频率是下限截止频率的$\sqrt{2}$倍。倍频带分析仪的各频带的常用中心频率为3.5 Hz、63 Hz、125 Hz、250 Hz、500 Hz、1 kHz、4 kHz、8 kHz等。如果对噪声进行更详细的频谱分析，就要用窄带分析仪，如1/3倍频带分析仪就是常用的窄带频谱分析仪。1/3倍频带分析仪各频带的上限截止频率和下限截止频率的比值为$\sqrt[3]{2}$。1/10倍频带分析仪的比值则是$\sqrt[10]{2}$。

恒定带宽分析仪的带宽是固定的，与频带中心频率无关。其在噪声测量分析中的应用较少，在振动测量中应用较多。

四、电平记录仪与磁带记录仪

为了进一步研究和分析噪声的频谱和特性，常常需要在现场把噪声信号记录和储存起来，带回实验室进行分析。经常采用的信号记录和储存的仪器有电平记录仪和磁带记录仪。

（一）电平记录仪

电平记录仪是实验室经常使用的一种记录仪器。它可以把声级计、振动计、频谱仪和磁带记录仪的电信号直接记录在坐标纸上，以便于保存和分析。常用的记录方式有两种：级—时间图形和级—频率图形。电平记录仪是由电路和机械装置构成的。声音经传声器转换成电信号后经放大器输入记录仪的线圈，线圈位于记录仪的磁性系统中。当信号输入记录仪，则线圈中有电流的变化，随之在记录纸上可得到噪声级随时间变化的时间谱。如果把频谱分析仪和电平记录仪连接可以得到噪声的频谱图。

（二）磁带记录仪

磁带记录仪（又称录音机），是一种经常采用的现场测量信号记录储存仪器。可将噪声信号记录在磁带上，以便带回实验室做进一步分析。其基本工作原理和家用录音机相同，但在频响范围、动态范围和信噪比等性能上比录音机要求更高些。磁带记录仪的基本组成可以分为如下三个部分：

（1）机械系统，有电动机、机械传动部件、飞轮、带盘等部分组成。作用是使磁带以一定的速度通过磁头以及快进、倒带、停止等。对稳定录音质量有很重要的作用。

(2)磁系统,包括录音磁头、放音磁头和抹音磁头等三部分。录音磁头是把声频电信号变成磁场强度的变化信号;放音磁头是把磁带上的磁感应强度变化信号变成声频电信号;抹音磁头是抹掉磁带上录制的声音信号。

(3)电子放大系统由录音放大器、放音放大器、抹音和偏磁振荡器、电源整流器等部分组成。其中主要是录放音放大器,作用是将电磁信号放大。

五、计算机控制测量仪器

随着大规模集成电路和计算机技术的发展,噪声的测量和分析技术有了较快的发展,使得噪声的测量和分析更快速、准确,出现了一系列新的仪器,如噪声声级分析仪、实时分析仪等,并已在噪声分析和控制中得以广泛应用。

(一)噪声声级分析仪

噪声声级分析仪适用于各类环境噪声的检测和评价。对于道路交通噪声、航空噪声、环境噪声等随时间变化的非稳态噪声,我国标准规定采用 L_{eq}、L_5、L_{10}、L_{50}、L_{90} 等量作为评价量。噪声声级分析仪可与带有前置放大器的话筒、声级计联合使用,测量通道一般有1～4个,多个通道可以同时进行测量,动态范围一般为70～110 dB,可不用变挡测量大幅度变化的噪声。声级分挡、取样时间和取样时间间隔可自行选择。时间网络有快、慢和脉冲峰值等挡位。在记录纸上可以打印出声压级瞬时值、等效声级、统计声级、交通噪声指数等。有一些声级分析仪可计算出最大值、最小值、标准偏差,能绘制出统计曲线和累积曲线。

(二)实时分析仪

对于一些瞬时即逝的信号(如行驶的汽车、飞机、火车及脉冲噪声等)用一般的仪器测量会有困难。对于此类时间性较强的噪声进行频率分析,必须使用具有瞬时频率分析功能的仪器。实时分析仪是将瞬时信号全部显示于屏幕上,存储以后可用电平记录仪和计算机等记录或打印下来。经常使用的实时分析仪有两种:一种是1/3倍频带的实时分析仪,另一种是窄带实时分析仪。

1/3倍频带实时分析仪的工作原理是:输入信号通过前置放大器,输给多个并联的1/3倍频带滤波器,每个滤波器都有自己的检波器、积分器和存储电路,通过开关和逻辑电路在显像管上显示。输出信号可供电平记录仪记录或小型计算机自动进行数据处理。窄带实时分析仪是利用时间压缩原理,把输入信号存入储存器中,通过模-数转换系统高速取样,用模拟滤波器分析。若把窄带实时分析仪和小型计算机联用,可组成一个数据自动采集和处理系统。窄带实时分析仪可对噪声和振动进行详细的分析,可用于语言、音乐等声信号的分析。

六、环境噪声的测量

(一)城市区域环境噪声测量

1.测点的选择

将要普查测量的城市区域或整个城市划分成多个等大的网格。网格要覆盖住普查区域或城市。网格中的工厂道路及非建成区的面积之和不能大于50%,否则视为无效网格,网格数目不能少于100个。测定带内的位置应该在网格的中心位置,若网格中心位置不适合测量,可以移到旁边最近的位置测量。

维 4-4

2. 测量的方法

测量时,一般应避免在雨、雪天气(特殊情况例外)时进行,声级计应该加风罩以避免风的干扰,同时也可保持传声器清洁。四级以上大风天气应停止测量。声级计可以手持,也可以固定在三角架上,传声器离地面高1.2 m。如果放在车内,则要求传声器伸出车外一定距离,尽量避免车体反射影响。如果固定在车顶上,要加以说明,手持声级计应该是人体与传声器的距离在0.5 m以上。

测量时间分为白天(06:00~22:00)和夜间(22:00~06:00)。白天测量一般在08:00~12:00或14:00~18:00,夜间一般选在22:00~05:00,随着地区和季节不同,上述时间可以做一些改动。测量的量是一定时间(通常为5 s)间隔的A声级瞬间值,计权特性为"慢"响应。测量时,在每一个测点连续读取100个数据,代表该点的噪声分布,白天和夜间分别测量,测量时同时要判断和记录周围声学环境。

3. 评价方法

由于环境噪声是随时间而起伏的无规则噪声,因此测量数据用统计值或等效声级表示。即计算L_{10}、L_{50}、L_{90}、L_{eq}的算术平均值和最大值以及标准偏差,也可以用区域噪声污染图来表示,最后参考该区域所属的噪声标准进行综合评价。

某一区域或城市昼间(或夜间)的环境噪声平均水平由下式计算

$$L = \sum_{i=1}^{n} L_i \frac{S_i}{S}$$

式中　L_i——第i个测点测得的昼间(或夜间)的连续等效A声级;

S_i——第i个测点所代表的区域面积;

S——整个区域或城市的总面积。

(二)工业企业噪声测量方法

工业企业噪声测量分为工业企业生产环境噪声测量、机器设备噪声测量和工业企业边界噪声测量。下面主要介绍工业企业生产环境噪声测量和工业企业边界噪声测量。

1. 工业企业生产环境噪声测量

《工业企业噪声控制设计规范》(GB/T 50087—2013)规定:生产车间及作业场所工人每天接触噪声8 h的噪声限值为90 dB。测点选择的原则是:若车间各处A声级波动小于3 dB,则只需要在车间内选择1~3个测点,测量时传声器应置于工作人员的耳朵附近,但人需要离开。若车间各处A声级波动大于3 dB,需将车间分成若干区域,任意两区域的声级应大于或等于3 dB,而每个区域的声级波动必须小于3 dB,每个区域取1~3个测点,这些区域必须包括工人为观察或管理生产过程而经常工作、活动的地点和范围。

维 4-5

对稳态噪声测量A声级,记为dB(A);对于非稳态噪声,测量等效连续A声级或测量不同 A 声级下的暴露时间，计算等效连续 A 声级，测量时使用慢挡，取平均读数。在测量过程中应注意减少环境因素（如气流、电磁场、温度和湿度等）对测量结果的影响。测量结果记录于表 4-2。在表 4-3 中，测量的 A 声级的暴露时间必须填入对应的中心声级下面，以便于计算，如 78 ~ 82 dB(A)的暴露时间填在中心声级为 80 dB(A)之下，83 ~ 87 dB(A)填在 85 dB(A)之下。

表 4-2 工业企业噪声测量记录表

_______厂_______车间，厂址_______，_______年_______月_______日

	名称	型号	校准方法	备注
测量仪器				

	机器名称	型号	功率	运转状况		备注
				开/台	停/台	
车间设备状况						

设备分布、测点示意图				

	测点	声级(dB)		倍频程声压级(dB)									
		A	C	31.5	63.0	125.0	250.0	500.0	1 000.0	2 000.0	4 000.0	8 000.0	16 000.0
数据记录													

表 4-3 等效连续 A 声级记录表

	测点	中心声级[dB(A)]									等效连续 A 声级
		80	85	90	95	100	105	110	115	120	
暴露时间(min)											
备注											

2. 工业企业厂界噪声测量

《工业企业厂界环境噪声排放标准》(GB 12348—2008)规定，测量应在被测企事业单位的正常工作时间内进行，分昼、夜两部分。测量应在无雨、无大雪的天气条件下进行，传声器应加风罩，当风速大于5.5 m/s时应停止测量。

1) 测量仪器及测量项目

测量仪器的精度为Ⅱ级以上的声级计或环境噪声自动监测仪。用声级计测量时，仪器动态特性为"慢"响应，采样时间限为5 s。用环境噪声自动监测仪测量时，仪器的动态特性为"快"响应，采样时间间隔不大于1 s，读取各代表性测点的A、C声级，对变动噪声应求等效连续声级 L_{eq} 和统计声级 L_{10}、L_{50} 和 L_{90}。

2) 测点

测点即传声器的位置，应选在法定厂界外1 m、高1.2 m以上的噪声敏感处。若厂界有围墙，测点应高于围墙；若厂界与居民住宅相连，厂界噪声无法测量，测点应选在居室中央，室内限值应比相应标准低10 dB(A)。

3) 测量值及背景值的修正

测量值为等效声级。稳态噪声在测量时间内声级起伏不大于3 dB(A)测量1 min的等效声级；周期性的噪声，测量一个周期正常工作时间的等效声级；非周期性噪声则测量整个正常工作时间的等效声级。背景噪声的声级值应比待测噪声的声级值低10 dB(A)以上，若测量值与背景值差值小于0 dB(A)，应按表4-4进行修正。

表4-4 背景值修正表

差值	3	4~6	7~9
修正值	-3	-2	-1

七、声级计的使用(以AWA5688型多功能声级计为例)

(一)声级计的校准

声级计每次测量前、后应进行校准，其前、后校准偏差不应大于0.5 dB，否则本次测量无效。校准所有仪器应符合GB/T 15173对1级声校准器的要求。A声级测量时，校准声源频率为1 000 Hz，低频频谱测量时，校准声源频率至少有一个点频率应设在20~250 Hz区间内。测量仪器和声校准器应定期检定合格，并在检定期内使用。

(二)声级计对噪声的测量

声级计对噪声的测量模式很多，可以适用各种各样的环境，其中常用的模式如下。

1. 噪声单次测量

检查并调整时钟后，在"快速设置"里选好相关标准和测量方法后，进入统计测量界面，就自动进入了单次测量的模式。也可以按特殊要求，设好测量时间、启动模式、统计用频率计权、时间计权和组名等参数后，进入统计测量界面，将最下一行的蓝色背景的第二个菜单项改为"单次"，就可进入单次测量界面。

2. 24 h自动监测

24 h测量时指24 h自动测量，每小时整点自动启动测量1次，连续测量24次。每小时的测量经历时间可由用户设定，要求必须大于1 min，小于1 h，如不在这个范围之内仪器会自动调整到1 min～1 h。24 h自动测量时同时计算L_d、L_n、L_{dn}。用户可以根据自己的要求，设好测量时间、启动模式、统计用频率计权、时间计权和组名等参数后，进入统计测量界面，将最下一行的分析模式切换为“24 h”，就可进入24 h测量界面，此时仪器的状态显示行显示“准备”。当日历时钟到达整点时，仪器就自动开始测量，测量经历时间到达测量时间时测量停止，一个时间段的测量就结束了，仪器的状态显示行显示“等待”并等到下一个整点的到来，再启动测量。

3. 总值积分测量

检查并调整时钟后，按标准要求，设好测量时间、启动模式、统计用频率计权、时间计权和组名等参数后，进入测量菜单，就可进入到积分测量界面，此时仪器的状态显示行显示“准备”。按下启动/暂停键就开始测量了，仪器的状态显示行提示“启动”。仪器启动测量后，同时计算所有测量指标。

（三）数据调阅

从主菜单将光标移到“数据调阅”上，按确定键，进入数据调阅子菜单，显示器上列表显示出仪器内部所有测量结果的清单，用参数键将光标移到想查看的组号上，按光标键可查看测点名、测量日期、测量时间和测量方式等信息，按确定键可以查看详细测量结果。

1. 单次测量结果的调阅

当调阅的数据是采用单次方法测量得到的结果时，测量方式处显示Stat－One，按确定键进入列表界面，再按下确定键进入图像界面。

2. 24 h自动监测结果的调阅

当测量结果是24 h自动监测时，测量方式处显示Stat－24H＊＊。＊＊为01～24的数字，表示第1组至第24组，01表示启动测量后的第1个时间段的测量结果。每个时间段测量结束后，仪器自动保存该时间段的测量结果，每次完整的24 h测量会保存Stat－24H01～Stat24H24共24组数据。选中你需查看的数据，按确认键即可。

3. 总值积分测量结果的调阅

当调阅的数据是采用总值积分测量到的结果时，测量方式处显示OVERALL－INT，按确认键进入。

【思考题】

1. 噪声对人体有哪些危害？
2. 简述噪声评价的工作程序。
3. 噪声评价的等级有哪些？
4. 噪声测量系统由哪几部分组成？
5. 在对工业企业噪声进行测量时，应该如何选择测点？

维4-6

【技能训练】

实训一 城市交通噪声监测

一、实验目的

交通噪声是目前城市环境噪声的主要来源，通过本次实验加深对交通噪声的了解，理解等效连续声级及累计百分数声级的概念，熟练掌握环境噪声的测量方法和声级计的使用。

维实 4-1

二、原理

本实验中采用等效连续声级及累计百分数声级对测量的噪声进行客观量度。

等效连续 A 声级根据能量平均原则，把一个工作日内各段时间内不同水平的噪声，经过计算用一个平均的 A 声级来表示。如果在工作日内接触的是一种稳态噪声，则该噪声的等效连续 A 声级就是它的 A 声级。如果接触的噪声强度不同或不是稳态噪声，则按照下式计算

$$L_{eq} = 10\lg\left(\frac{1}{N}\sum_{i=1}^{N} 10^{0.1L_{Ai}}\right)$$

式中 L_{eq}——等效连续声级；

N——测试数数据；

L_{Ai}——第 i 个 A 计权声级。

累计百分数声级 L_n 表示在测量时间内高于 L_n 声级所占时间为 $n\%$。对于统计特性符合正态分布的噪声，其累计百分数声级与等效连续 A 声级之间有近似关系。

$$L_{eq} = L_{50} + (L_{10} - L_{90})^2/60$$

式中，峰值声级（L_{10}）表示在测量时段内，有 10% 的时间超过的噪声级，即噪声平均最大值。它是对人干扰较大的声级，也是交通噪声常用的评价值。平均声级（L_{50}）表示在测量时段内，有 50% 的时间超过的噪声级，即噪声的平均值。本底声级（L_{90}）表示在测量时段内，有 90% 的时间超过的噪声级，即噪声的本底值。等效声级（L_{eq}）是指在测量时间段内，用能量平均的方法，将间歇暴露的几个不同 A 声级噪声表示为该时段内的噪声大小，是声级能量的平均。

三、仪器

本实验所用仪器为 AWA5688 型多功能声级计。

四、测点的选择

城市交通噪声测量的测点可以选在两个交通路口之间的交通线上，测点应该在距离交通干线 20 cm 的人行道上。测点离地面高度为 1.2 m，并尽可能避开周围的反射物，以减少周围反射物对测试结果的影响。

五、测量方法

(1)准备好实验仪器,打开电源稳定后,用校准仪对仪器进行校准。

(2)测量时,使用声级计的“慢”效应,传声器置于测点上方距地面高度为1.2 m,垂直指向马路。每隔5 s即一个瞬时A声级,连续记录200个数据。测量的同时记录交通流量及主要的交通污染源。

六、评价方法

将200个数据从小到大排列,第20个数据为L_{90},第100个数据为L_{50},第180个数据为L_{10},并计算L_{eq},因为交通噪声基本符合正态分布,所以可以用下式计算

$$L_{eq} = L_{50} + (L_{10} - L_{90})^2/60$$

评价量为L_{eq}或L_{10},然后用不同的颜色或不同阴影画出每段马路的噪声值,即得到城市交通噪声污染分布图。

全市测量结果应得出全市交通干线L_{eq}、L_{50}、L_{10}、L_{90}的平均值和最大值,以及标准偏差等,以便于城市间的比较。

$$L = \frac{1}{l}\sum_{k=1}^{n} L_k l_k$$

式中 l——全市干线总长度,km;

L_k——所测k段干线的声级$L_{eq}(L_{10})$;

l_k——所测k段干线长度,m;

七、测量记录

(1)日期、时间、地点及测定人员。

(2)使用仪器型号、编号及其校准记录。

(3)测定时间内的天气条件。

(4)测量项目及测定结果。

(5)测量依据的标准。

(6)测点示意图。

(7)声源及运行工况说明(如交通噪声测量的交通流量等)。

(8)其他应记录的事项。

八、注意事项

(1)测量场地应平坦而空旷。

(2)测试场地道路应有20 m以上的平直、干燥的沥青路面或混凝土路面,路面坡度不超过0.5%。

(3)本底噪声(包括风噪声)应比所测车辆噪声至少低10 dB,并保证测量时不被偶然的其他声源所干扰。

(4)为避免风噪声的干扰,可采用防风罩。测试应在无雨雪、无雷电天气,风速5 m/s以下时进行。

【思考题】

1. 可否以所测路段的噪声代表该城市的噪声水平?

2. 道路两旁的噪声分布符合什么样的规律?

项目五　固体废弃物监测

【知识目标】

1. 了解固体废弃物的来源、类型、危害。
2. 掌握危险废弃物的定义和鉴别;
3. 掌握固体废弃物监测方案的制订。
4. 掌握固体废弃物监测步骤及注意事项。
5. 掌握监测记录的填写。

维 5-1

【技能目标】

1. 能熟练查阅标准规范、制订监测方案。
2. 能根据监测方案独立准备实验,并提出过程质量保证措施。
3. 能熟练进行固体废弃物样品的采集。
4. 能熟练进行固体废弃物有毒有害特性监测。

【项目导入】

固体废弃物概述

城市生活固体废弃物主要是指在城市日常生活中或者为城市日常生活提供服务的活动中产生的固体废弃物,即城市生活垃圾,主要包括居民生活垃圾、医院垃圾、商业垃圾、建筑垃圾(又称渣土)。一般来说,城市每人每天的增圾量为1 ~2 kg,其多寡及成分与居民物质生活水平、习惯、废旧物资回收利用程度、市政建筑情况等有关,如国内的垃圾主要为厨房垃圾。有的城市生活固体废弃物,每年的产量就十分惊人。18 世纪中叶,世界人口仅有 3% 住在城市;到 1950 年,城市人口比例占 29%;1985 年,这个数字上升到 41%。预计到 2025 年,世界人口的 60% 将住在城市或城区周围。这么多人住在或即将住在城市,而城市又是高度集中、环境被大大人工化的地方,城市垃圾所产生的污染极为突出。一般来说,城市生活水平愈高,垃圾产生量愈大,在低收入国家的大城市,如加尔各答、卡拉奇和雅加达,每人每天产生 0.5 ~0.8 kg;在工业化国家的大城市,每人每天产生的垃圾通常为 1 kg 左右。据统计,我国每年因固体废弃物污染环境造成的直接经济损失已超过 90 亿元人民币,而资源损失——每年固体废弃物中可利用而未被利用的资源价值就达 250 亿元。因此,了解固体废弃物的来源和危害,加强固体废弃物的监测和管理是环境保护工作的重要任务之一。

维 5-2

一、固体废弃物概述

（一）固体废弃物

固体废弃物指人们在开发建设、生产经营和日常生活活动中向环境排出的固体和泥状废物，分为危险固体废弃物和一般固体废弃物。

（二）危险固体废弃物及其特性

危险固体废弃物及其特性是指列入《国家危险废物名录》或者根据国家规定的危险废物鉴别标准和鉴别方法认定的具有危险特性的废物。易燃性、腐蚀性、反应性、传染性、放射性、浸出毒性、急性毒性等。凡具有一种或多种以上危险特性者，即可称为危险废弃物。

维 5-3

（三）固体废弃物危害

固体废弃物对人类环境的危害表现在五个方面：

（1）侵占土地；

（2）污染土壤；

（3）污染水体；

（4）污染大气；

（5）影响环境卫生。

固体废弃物是一个相对的概念，因为往往从一个生产环节看，被丢弃的物质是废物，是无用的，但从另一个生产环节看又往往是有用的，可作为生产原料，故有“放错地方的资源”之称。

二、固体废弃物的分类及城市生活垃圾

（一）固体废弃物的分类

（1）按化学性质分为无机废弃物、有机废弃物。

（2）按形状分为固体废弃物、泥状废弃物。

（3）按危害分为一般废弃物、有毒（危险）废弃物。

（4）按来源分为工业废弃物、矿业废弃物、城市垃圾废弃物、农业废弃物。

维 5-4

（二）城市生活垃圾来源、组成和处理方法

1. 来源

城市生活垃圾主要包括厨房垃圾、普通垃圾、庭院垃圾、清扫垃圾、商业垃圾、建筑垃圾、危险垃圾（如医院传染病房、放射性治疗系统、核实验室等排放的各种废物）等。

维 5-5　　维 5-6

2. 组成

城市生活垃圾的组成很复杂，通常包括食品垃圾、纸类、细碎物、金属、玻璃、塑料等。

3. 处理方式

城市生活垃圾的处理方式主要有卫生填埋、焚烧（包括热解和汽化）、堆肥和再生利用四种。

【任务分析】

任务一　固体废弃物的采集、制备

一、固体废弃物样品的采集和制备

采样是一个十分重要的环节。所采样本的质量如何，直接关系到分析结果的可靠性，使采集样品具有代表性。

维 5-7

（一）工业固体废弃物的采集

1. 采集工具

采集工具包括尖头钢锹、钢锤、采样探子、采样钻、气动和空探针、取样铲、带盖盛样桶或内衬塑料薄膜的盛样袋等。

2. 采样程序

（1）定采样单元数：物料越不均匀，准确度要求越高，单元应越多。

（2）确定采样量：切乔特经验公式 $Q = kda$（缩分公式）计算（见表 5-1）。

表 5-1　采样量确定

最大粒径(mm)	最小份样质量(kg)	采样铲容量(mL)
>150	30	
100 ~ 150	15	16 000
50 ~ 100	5	7 000
40 ~ 50	3	1 700
20 ~ 40	2	800
10 ~ 20	1	300
<10	0.5	125

（3）选用采样方法：现场采样；运输车及容器采样；废渣堆采样法。

3. 选用采样方法

1）现场采样

确定样品的批量，按采样间隔≤批量(t)/规定的份样数，计算出采样间隔，进行流动间隔采样。

注意事项：采第一个份样时，不准在第一间隔起点开始，可在第一间隔内确定。

2)运输车及容器采样

在运输一批固体废弃物时，当车数不多于该批废弃物规定的份样数时每车应采份样数按下式计算：

每车应采样单元数(小数进整数)=规定采样单元数/车数

当车数多于规定的份样数时，按规定(见表5-2)选出所需最少的采样车数后从所选车中各随机采集一个份样。

表5-2　最少采样车数

车数(容量)	所需最少采样车数
<10	5
10~25	10
25~50	20
50~100	30
>100	50

在车中，采样点应均匀分布在车厢的对角线上(见图5-1)，端点距车角应大于0.5 m，表层去掉30 cm。

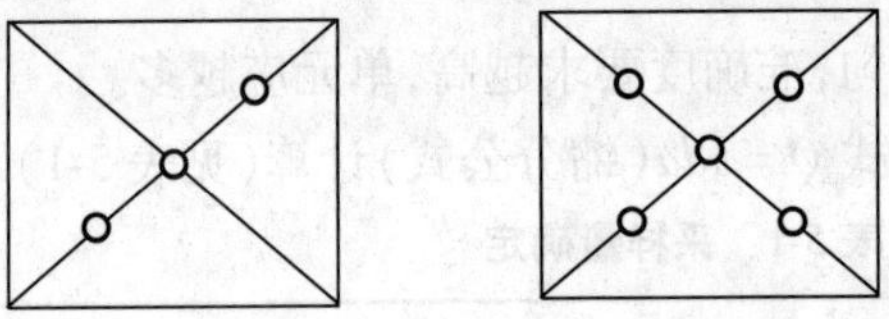

图5-1　车厢中的采样布点

3)废渣堆采样法

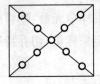

在渣堆两侧距堆底0.5 m处画第一条横线，然后每隔0.5 m画一条横线；再每隔2 m画一条横线的垂线，其交点作为采样点。

(二)城市生活垃圾的采集

1. 采样工具

采样工具为50 L搪瓷盆、100 kg磅秤、铁锹、竹夹、橡皮手套、剪刀、小铁锤等。

2. 方法与步骤

1)采样点的确定

在市区选择2~3个居民生活水平与燃料结构具有代表性的居民生活区作为点，再选择一个或几个垃圾堆放场所为面，定期采样。

2)方法与步骤

(1)将50 L容器(搪瓷盆)洗净、干燥、称量、记录，然后布置于点上，每个点布置若干个容器；面上采集时，带好备用容器。

(2)点上采样量为该点24 h内的全部生活垃圾；面上的取样数量以50 L为一个单

位,要求从当日卸到垃圾堆放场的每车垃圾中进行采样(每车5 t),共取1 m^3左右(约20个垃圾车)。

(3)将各点集中或面上采集的样品中大块物料现场人工破碎,然后用铁锹充分混匀。

(4)混合后的样品现场用四分法,把样品缩分到90 ~ 100 kg,即为初样品。

(三)样品的制备

1. 制备目的

制备目的是将原始试样制成满足实验室分析要求的分析试样,即数量缩减到几百克、组成均匀(能代表原始样品)、粒度细(易于分解)。

2. 制样工具

制样工具有粉碎机(破碎机)、药碾、钢锤、标准套筛、十字分样板、机械缩分器。

3. 工业样品制样的步骤

工业样品制样的步骤包括粉碎、筛分、混合、缩分。

1)粉碎

粉碎可以减小样品的粒度,可用机械或手工粉碎。将干燥后的样品根据其硬度和粒径的大小,采用适宜的粉碎机械,分段粉碎至所要求的粒度。

2)筛分

筛分可以使样品95%以上处于某一粒度范围。根据样品最大粒径选相应的筛号,分阶段筛出全部粉碎样品,筛上部分应全部返回重新粉碎,不得随意丢弃。

3)混合

混合可以使样品达到均匀,混合均匀的方法有堆锥法、环锥法、掀角法和机械拌匀法等,使过筛的样品充分混合。

4)缩分

将样品缩分,以减少样品的质量。采用圆锥四分法进行缩分。圆锥四分法即将样品置于洁净、平整板面(聚乙烯板、木板等)上,堆成圆锥形,将圆锥尖顶压平,用十字分样板自上压下,分成四等份,保留任意对角的两等份,重复上述操作至达到所需分析试样的最小质量。

4. 城市垃圾制样的步骤

城市垃圾制样的步骤包括分拣、粉碎、混合、缩分。

1)分拣

将采取的生活垃圾样品按分类方法手工分拣垃圾样品,并记录各类成分的比例或质量。

2)粉碎

分别对各类废物进行粉碎。对灰土、砖瓦陶瓷类废物,先用手锤将大块敲碎,然后用粉碎机或其他粉碎工具进行粉碎;对动植物、纸类、纺织物、塑料等废物,用剪刀剪碎。粉碎后样品的大小根据分析测定项目确定。

3)混合、缩分

采用圆锥四分法。

5. 运送和保存样品

样品在运送过程中,应避免样品容器的倒置和倒放。

样品应尽快测定,否则必须放在干燥处保存,密封于容器中,贴上标签备用。必要时可采用低温、加入保护剂的方法。制备好的样品,一般有效保存期为 3 个月,易变质的试样不受此限制。保存期内样品若吸水受潮,则必须再次在 105 ±5 ℃的条件下烘干至恒重后,才能用于测定。

维 5-8

任务二 固体废弃物污染物监测

一、危险性的监测

危险性监测分为急性毒性(LD_{50})、易燃性、腐蚀性、反应性。

(一)急性毒性(LD_{50})

1. 毒性大小的评定

能引起小鼠(大鼠)在 48 h 内死亡半数以上者,并参考制定有害物质卫生标准的实验方法,进行半致死剂量(LD50)实验,评定毒性大小。

2. 急性毒性鉴别方法

(1)将 100 g 制备好的样品置于 500 mL 具塞磨口锥形瓶中,加入 100 mL 蒸馏水(固液 1∶1),振摇 3 min,在常温下静止浸泡 24 h 后,用中速定量滤纸过滤,滤液留待灌胃实验用。

(2)以 10 只体重 18 ~24 g 的小白鼠(或体重 200 ~300 g 的大白鼠)作为实验对象。若是外购鼠,必须在本单位饲养条件下饲养 7 ~10 d,健康者方可使用。实验前 8 ~12 h 和观察期间禁食。

(3)灌胃采用 1 mL(或 5 mL)注射器,注射针采用 9(或 12)号,去针头,磨光,弯曲呈新月形,进行经口一次灌胃,灌胃量为小鼠不超过 0.4 mL/20 g(体重),大鼠不超过 1.0 mL/100 g(体重)。

(4)对灌胃后的小鼠(或大鼠)进行中毒症状的观察,记录 48 h 内实验动物的死亡数目。根据实验结果,如出现半数以上的小鼠(或大鼠)死亡,则可判定该废物是具有急性毒性的危险废物。

(二)易燃性

1. 易燃性

易燃性是指闪点低于 60 ℃的液态废物和经过摩擦、吸湿等自发的化学变化或在加工制造过程中有着火趋势的非液态废物,由于燃烧剧烈而持续,以致会对人体和环境造成危害的特性。鉴别易燃性的方法是测定闪点。

2. 鉴别易燃性的仪器

常用的配套仪器有温度计和防护屏。

温度计:采用 1 号温度计(-30 ~170 ℃)或 2 号温度计(100 ~300 ℃)。

防护屏:由镀锌铁皮制成,高 550 ~650 mm,宽以适用为度,屏身内壁漆成黑色。

3. 测定步骤

按标准要求加热试样至一定温度，停止搅拌，每升高 1 ℃点火一次，至试样上方刚出现蓝色火焰，立即读出温度值，该值即为测定结果。操作过程的细节可参阅《石油产品闪点测定法(闭口杯法)》(GB/T 261)。

(三)腐蚀性

1. 腐蚀性

腐蚀性指通过接触能损伤生物细胞组织，或使接触物质发生质变，使容器泄漏而引起危害的特性。

2. 鉴别方法

主要是鉴别酸碱性，用 pH 计测定。

(四)反应性

1. 反应性

反应性是指在通常情况下固体废弃物不稳定，极易发生剧烈的化学反应，或与水反应猛烈，或形成可爆炸性的混合物，或产生有毒气体的特性。测定方法包括撞击感度实验、摩擦感度实验、差热分析实验、爆炸点测定、火焰感度测定、温升实验和释放有毒有害气体实验等。

2. 释放有害气体的测定方法

250 mL 高压聚乙烯塑料瓶，另配橡皮塞(将塞子打一个 6 mm 的孔)，插入玻璃管；振荡器采用调速往返式水平振荡器；100 mL 注射器，配带 6 号针头。

(五)浸出毒性

1. 浸出毒性的定义

浸出毒性是指固体废弃物按规定的浸出方法得到的浸出液中，有害物质的浓度超过规定值，从而会对环境造成污染的特性。鉴别固体废弃物浸出毒性的浸出方法有水平振荡法和翻转法。

2. 浸出办法

1)水平振荡法

固定在水平往复式振荡器上，在室温下振荡 8 h，静置 16 h 后取下，经 0.45 μm 滤膜过滤得到浸出液，测定污染物浓度。

2)翻转法

固定在翻转式搅拌机上，在室温下翻转搅拌 18 h，静置 30 min 后取下，经 0.45 μm 滤膜过滤得到浸出液，测定污染物浓度。

(六)生活垃圾的特性分析

(1)垃圾的粒度：分级采用筛分法。

(2)淀粉的测定：垃圾在堆肥处理过程中，需借助淀粉量分析来鉴定堆肥的腐熟程度。

(3)生物降解度的测定：COD、BOD 试验方法。

(4)垃圾热值的测定：热值是废物焚烧处理的重要指标，分高热值和低热值。

垃圾热值及氢含量一览见表 5-3。

表 5-3 垃圾热值及氢含量一览

城市垃圾成分	干基高热值(kJ/kg)	干基氢含量(%)
塑料	32 570	7.2
橡胶	23 260	10.0
木竹	18 610	6.0
纺织物	17 450	6.6
纸类	16 600	6.0
灰土 砖陶	6 980	3.0
厨余	4 650	6.4
铁金属	700	
玻璃	140	

热值的测定可以用量热计法或热耗法。

1. 粒度测定方法

粒度测定方法采用筛分法。将一系列不同筛目的筛子按规格序列由小到大排列，筛分时，依次连续摇动 15 min，依次转到下一号筛子，然后计算每一粒度微粒所占的百分比。如果需要在试样干燥后再称量，则需在 70 ℃的温度下烘干 24 h，然后在干燥器中冷却后筛分。

维 5-9

2. 淀粉测定方法

1）测定的原理

利用垃圾在堆肥过程中形成的淀粉碘化络合物的颜色变化与堆肥降解度的关系。当堆肥降解尚未结束时，淀粉碘化络合物呈蓝色；当降解结束时，即呈黄色。堆肥颜色的变化过程是深蓝→浅蓝→灰→绿→黄。

2）分析试验的步骤

(1) 将 1 g 堆肥置于 100 mL 烧杯中，滴入几滴酒精使其湿润，再加 20 mL 36% 高氯酸。

(2) 滤纸(90 号纸)过滤。

(3) 加入 20 mL 碘反应剂到滤液中并搅动。

(4) 将几滴滤液滴到白色板上，观察其颜色变化。

3. 生物降解度的测定分析步骤

(1) 称取 0.5 g 已烘干磨碎试样于 500 mL 锥形瓶中。

(2) 准确量取 20 mL $c[1/6(K_2Cr_2O_7)]=2$ mol/L 重铬酸钾溶液加入试样瓶中并充分混合。

(3) 用另一支吸管量取 20 mL 硫酸加到试样瓶中。

(4) 在室温下将这一混合物放置 12 h 且不断摇动。

(5) 加入大约 15 mL 蒸馏水。

(6)依次加入 10 mL 磷酸、0.2 g 氟化钠和 30 滴二苯胺指示剂，每加入一种试剂必须混合。

(7)用标准硫酸亚铁铵溶液滴定，在滴定过程中颜色的变化是棕绿→绿蓝→蓝→绿，出现纯绿色达到滴定终点。

(8)用同样的方法在不放试样的情况下做空白实验。

(9)如加入指示剂时易出现绿色，则试验必须重做，必须再加 30 mL 重铬酸钾溶液。

(10)生物降解物质的计算

$$BDM = 1.28(V_2 - V_1)Vc/V_2 \quad (5\text{-}1)$$

式中　BDM——生物降解度；

V_1——试样滴定体积，mL；

V_2——空白实验滴定体积，mL；

V——重铬酸钾的体积，mL；

c——重铬酸钾的浓度；

1.28——折合系数。

4. 垃圾渗滤液监测

参见水质监测。

【思考题】

维 5-10

1. 解释固体废弃物、城市垃圾的概念。
2. 什么是危险废弃物？危险特性包括哪几个方面？
3. 简述固体废弃物废渣堆采样法。
4. 工业固体废弃物样品如何制备？
5. 固体废弃物制样过程中有哪些要求？
6. 固体废弃物样品怎样保存？
7. 何谓固体废弃物的浸出毒性？简述固体废弃物浸出毒性的水平振荡法。
8. 固体废弃物的腐蚀性怎样鉴别？
9. 简述固体废弃物的急性毒性实验方法。
10. 生活垃圾中淀粉如何测定？
11. 怎样测定城市垃圾的生物降解度？

项目六 生物污染监测

【知识目标】

1. 了解污染物在生物体内的分布规律；
2. 掌握生物样品的采集和制备方法；
3. 了解生物样品的预处理方法；
4. 理解生物污染监测方法。

维 6-1

【技能目标】

1. 会进行生物样品的采集和制备；
2. 具备处理生物样品的能力；
3. 能正确利用污染监测方法进行生物体的污染物监测。

【项目导入】

生物污染概述

生物与其生存环境之间存在着相互影响、相互制约、相互依存的密切关系，其中生物需不断直接或间接地从环境中吸取营养，进行新陈代谢，维持自身生命。当空气、水体、土壤环境要素受到污染后，生物在吸收营养的同时，也吸收了污染物质，并在体内迁移、积累而遭受污染。受到污染的生物，在生态、生理和生化指标、污染物在体内的行为等方面会发生变化，出现不同的症状或反应，利用这些变化来反映和度量环境污染程度的方法称为生物监测法。

维 6-2

通过生物污染监测可以测定生物体内的有害物质，及时掌握被污染的程度，以便采取措施，改善生物生存环境，保证生物食品的安全。生物监测结果能够反映污染因素对人和生物危害及对环境影响的综合效应。生物监测方法是理化监测方法的重要补充，二者相结合即构成了综合环境监测手段。

一、生物对污染物的吸收及体内分布

掌握污染物质进入生物体的途径、迁移及各部位的分布规律，对正确采集样品，选择测定方法和获得正确的测定结果是十分重要的。

（一）植物对污染物的吸收及体内分布

1. 空气污染物

空气污染物主要通过黏附、从叶片气孔或茎部皮孔侵入方式进入植物体内。

黏附是指污染物黏附在植物表面的现象。例如，植物表面对空气中农药、粉尘的黏附，其黏附量与植物的表面积大小、表面性质及污染物的性质、状态有关。表面积大、表面

粗糙、有绒毛的植物比表面积小、表面光滑的植物黏附量大；黏度大的污染物、乳剂比对黏度小的污染物、粉剂黏附量大。黏附在植物表面的污染物可因蒸发、风吹或随雨流失而脱离植物，脂溶性或内吸传导性农药，可渗入作物表面的蜡质层或组织内部，被吸收、输导分布到植株汁液中。这些农药在外界条件和体内酶的作用下逐渐降解、消失，但稳定性农药的这种分解、消失速度缓慢，直到作物收获时往往还有一定的残留量。实验结果表明，作物体上残留农药量的减少通常与施药后的间隔时间呈指数函数关系。

气态污染物如氟化物，主要通过植物叶面上的气孔进入叶肉组织，首先溶解在细胞壁的水分中，一部分被叶肉细胞吸收，大部分则沿纤维管束组织运输，在叶尖和叶缘中积累，使叶尖和叶缘组织坏死。

从空气中吸收污染物的植物，一般叶部残留量最大。

2. 土壤或水体中污染物

植物通过根系从土壤或水体中吸收水溶态污染物，其吸收量与污染物的含量、土壤类型及植物品种等因素有关。污染物含量高，植物吸收的就多；在砂质土壤中的吸收率比在其他土质中的吸收率要高；对丙体六六六（林丹）的吸收率比其他农药高；块根类作物比茎叶类作物吸收率高；水生作物的吸收率比陆生作物的高。

污染物进入植物体后，在各部位分布和蓄积情况与吸收污染物的途径、植物品种、污染物的性质及其作用时间等因素有关。从土体和水体中吸收污染物的植物，一般分布规律和残留量的顺序是：根 > 茎 > 叶 > 穗 > 壳 > 种子。

（二）动物对污染物的吸收及体内分布

环境中的污染物一般通过呼吸道、消化道、皮肤等途径进入动物体内。

1. 空气污染物

空气中的气态污染物、粉尘从鼻、咽、腔进入气管，有的可到达肺部。其中，水溶性较大的气态污染物，在呼吸道黏膜上被溶解，极少进入肺泡；水溶性较小的气态物质，绝大部分可到达肺泡。直径小于 5 μm 的粉尘颗粒可到达肺泡，而直径大于 10 μm 的尘粒大部分被黏附在呼吸道和气管的黏膜上。

2. 土壤或水体中污染物

水和土体中的污染物质主要通过饮用水和食物摄入，经消化道被吸收。由呼吸道吸入并沉积在呼吸道表面上的有害物质，也可以咽到消化道，再被吸收进入体内。整个消化道都有吸收作用，但主要吸收部位是小肠。

皮肤是保护肌体的有效屏障，但具有脂溶性的物质，如四乙基铅、有机汞化合物、有机锡化合物等，可以通过皮肤吸收后进入动物肌体。

动物吸收污染物质后，主要通过血液和淋巴系统传输到全身各组织产生危害。按照污染物性质和进入动物组织的类型不同，大体有以下五种分布规律：

（1）能溶解于体液的物质，如钾、钠、锂、氟、氯、溴等离子，在体内分布比较均匀。

（2）水解后生成胶体的物质，如镧、锑、钍等三价和四价阳离子主要蓄积于肝脏和其网状内皮系统。

（3）与骨骼亲和性较强的物质，如铅、钙等二价阳离子通常在骨骼中含量较高。

（4）对某一器官具有特殊亲和性的物质，在该器官中蓄积较多。

(5)脂溶性物质,如有机氯化合物(六六六、DDT等)易蓄积于动物体内的脂肪中。

二、污染物在生物体内的转化与排泄

有机污染物进入动物体后,除很少一部分水溶性强、相对分子质量小的毒物可以原形态排出外,绝大部分都要经过某种酶的代谢(或转化),从而改变其毒性,增强其水溶性而易于排泄。肝脏、肾脏、胃、肠等器官对各种毒物都有生物转化功能,其中以肝脏为主。对污染物代谢过程可分为两步:第一步进行氧化、还原和消解,这一代谢过程主要与混合功能氧化酶系有关,它具有对多种外源性物质(包括化学致癌物质、药物、杀虫剂等)和内源性物质(激素、脂肪等)的催化作用,使这些物质羟基化、去甲基化、脱氨基化、氧化等;第二步发生结合反应,一般通过一步或两步反应,就可能使原属活性物质转化为惰性物质或解除其毒性,但也有转化为比原物质活性更强而增加其毒性的情况。例如,1605(农药)在体内被氧化成1600,其毒性增大。

无机污染物质,包括金属和非金属污染物,进入动物体后,一部分参加生化代谢过程,转化为化学形态和结构不同的化合物,如金属的甲基化和脱甲基化反应,发生络合反应等;也有一部分直接蓄积于细胞各部分。

各种污染物质经转化后,有的排出体外,其排泄途径主要通过肾脏、消化道和呼吸道,也有少量随汗液、乳汁、唾液等分泌液排出,还有的在皮肤的新陈代谢过程中到达毛发而离开肌体。有毒物质在排泄过程中,可在排出的器官造成继发性损害,成为中毒表现的一部分。

【任务分析】

任务一　生物样品的采集、制备和预处理

一、植物样品的采集和制备

(一)植物样品的采集

1. 对样品的要求

1)代表性

代表性是指采集代表一定范围污染情况的植株为样品。这就要求对污染源的分布、污染类型、植物的特征、地形地貌、灌溉出入口等因素进行综合考虑,选择合适的地段作为采样区,再在采样区内划分若干小区,采用适宜的方法布点,确定代表性的植株。不要采集田埂、地边及距田埂地边2 m以内的植株。

2)典型性

典型性是指所采集的植株部位要能充分反映通过监测所要了解的情况。根据要求分别采集植株的不同部位,如根、茎、叶、果实,不能将各部位样品随意混合。

维 6-3

3)适时性

适时性是指在植物不同生长发育阶段,施药、施肥前后,适时采样监测,以掌握不同时期的污染状况和对植物生长的影响。

2. 布点方法

在划分好的采样小区内,常采用梅花形布点法或交叉间隔布点法确定代表性的植株,见图6-1、图6-2。

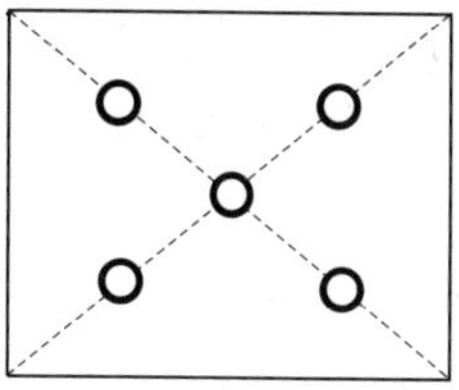

图6-1　梅花形五点取样

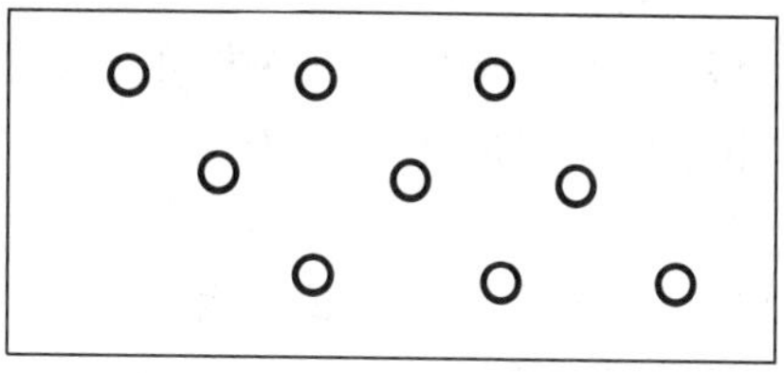

图6-2　交叉间隔取样

3. 采样方法

(1)在每个采样小区内的采样点上分别采集5～10处植株的根、茎、叶、果实等,将同部位样混合,组成一个混合样;也可以整株采集后带回实验室再按部位分开处理。采集样品量要能满足需要,一般经制备后,至少有20～50 g干重样品。新鲜样品可按含80%～90%的水分计算所需样品量。若采集根系部位样品,应尽量保持根部的完整。对旱作物,在抖掉附在根上的泥土时,注意不要损失根毛;如采集水稻根系,在抖掉附着泥土后,应立即用清水洗净。根系样品带回实验室后,及时用清水洗(不能浸泡),再用纱布拭干。如果采集果树样品,要注意树龄、株型、生长势、载果数量和果实着生的部位及方向。如要进行新鲜样品分析,则在采集后用清洁、潮湿的纱布包住或装入塑料袋,以免水分蒸发而萎缩。对水生植物,如浮萍、藻类等,应采集全株,从污染严重的河、塘中捞取的样品,需用清水洗净,挑去水草等杂物。

(2)采好的样品装入布袋或聚乙烯塑料袋,贴好标签,注明编号、采样地点、植物名称、分析项目,并填写采样登记表。

样品带回实验室后,如测定新鲜样品,应立即处理和分析,当天不能分析完的样品,暂时放于冰箱中保存,其保存时间的长短,视污染物的性质及在生物体内的转化特点和分析测定要求而定。如果测定干样品,则将鲜样放在干燥通风处晾干或于鼓风干燥箱中烘干。

(二)植物样品的制备

1. 鲜样的制备

测定植物内容易挥发、转化或降解的污染物质(如酚、氰、亚硝酸盐等)、营养成分(如维生素、氨基酸、糖、植物碱等),以及多汁的瓜、果、蔬菜样品,应使用新鲜样品。

鲜样的制备方法如下:

(1)将样品用清水、去离子水洗净,晾干或拭干。

(2)将晾干的鲜样切碎、混匀,称取100 g于电动高速组织捣碎机的捣碎杯中,加适量蒸馏水或去离子水,开动捣碎机捣碎1～2 min,制成匀浆。对含水量大的样品,如熟透的西红柿等，捣碎时可以不加水。

(3)对于含纤维多或较硬的样品，如禾本科植物的根、茎秆、叶子等，可用不锈钢刀或剪刀切(剪)成小片或小块，混匀后在研钵中加石英砂研磨。

2. 干样的制备

分析植物中稳定的污染物，如某些金属元素和非金属元素、有机农药等，一般用风干样品。

干样的制备方法如下：

(1)将洗净的植物鲜样尽快放在干燥通风处风干(茎秆样品可以劈开)，如果遇到阴雨天或潮湿气候，可放在40～60 ℃鼓风干燥箱中烘干，以免发霉腐烂，并减少化学和生物变化。

(2)将风干或烘干的样品去除灰尘、杂物，用剪刀剪碎(或先剪碎再烘干)，再用磨碎机磨碎。谷类作物的种子样品如稻谷等，应先脱壳再粉碎。

(3)将粉碎好的样品过筛，一般要求通过1 mm筛孔即可，有的分析项目要求通过0.25 mm的筛孔。制备好的样品储存于磨口玻璃广口瓶或聚乙烯广口瓶中备用。

(4)对于测定某些金属含量的样品，应注意避免受金属器械和筛子等污染。因此，最好用玻璃研钵磨碎，尼龙筛过筛，聚乙烯瓶保存。

(三)分析结果表示方法

植物样品中污染物质的分析结果常以干重(mg/kg 干重)为基础表示，以便比较各样品某一成分含量的高低。因此，还需要测定样品的含水量，对分析结果进行换算。含水量常用重量法测定，即称取一定量新鲜样品或风干样品，于100～105 ℃烘干至恒重，由其失重计算含水量。对含水量高的蔬菜、水果等，以鲜重表示计算结果为好。

二、动物样品的采集和制备

根据污染物在动物体内的分布规律，常选择性地采集动物的尿、血液、唾液、胃液、乳液、粪便、毛发、指甲、骨骼或脏器等作为样品进行污染物的分析测定。

(一)尿液

定性检测尿液成分时应采集晨尿，定量检测尿液成分时一般采集24 h总排尿量，测定结果为收集时间内尿液中污染物的平均含量。如铅、锰、钙、氟等的测定。

(二)血液

一般用注射器抽取10 mL血样冷藏备用。常用于分析血液中所含金属毒物及非金属毒物，如铅、汞、氟化物、酚等。

(三)毛发和指甲

采集和保存较方便，主要用于汞、砷等含量的测定。样品采集后，用中性洗涤剂洗涤，去离子水冲洗，最后用乙醚或丙酮洗净，室温下充分晾干后保存备用。

(四)组织和脏器

对调查研究环境污染物在肌体内的分布、蓄积、毒性和环境毒理学等方面的研究都具有十分重要的意义，常根据研究的需要，取肝、肾、心、肺、脑等部位组织作为检验样品，通常利用组织捣碎机捣碎、混匀，制成浆状鲜样备用。

（五）水产食品

样品从监测区域内水产品产地或最初集中地采集。一般采集产量高、分布范围广的水产品，所采品种尽可能齐全，以较客观地反映水产食品的被污染水平。从对人体的直接影响考虑，一般只取水产品的可食部分进行检测。

三、生物样品的预处理

非溶液状态的生物样品不便对其进行监测分析，且由于生物样品中含有大量有机物，这些有机物的大量存在对样品中污染物的监测分析产生严重干扰。因此，测定前必须对生物样品进行处理，将监测分析对象从生物样品中分离出来，或将生物样品中的有机物破坏分解，使监测分析对象成为简单的无机化合物或单质，常用的预处理方法有湿法消解法、灰化法、提取、分离和浓缩法等。

（一）消解和灰化

测定生物样品中的金属和非金属元素时，通常都要将其大量有机物基体分解，使欲测组分转变成简单的无机化合物或单质，然后进行测定。分解有机物的方法有湿法消解和干法灰化。

（二）提取、分离和浓缩

测定生物样品中的农药、石油烃、酚等有机污染物时，需要用溶剂将欲测组分从样品中提取出来，提取效率的高低直接影响测定结果的准确度。如果存在杂质干扰和待测组分浓度低于分析方法的最低检测浓度问题，还要进行分离和浓缩。

任务二　水和大气污染生物监测

一、水环境污染生物监测

（一）生物群落监测方法

未受污染的环境水体中生活着多种多样的水生生物，这是长期自然发展的结果，也是生态系统保持相对平衡的标志。当水体受到污染后，水生生物的群落结构和个体数量就会发生变化，使自然生态平衡系统被破坏，最终结果是敏感生物消亡，抗性生物旺盛生长，群落结构单一，这是生物群落监测法的理论依据。

1. 水污染指示生物

水污染指示生物是指能对水体中污染物产生各种定性、定量反应的生物，如浮游生物、着生生物、底栖动物、鱼类和微生物等。

维 6-4

2. 监测方法

1）污水生物系统法

污水生物系统是德国学者于 20 世纪初提出的，其原理基于将受有机物污染的河流按照污染程度和自净过程，自上游向下游划分为四个相互连续的河段，即多污带段、α－中污带段、β－中污带段和寡污带段，每个带都有自己的物理、化学和生物学特征，见表 6-1。

表 6-1　污水系统生物学、化学特征

项目	多污带	α－中污带	β－中污带	寡污带
化学过程	还原和分解作用明显开始	水和底泥里出现氧化作用	氧化作用更强烈	因氧化使无机化达到矿化程度
溶解氧	没有或极微量	少量	较多	很多
BOD	很高	高	极低	低
硫化氢的生成	具有强烈硫化氢臭味	没有强烈硫化氢臭味	无	无
水中有机物	蛋白质、多肽等高分子物质大量存在	高分子化合物分解产生氨基酸、氨等	大部分有机物已完成无机化过程	有机物全分解
底泥	常有黑色硫化铁存在，呈黑色	硫化铁氧化成氢氧化铁、底泥不呈黑色	有 Fe_2O_3 存在	大部分氧化
水中细菌	大量存在，每毫升 100 万个以上	细菌较多，每毫升在 10 万个以上	数量减少，每毫升在 10 万个以下	数量少，每毫升在 100 个以下
栖息生物的生态学特征	动物都是摄食细菌者，且耐受 pH 值强烈变化，耐低溶解氧的厌氧生物，对 H_2S、NH_3 等毒物有强烈抗性	摄食细菌动物占优势，肉食性动物增加，对溶解氧和 pH 值变化表现出高度适应性，对氨有一定耐性，对硫化氢耐性较弱	对溶解氧和 pH 值变化耐性较差，而且不能长时间耐腐败性毒物	对 pH 值和溶解氧变化耐性很弱，特别是对腐败性毒物如 H_2S 等耐性很差
植物	硅藻、绿藻、接合藻及高等植物没有出现	出现蓝藻、绿藻、接合藻、硅藻等	出现多种类的硅藻、绿藻、接合藻，是鼓藻的主要分布区	水中藻类少，但着生藻类较多
动物	以微型动物为主，原生动物居优势	仍以微型动物占大多数	多种多样	多种多样
原生动物	有变形虫、纤毛虫，但无太阳虫、双鞭毛虫、吸管虫等出现	仍然没有双鞭毛虫，但逐渐出现太阳虫、吸管虫等	太阳虫、吸管虫中耐污性差的种类出现，双鞭毛虫也出现	鞭毛虫、纤毛虫中有少量出现
后生动物	仅有少数轮虫、蠕形动物昆虫幼虫出现：水蜒、淡水海绵、苔藓动物、小型甲壳类、鱼类不能生存	没有淡水海绵、苔藓动物，有贝类、甲壳类、昆虫出现，鱼类中的鲤、鲶等可在此带栖息	淡水海绵、苔藓动物、水蜒、贝类、小型甲壳类、两栖类动物、鱼类均有出现	昆虫幼虫种类很多，其他各种动物逐渐出现

2）生物指数监测法

生物指数是指运用数学公式计算出的反映生物种群或群落结构变化，以评价环境质

量的数值。如贝克生物指数为

$$BI = 2A + B$$

式中　A、B——敏感底栖动物种类数和耐污底栖动物种类数。

当 $BI>10$ 时,为清洁水域;BI 为 1 ~6 时,为中等污染水域;$BI=0$ 时,为严重污染水域。

3)微型生物群落监测法(简称 PFU 法)

方法原理:微型生物群落是指水生态系统中在显微镜下才能看到的微小生物,包括细菌、真菌、藻类、原生动物和小型后生动物等。它们彼此间有复杂的相互作用,在一定的生境中构成特定的群落,其群落结构特征与高等生物群落相似。当水环境受到污染后,群落的平衡被破坏,种数减少,多样性指数下降,随之结构、功能参数发生变化。

PFU 法是以聚氨酯泡沫塑料块(PFU)作为人工基质沉入水体中,经一定时间后,水体中大部分微型生物种类均可群集到 PFU 内,达到种数平衡,通过观察和测定该群落结构与功能的各种参数来评价水质状况。还可以用毒性实验方法预报废水或有害物质对受纳水体中微型生物群落的毒害强度,为制定安全浓度和最高允许浓度提出群落级水平的基准。

(二)细菌学检验法

细菌能在各种不同的自然环境中生长。地表水、地下水,甚至雨水和雪水都含有多种细菌。当水体受到人畜粪便、生活污水或某些工农业废水污染时,细菌大量增加。因此,水的细菌学检验,特别是肠道细菌的检验,在卫生学上具有重要的意义。但是,直接检验水中各种病源菌,方法较复杂,有的难度大,且结果也不能保证绝对安全。所以,在实际工作中,经常以检验细菌总数,特别是检验作为粪便污染的指示细菌,如总大肠菌群、粪大肠菌群、粪链球菌、肠道病毒等,来间接判断水的卫生学质量。

(三)生物测试法

利用生物受到污染物质危害或毒害后所产生的反应或生理机能的变化,来评价水体污染状况,确定毒物安全浓度的方法称为生物测试法。该方法有静水式生物测试和流水式生物测试两种。前者是把受试生物放于不流动的实验溶液中,测定污染物的浓度与生物中毒反应之间的关系,从而确定污染物的毒性;后者是把受试生物放于连续或间歇流动的实验溶液中,测定污染物浓度与生物反应之间的关系。测试时间有短期(不超过 96 h)的急性实验和长期(如数月或数年)的慢性实验。在一个实验装置内,测试生物可以是一种,也可以是多种。测试工作可在实验室内进行,也可在野外污染水体中进行。

二、空气污染生物监测

空气中污染物多种多样,有些可以利用指示植物或指示动物监测,直接反映其危害和对空气污染的程度。由于动物的管理比较困难,目前尚未形成一套完整的监测方法。而植物分布范围广、容易管理,有不少植物品种分别对不同空气污染物反应很敏感,在污染物达到人和动物受害浓度之前就能显示受害症状,所以使用较广泛。

(一)指示植物

指示植物是指受到污染物的作用后能较敏感和快速地产生明显反应的植物,可以选择草本植物、木本植物及地衣、苔藓等。

空气污染物一般通过叶面上的气孔或孔隙进入植物体内，侵袭细胞组织，并发生一系列生化反应，从而使植物组织遭受破坏，呈现受害症状。这些症状虽然随污染物的种类、浓度以及受害植物的品种、暴露时间不同而有差异，但具有某些共同特点，如叶绿素被破坏、细胞组织脱水，进而发生叶面失去光泽，出现不同颜色（黄色、褐色或灰白色）的斑点，叶片脱落甚至全株枯死等异常现象。

1. SO_2的指示植物

SO_2的指示植物主要有紫花苜蓿、一年生早熟禾、芥菜、堇菜、百日草、大麦、荞麦、棉花、南瓜、白杨、白蜡树、白桦树、加拿大短叶松、挪威云杉及苔藓、地衣等。

2. 氮氧化物的指示植物

氮氧化物的指示植物主要有烟草、番茄、秋海棠、向日葵、菠菜等。

3. 氟化物的指示植物

氟化物的指示植物主要有唐菖蒲、郁金香、葡萄、玉簪、金线草、金丝桃树、杏树、雪松、云杉、慈竹、池柏、南洋楹等。

4. O_3的指示植物

O_3的指示植物主要有矮牵牛花、菜豆、洋葱、烟草、菠菜、马铃薯、葡萄、黄瓜、松树等。

5. 过氧乙酰硝酸酯（PAN）的指示植物

过氧乙酰硝酸酯（PAN）的指示植物主要有长叶莴苣、瑞士甜菜及一年生早熟禾等。

（二）监测方法

1. 栽培指示植物监测法

栽培指示植物监测法是先将指示植物在没有污染的环境中盆栽或地栽培植，待生长到适宜大小时，移至监测点，观察它们的受害症状和程度。

2. 现场调查法

1）植物群落调查法

植物群落调查法是利用监测区域植物群落受到污染后，用各种植物的反应来评价空气污染状况。进行该工作前，需要通过调查和实验，确定群落中不同种植物对污染物的抗性等级，将其分为敏感、抗性中等和抗性强三类。如果敏感植物叶部出现受害症状，表明空气已受到轻度污染；如果抗性中等的植物出现部分受害症状，表明空气已受到中度污染；当抗性中等植物出现明显受害症状，有些抗性强的植物也出现部分受害症状时，则表明已造成严重污染。同时，根据植物呈现受害症状特征、程度和受害面积比例等判断主要污染物和污染程度。

2）地衣和苔藓调查法

地衣和苔藓调查法是通过调查树干上的地衣和苔藓的种类、数量和生长发育状况，来估计空气污染程度。在工业城市中，通常距中心越近，地衣的种类越少，重污染区内一般仅有少数壳状地衣分布，随着污染程度的减轻，便出现枝状地衣；在轻污染区，叶状地衣数量最多。

3）树木的年轮调查法

剖析树木的年轮，可以了解所在地区空气污染的历史。在气候正常、未曾遭受污染的年份树木的年轮宽，而空气污染严重或气候条件恶劣的年份树木的年轮窄，木质比重小。

3. 其他监测法

空气污染可以导致指示植物的一些生理生化指标的变化，如光合作用、叶绿素、体内酶的活性、细胞染色体等指标的变化，故通过测定这些指标可评估空气污染状况。

通过测定植物体内吸收积累的一些污染物含量，也可以评价空气污染物的种类和污染水平。

任务三 生物体中污染物的测定

生物样品中的主要污染物有汞、镉、铅、铜、铬、砷、氟等无机化合物和农药、芳香烃、激素等有机化合物，其测定方法主要有分光光度法、原子吸收光谱法、荧光分光光度法、色谱法、质谱法和联机法等。下面简要介绍几个测定实例。

维 6-5

一、粮食作物中有害金属元素的测定

粮食作物中铜、镉、铅、锌、铬、汞、砷的测定方法可概括为：首先从前面介绍的植物样品采集和制备方法中选择适宜的方法采集和制备样品，其次用湿法消解或干法灰化制备成样品溶液，最后用原子吸收光谱法或分光光度法测定。如大米中铜、锌、铅、镉的测定，其测定方法采用原子吸收分光光度法，步骤如下。

（一）试样制备

用分样器或四分法将平均样品（约 2 kg）分为两份，一份作为存查样品，另一份继续缩分出 500 g，用玛瑙球磨机或玛瑙研钵，磨成粉末（通过 60 目筛），作为实验试样。

（二）预处理

称取（过 60 目筛孔于 80 ℃干燥 4 h，储于干燥器中）试样 1.000 g（精确至 0.001 g），置于特氟隆容器，加入 5 mL 硝酸，摇匀后放入烘箱，30 min 内自室温升至 150 ℃，恒温 1 h，取出冷却至室温，移入已加入 2.5 mL 1% 磷酸的 25 mL 硬质刻度试管，用去离子水定容至刻度，混匀移入聚乙烯瓶中，保存测试备用，空白、标准样同样处理。

（三）测定

将上述待测试样导入原子吸收分光光度计中，原子化后铜、锌、铅、镉分别吸收 324.7 nm、213.8 nm、283.3 nm、228.8 nm 共振线，其吸收量与铜、锌、铅、镉含量成正比，与标准系列比较定量。

该方法最低检出限火焰法铜 2 ng/mL、锌 1 ng/mL，石墨炉法铅 1 ng/mL、镉 0.2 ng/mL。

二、水果、蔬菜和谷类中有机磷农药的测定

首先根据样品类型选择适宜的制备方法，对样品进行制备，如粮食样品用粉碎机粉碎、过筛，蔬菜用捣碎机制成浆状；其次，取适量制备好的样品，加入水和丙酮提取农药，经减压抽滤，所得滤液用氯化钠饱和，并将丙酮相和水相分离，水相中的农药再用二氯甲烷萃取，分离所得二氯甲烷萃取液与丙酮提取液合并，用无水硫酸钠脱水后，于旋转蒸发仪

中浓缩至约2 mL,移至5~25 mL容量瓶中,用二氯甲烷定容供测定;最后,分别取混合标准液和样品提取液注入气相色谱仪,用火焰光度检测器测定,根据样品溶液峰面积或峰高与标准溶液峰面积或峰高进行比较定量。

该方法适用于水果、蔬菜、谷类中敌敌畏、速灭磷、久效磷、甲拌磷、巴胺磷、二嗪磷、乙嘧硫磷、甲基嘧啶硫磷、甲基对硫磷、稻瘟净、水胺硫磷、氧化喹硫磷、稻丰散、甲喹硫磷、虫胺磷、乙硫磷、乐果、喹硫磷、对硫磷、杀螟硫磷的残留量测定。

三、鱼组织中有机汞和无机汞的测定

(一)巯基棉富集冷原子吸收法

巯基棉富集冷原子吸收法可以分别测定样品中的有机汞和无机汞,其测定步骤如下:称取适量制备好的鱼组织样品,加1 mol/L盐酸浸提出有机汞和无机汞化合物。将提取液的pH值调至3,用巯基棉富集两种形态的汞化合物,然后用2 mol/L盐酸洗脱有机汞化合物,再用氯化钠饱和的6 mol/L盐酸洗脱无机汞化合物,分别收集并用冷原子吸收法测定。

(二)气相色谱法测定甲基汞

鱼组织中的有机汞化合物和无机汞化合物用1 mol/L盐酸提取后,用巯基棉富集和盐酸溶液洗脱,再用苯萃取洗脱液中的甲基汞,用无水硫酸钠除去有机相中的残留水分,最后用气相色谱法测定甲基汞的含量。

四、动物组织中盐酸克伦特罗的测定

盐酸克伦特罗(非法用于养殖俗称瘦肉精)是一种高选择性的兴奋剂和激素,具有水解脂肪、合成代谢和对非条纹肌肉组织的松弛作用。近年来被一些人非法添加到饲料中以提高脂肪型动物的瘦肉率和加速动物的生长。当用作生长调节剂时,其添加量是治疗量的5~10倍,常在动物体内残留而给消费者带来危害。动物肝脏组织中盐酸克伦特罗的测定方法采用气相色谱—质谱(GC-MS)法,步骤如下。

(一)提取

准确称取已绞碎的肝脏样品(10±1.0)g,置于50 mL具塞离心管中,加入20 mmol/L乙酸铵缓冲溶液均质5 min,加入50 L β-盐酸葡萄糖醛甙酶溶液,摇匀、超声15 min,于37 ℃酶解18 h,于3 000 r/min离心5 min,过滤上清液,收集滤液。

(二)净化

装好真空泵和接管,将C_{18}和SCX固相萃取柱按从上到下的顺序安装,依次用5 mL甲醇、5 mL水和5 mL 30 mmol/L盐酸活化,取5 mL滤液至C_{18}柱中,依次用5 mL水、5 mL甲醇淋洗柱子,在溶剂流过固相萃取柱后,保持抽气5 min使柱中的液体逐渐枯竭,取下C_{18}柱,用5 mL 4%氨化甲醇淋洗SCX柱并收集流出液于具塞玻璃试管中。

(三)测定

用氮气吹干上述流出液,用10 μL甲苯溶解残渣,加入100 μL三甲基硅基三氟乙酰胺(BSTFA),加盖并于旋涡混合器上振荡,在80 ℃的烘箱中加热1 h,蒸干多余的溶剂,用0.50 mL甲苯溶解,取适量的盐酸克伦特罗标准工作液,同时衍生化。用GC-MS联用仪选择离子方式检测。

该法对动物组织中盐酸克伦特罗的最低检出限为 2 μg/kg。

【思考题】

1. 简要说明污染物质进入动植物体后，主要有哪些分布和蓄积规律？
2. 对植物样品的采集有何要求？
3. 怎样根据监测项目的特点和要求制备植物样品？
4. 简述污水生物系统法监测河水水质污染程度的原理。
5. 用指示植物监测空气污染的原理是什么？
6. 怎样利用植物群落监测空气污染状况？

维 6-6

项目七　自动监测技术

【知识目标】

1. 了解现代环境监测技术内容；
2. 了解空气自动监测和水质自动监测的发展历程；
3. 了解空气自动监测和水质自动监测的系统构成；
4. 了解自动监测的项目及相关仪器设备。

维 7-1

【技能目标】

1. 能够使用自动监测仪器对空气中 NO、SO_2、CO、O_3 项目等进行测定；
2. 能够使用自动监测仪器设备对水中的氨氮、高锰酸盐指数、化学需氧量、重金属等项目进行测定；
3. 能够简单维护自动监测仪器设备。

【项目导入】

自动监测技术概述

我国城市建设和经济的高速发展，不可避免地带来了生活、工业和交通排放废气量的增加，使环境空气质量不断下降，如果这些问题不引起重视就有可能导致环境质量的进一步下降，将直接影响我国经济的可持续发展。为此，我国环境保护面临许多新的挑战，为适应经济可持续发展战略的需要，从强化城市环境管理，科学制定环保法规和城市规划，提高政府对污染事故的应急处理能力，以及加强公众监督，提高全民环保意识，推动环保科研教育的发展等方面考虑，需要环保监测部门提供大量准确可靠和连续及时的环境监测依据。但是，我国还有许多城市在环境空气质量必测项目的监测上，还在采用人工采样、送样、实验室分析的监测方法，不仅费工、费时，而且样品捕获率低、分析时间长、数据上报慢和信息量少，其监测结果不能很好地反映出城市环境空气污染在空间上和时间上的变化现状和规律，对城市环境空气中主要污染物的扩散趋势及影响不能做出连续的判断，从而影响了城市环境管理水平的提高，特别是随着各种环境污染源的不断增加和污染事故的不断发生，有些城市环境空气污染在某些方面恶化趋势有所显现，采用人工采样、送样到实验室分析的监测方法，已经越来越不适应我国城市经济建设高速发展的需要，而且逐渐成为有些城市提高环境管理效率和监测技术水平的瓶颈，因此为改善以上状况，有必要在全国主要城市建立或完善环境空气质量自动监测系统。

自动监测系统主要由自动监控设备和监控中心组成。自动监控设备是指在污染源现场安装的用于监控、监测污染物排放的仪器、流量(速)计、污染治理设施运行记录仪和数据采集传输仪等仪器、仪表，是污染防治设施的组成部分。监控中心是指环境保护部门通过通信传输线路与自动监控设备连接用于对重点污染源实施自动监控的计算机软件和设备等。

【任务分析】

维 7-2

任务一　空气自动监测系统

环境空气自动监测即在监测点位采用连续自动监测仪器对环境空气质量进行连续的样品采集、处理、分析的过程。一般来说，环境空气质量自动监测系统是由监测子站中心计算机室、质量保证实验室和系统支持实验室等三部分组成。其中，监测子站主要是由采样装置、监测分析仪、校准设备、气象仪器、数据传输设备、子站计算机或数据采集仪以及站房环境条件保证设施（空调、除湿设备、稳压电源等）等组成。

一、空气自动监测现状

（一）美国

美国自 20 世纪 60 年代开始开展环境空气自动监测，目前，已形成包括州和地方空气监测站（State and Local Air Monitoring Stations，简称 SLAMS）、国家空气监测站（National Air Monitoring Stations，简称 NAMS）等常规监测网络，以及光化学评估监测网（Photochemical Assessment Monitoring Network，简称 PAMS）等特定目的监测网。

其中，SLAMS 主要从以下项目中选择部分或全部设置点位：SO_2、CO、O_3、NO_2、Pb、PM10 和 PM2.5，已有 4 000 多个点位，目的是确定上述常规污染物是否达标，并对各州的空气质量管理计划进行评估；NAMS 是从 SLAMS 选取代表性点位，约 1 000 个点位，重点监测高污染和高人口密度的城市及污染源密集的地区；PAMS 属于专项监测的网络，目的是针对光化学污染，一般在 O_3 超标地区设置，监测项目有 O_3、NO_x、VOCs、烃类化合物、羰基化合物等 60 多种物质。

（二）欧洲

欧洲空气自动监测起步也较早，基本始于 20 世纪 60 年代或 70 年代。目前，欧洲已基本建立两大类监测网：一类是欧洲的跨国区域监测网（例如 European Monitoring and Evaluation Program，简称 EMEP）；另一类是各个国家内部的监测网。

EMEP 最初关注的是酸化和富营养化物质的跨界传输，之后扩展到监测和研究臭氧、持久性有机污染物、重金属和颗粒物等物质的浓度及形成机制，2008 年欧洲议会和欧盟理事会共同颁布了欧洲环境空气质量及清洁空气指令（2008/50/EC）。该指令在空气质量标准、点位布设、污染物监测方法、空气质量评价与管理、信息发布、报告等方面做出了原则性的技术规定，欧洲各国依据该指导性文件开展国内的空气监测及评价活动。例如，欧洲标准化委员会发布了空气中各类污染物自动监测方法的系列标准，各国又根据自身情况将其转化为国内标准或法规。

(三)日本

20 世纪 60 年代,首先在东京、大阪等大城市开始开展空气自动监测。1968 年《大气污染防治法》颁布,同一年,大阪通过无线电传输将 15 个当地监测站连接,形成了实时在线的监测网络,其他地方也纷纷仿效。

在点位布设方面,日本同样根据污染物来设置点位。截至 2004 年日本已有 SO_2监测点位 1 487 个,NO_2点位 1 880 个,光化学氧化物点位 1 193 个,悬浮颗粒物点位 1 910 个,以及 CO 点位 401 个。监测方法上,日本制定了各种气态污染物监测仪生产制造的标准,对自动监测技术方法也起到了规范的作用。

(四)中国

我国的环境空气自动监测始于 20 世纪 80 年代。目前,国家环境空气自动监测网已建成城市空气监测网、区域空气监测网、空气背景监测网、酸沉降监测网及沙尘天气监测网等。此外,还有省级和市级空气自动监测网络。

监测项目上,城市空气监测网目前正按空气质量新标准的要求逐步在全国范围内开展 SO_2、NO_2、CO、O_3、PM10 与 PM2. 5 等基本项目的监测,2015 年年底,所有地级以上城市均要具备监测及实时发布的能力。另外,TSP、NO_x、Pb 和 BaP 等项目可根据实际情况开展监测。区域和背景空气监测网的监测项目除《环境空气质量标准》(GB 3095—2012)中规定的基本项目外,由国务院环境保护行政主管部门根据国家环境管理需求和点位实际情况增加其他特征监测项目,包括湿沉降、有机物、温室气体、颗粒物组分和特殊组分等。

监测方法上,我国近年来也开展了针对空气中气态污染物自动监测方法标准的制定、修订工作。项目分析方法上,对 CO、O_3 也有自动监测标准化的方法,颗粒物有手工采样的标准方法和技术规范;连续自动监测系统的技术要求与检测方法上,对常规气态污染物和颗粒物均有标准规范;运行监督环节上,对新标准新增的 PM2. 5 与 O_3也有现场核查技术规定文件。

维 7-3

二、国家网环境空气自动监测的发展沿革

我国环境空气监测起步于 20 世纪 70 年代中期,在北京、沈阳等城市率先开展,以满足城市环境空气管理需求为目标,监测设备由各城市自行配备,对监测项目和监测方法没有进行统一规定,大多参考美国 EPA 等国外相关标准,以手工采样—实验室分析方法为主。1980 年,开始以城市监测站为基础建设环境空气监测网络,规定监测项目为 SO_2、NO_x 和 TSP;监测方法仍以手工监测为主,仅少部分城市开始自动监测系统的建设。20 世纪 90 年代初,原国家环境保护总局组织对环境空气监测网络的监测点位进行了优化、调整和新增,增强了监测点位的代表性,构建了由 103 个城市环境监测站组成的城市环境空气质量监测网,对全国城市空气质量的状况和变化趋势进行系统监测和评价,监测方法为手工监测与自动监测方法并用。2000 年以后自动监测方法开始逐步取代手工监测。2001 年,47 个环境保护重点城市首先采用“24 h 连续监测方法”,即自动监测方法开展例行监测工作,并向社会发布环境保护重点城市空气质量日报,监测项目为 SO_2、NO_2 和 PM10,同时部分城市开始 CO 和 O_3的例行监测。截至 2010 年,113 个环境保护重点城市的 661 个监测点位全部实现了空气质量自动监测。2011 年,为了探索新的环境空气质量评价办法,建立健全我国环境空气质量监测、采样、分析、数据处理和发布网络框架,及时掌握大气污染物特征及趋势,环境保护部在全国 26 个城市开展环境空气质量评价试点工作,并发布了《城市环境空气质量评价办法(试行)》,规定自动监测项目拓展为 SO_2、NO_2、NO、CO_2、CO、O_3、PM10 和 PM2.5,共 8 项。2012 年,环境保护部发布了《环境空气质量标准》(GB 3095—2012),正式将 PM2.5 纳入空气质量必测项目,并规定了手工和自动监测的参考方法。同年 4 月,环保部调整了国家环境空气质量监测网组成名单,调整后的监测网络由 338 个地级以上城市的 1 436 个监测点位组成,覆盖到了我国全部地级以上城市,形成了当前的城市空气质量监测网。2013 年 1 月 1 日,"全国城市空气质量实时发布平台"建成并正式启用,实现了京津冀、长三角、珠三角等重点区域及直辖市、省会城市等共 74 个城市 496 个监测点位的二氧化硫(SO_2)、二氧化氮(NO_2)、可吸入颗粒物(PM10)、臭氧(O_3)、一氧化碳(CO)和细颗粒物(PM2.5)等 6 项基本项目的实时在线监测、数据传输和发布。2015 年 1 月 1 日起,该平台完整覆盖城市空气质量监测网,即实现了 1 436 个监测点位 6 项基本项目的实时在线监测、数据传输和发布。

目前,国家空气质量监测网的主要任务是监测并评价全国或环境区域的环境质量现状和变化趋势,研究并监视空气污染物的跨区域传输特点及规律,监测并判断空气质量是否满足相关标准要求,为环境决策和实施环境管理提供科学依据。按照监测网络类型可分为:城市空气质量监测网(涵盖 338 个地级及以上城市,1 436 个自动监测站点)、区域空气质量自动监测网[涵盖 31 个省(市、区),96 个空气自动监测站点]、国家背景大气监测网(15 个空气背景监测站)、酸沉降监测网(涵盖 40 个监测点位,其中城市点位 86 个、郊区点位 354 个)和沙尘天气监测网[涵盖北方 14 个省(市、区),82 个监测点位]等。与国外主要发达国家相比较,我国城市环境空气监测点位总数为全球第一,单位国土面积监测点位数目略高于美国,低于英国和日本;但由于我国人口数量庞大,单位人口监测点位数量仍低于英、美、日等发达国家。

三、空气自动监测系统构成

环境空气质量自动监测系统是由监测子站、中心计算机室、质量保证实验室和系统支持实验室等四部分组成。

监测子站的主要任务是对环境空气质量和气象状况进行连续自动监测;采集、处理和存储监测数据;按中心计算机指令定时或随时向中心计算机传输监测数据和设备工作状态信息。

中心计算机室的主要任务是通过有线或无线通信设备收集各子站的监测数据和设备工作状态信息,并对所收取的监测数据进行判别、检查和存储;对采集的监测数据进行统计处理、分析;对监测子站的监测仪器进行远程诊断和校准。

质量保证实验室的主要任务是对系统所用监测设备进行标定、校准和审核;对检修后的仪器设备进行校准和主要技术指标的运行进行考核;系统有关监测质量控制措施的制定和落实。

系统支持实验室的主要任务是根据仪器设备的运行要求,对系统仪器设备进行日常保养、维护；及时对发生故障的仪器设备进行检修、更换。

四、自动监测项目及相关仪器设备

（一）NO_x 在线分析仪（NO_2分析仪）

化学发光法 NO_x 分析仪的原理是基于 NO 和 O_3的化学发光反应产生激发态的 NO_2分子，当激发态的 NO_2分子返回基态时发出一定能量的光，所发出光的强度与 NO 的浓度呈线性关系，从而测出 NO 的浓度。

化学发光法 NO_x 分析仪的基本结构如图 7-1 所示。干燥空气进入 O_3发生器，在此空气中的 O_2在高压（7 000 V）电弧放电作用下形成 O_3，恒定流量的 O_3再进入反应室，同时将稳定流量的空气样品导入反应室。为了使气体有效混合，反应室的进气管设计成套管式，即样气走内管，O_3走外管，在反应室的进口处，样气总是被过量的 O_3所包围，在反应中 O_3与样气中 NO 产生化学反应。所发出的光由光电倍增管（PMT）检出，经放大由指标表或记录仪器显示 NO 读数。在样气流路上设有切换网，可将样气经转换器再进入反应室，NO_x 全部转换成 NO。因此，经转换器后实际测定是 NO_x，此时指标表显示 NO 读数。前后两次测定经减法运算器 $NO_x - NO = NO_2$计算，指标表显示 NO_2读数，在反应室中反应后的废气（含过量 O_3）经洗涤器除 O_3后由抽气泵排出。

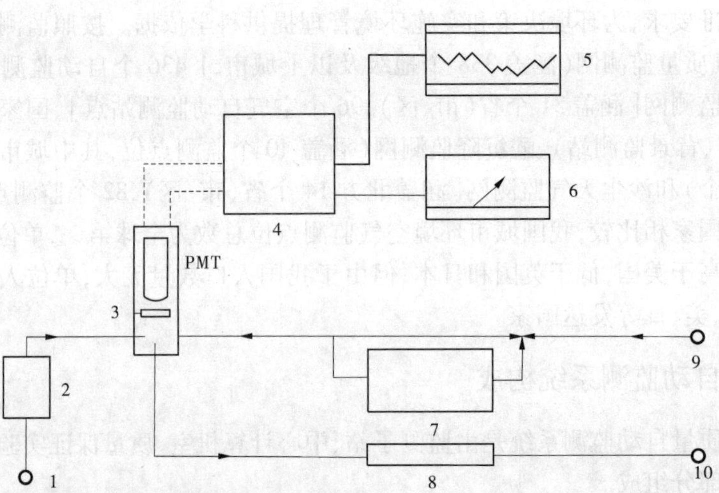

1—干燥空气；2—O_3 发生器；3—反应室；4—电子线路；5—记录仪；6—指标表；7—转换器；8—洗涤器；9—样品气；10—废气

图 7-1 化学发光法 NO_x分析仪结构原理

（二）SO_2在线分析仪

紫外荧光法 SO_2分析仪的原理是用紫外光（190 ~ 230 nm）激发 SO_2分子，处于激发态的 SO_2 分子返回基态时发出荧光（240 ~ 420 nm），所发出的荧光强度与 SO_2浓度呈线性关系，从而测出 SO_2的浓度。

紫外荧光法 SO_2分析仪器的结构可分为以下两部分。

1. 分析器部分

如图 7-2 所示，紫外光源发射的紫外光经激发光滤光片（光谱中心 220 nm），进入反应室，SO_2 分子在此产生荧光反应，发射的荧光经荧光滤光片（光谱中心 330 nm），投射到光电倍增管上，经信号处理，仪器直接显示浓度读数。

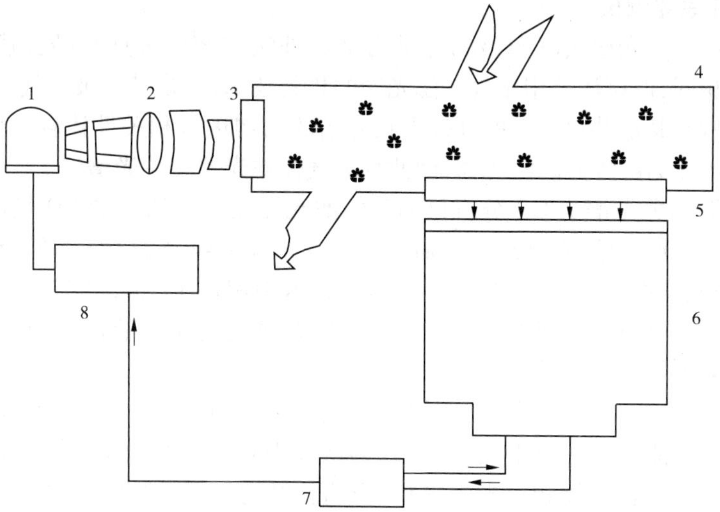

1—紫外光源；2—透镜；3—激发光滤光片；4—反应室；5—荧光滤光片；
6—光电倍增管；7—控制电路；8—紫外灯脉电源

图 7-2　紫外荧光法 SO_2 分析器结构

2. 气路部分

如图 7-3 所示，空气样品经除尘过滤器后通过样品阀进入仪器，首先进入渗透除水器的内管，在此水分以气态除去，干燥的样品再经芳烃切割器，除去烃类进入荧光室，反应后

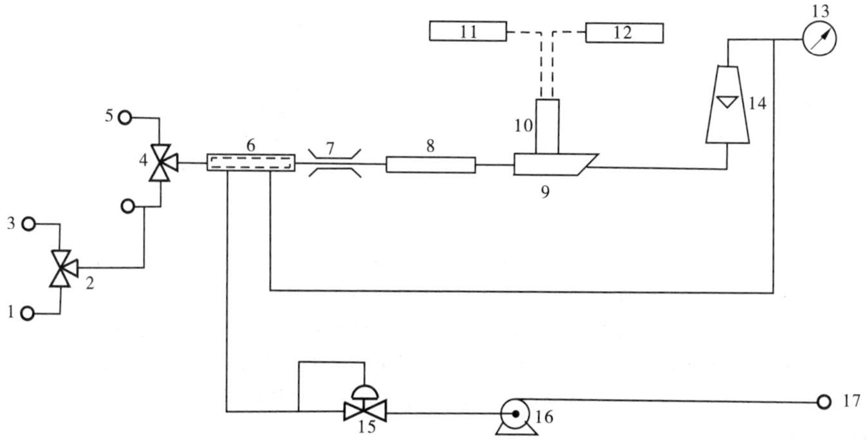

1—零气；2—零点/标定电磁阀；3—标气；4—采样电磁阀；5—采样口；6—渗透干燥器；
7—毛细管；8—去烃器；9—荧光反应室；10—光电倍增管；11—信号处理；
12—电源；13—真空压力表；14—流量计；15—真空调节阀；16—抽气泵；17—排气

图 7-3　紫外荧光法 SO_2 分析仪气路结构

的干燥气体经渗透除水器的外管,由泵排出仪器,当仪器进行校准时,零气及标气经零/标阀、样品阀进入仪器。

(三)CO 在线监测仪

气体滤光器相关光谱法(GFC 法)是非分散红外法(NPIR 法)的发展,基本原理与红外吸收光谱法相同,但该法采用了气体滤光器的相关技术,它是基于被测气体的红外吸收光谱的精细结构与其他共存气体的红外吸收光谱的结构进行相关性比较,比较时使用高浓度的被测气体作为红外光的滤光器,因此称为气体滤光器相关光谱法。

气体滤光器相关光谱法 CO 分析仪的气体滤光器充入高浓度的 CO 气(约 0.5 atm,1 atm = 101 325 Pa)。该滤光器经红外辐射提供一个高分辨率的 CO 红外吸收光谱的精细结构,该特征光谱作为 CO 的"指纹",在 GFC 技术中用这个"指纹"与样品的气体红外吸收光谱做比较,如果相符,则样气中存在 CO,CO 的浓度与相符量有关,从而测定出空气中的浓度。如果不相符,则为样气中的干扰组分。

由于 GFC 法采用相关技术排除红外吸收光谱法的干扰,从而为提高红外吸收光谱法的灵敏度提供了可能性,因此 GFC 法可采用多次反射长光程吸收池,使最低检出浓度达 0.01 pmol/mol。气体滤光器相关光谱法 CO 分析仪结构如图 7-4 所示。

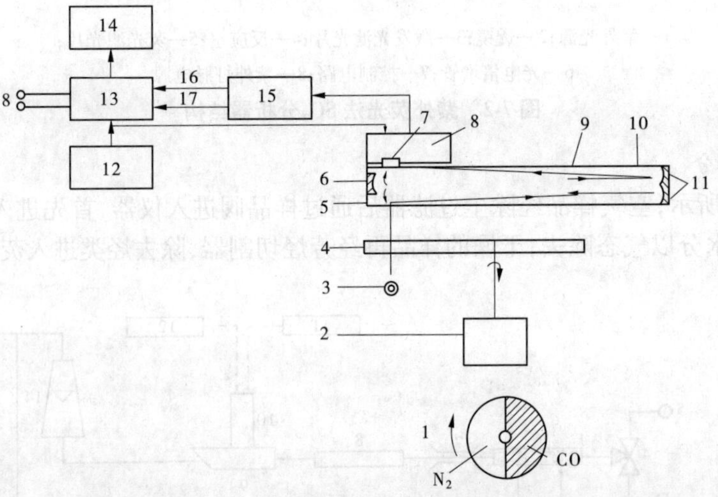

1—相关轮顶视图;2—电机;3—红外光源;4—气体过滤相关轮及斩光器;
5—样品入口;6—反射镜;7—红外检测器;8—前置放大器;
9—多次反射光台及样品台;10—样品出口;11—反射镜;12—电源;13—微计算机;
14—数字显示;15—模拟信号处理调制;16—样品信号;17—参考信号;18—模拟输出

图 7-4 气体滤光器相关光谱法 CO 分析仪结构

(四)O_3 在线监测仪器

紫外光度法 O_3 分析仪的原理是基于 O_3 分子对波长 254 nm 紫外光的特征吸收,直接测定紫外光通过 O_3 后减弱的程度,根据朗伯—比尔定律求出 O_3 浓度。

紫外光度法 O_3 分析仪的原理如图 7-5 所示。紫外光度法 O_3 分析仪设备简单,无试剂,无气体消耗,灵敏度较高适用于低浓度 O_3 的连续测定,1 μmol/mol 内有良好的线性,响应很快。主要干扰是由于 O_3 很活泼,与很多物质接触易分解,因此仪器的吸收池、气体管路等的材质要选择惰性材料，特别要避免颗粒物、湿气对仪器光路、气路的污染。

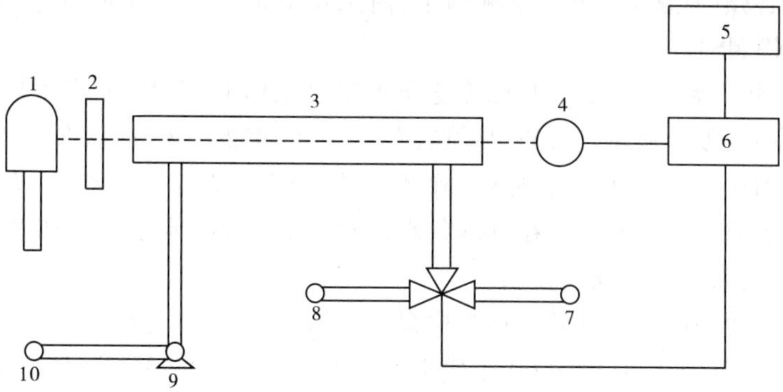

1—光源(254 nm)；2—滤光器；3—洗手池；4—光检测器；5—显示；
6—数据处理；7—样品入口；8—零气入口；9—泵；10—排气

图 7-5　紫外光度法 O_3 分析仪原理

任务二　水质自动监测系统

依据《地表水环境质量标准》(GB 3838—2002)和《水文基础设施建设及技术装备标准》(SL 276—2002)、《水资源监控设备基本技术条件》(SL 426—2008)、《水资源监控管理系统数据传输规约》(SL 427—2008)和《水环境监测规范》(SL 219—2013)等标准，河道型水站的常规配置为五参数、高锰酸盐指数和氨氮自动测定仪。湖库型水站的常规配置为五参数、高锰酸盐指数、氨氮、总磷和总氮自动测定仪。各地方政府依托当地环保部门在饮用水水源地和跨省界、市界、县界河流及其他重要水体上建设了约 2 050 个水质自动监测站，监测项目主要是五参数、高锰酸盐指数、氨氮等。各省水站建设目的多为预警及实时监控，根据污染风险，部分水站有针对性地增加了 VOC、重金属等监测指标，部分饮用水水源地增加了生物毒性指标，用于突发性污染事故的防范。

维 7-4

一、水质自动监测技术发展概述

水质自动监测系统是 20 世纪 70 年代发展起来的，早在 1970 年美国和日本等发达国家对河流、湖泊等地表水开展了自动在线监测，同时对城市和企业的水处理厂排水也实行自动在线监测。水质自动监测系统在美国、英国、日本、荷兰等国已有相当规模并被广泛应用，已纳入网络化的“环境评价体系”和“自然灾害防御体系”。

美国 1959 年开始对俄亥俄河进行水质自动监测，1960 年纽约州环保局开始着手对本州的水系建立自动监测系统，1966 年安装了第一个水质监测自动电化学监测器。20 世纪 70 年代水质自动监测技术发展很快，1973 年全美国水质监测系统分为 12 个自动监测网，每个自动监测网由 4 ~ 15 个自动监测站组成：1975 年在全国范围内成功地建立由13 000个监测站组成的自动连续监测网，覆盖各大水域和各大水系，使美国进入区域性的自动监测新时期，它可随时对水温、pH 值、温度、电导率、溶解氧，氨氮、生化需氧量、化学需氧量、总有机碳等指标进行预报,全天候监控各水域、水系的水质质量状况和污染状况。在这些流域和各州(地区)分布的监测网中,由 150 个站组成联邦水质监测站网,即国家水质监测网(NWMS)。

日本 1967 年开始考虑在公共水域设立水质自动监测器,1971 年以后,由环境厅支持,开始在东京、大阪等地建立水质自动监测系统,到 1992 年 3 月,已在 34 个都道府县和政令市设置了 169 个水质自动监测站。除此之外,建设省在全国一级河流的主要水域也设置了 130 个水质自动监测站。在日本各水域和工矿企业排水处几乎都设立了自动监测系统,利用计算机来管理及处理数据。

英国泰晤士河是世界上水环境污染史最长的河流,至 19 世纪末河道鱼虾绝迹。为了加强水环境监测,英国在 20 世纪 60 年代末已在泰晤士河流的李河开始实验。1975 年建成泰晤士河流自动水环境监测系统。该系统由一个数据处理中心(监控中心站)和 250 个子站组成,可监测溶解氧、水温、氨氮、硝酸盐氮、pH 值、电导率、悬浮固体、流量等。20 世纪 70 年代中期,还借助电子计算机使水质模型推算与实测相结合,能预报更多河段的部分水质数据。

芬兰国家水源局从 1972 年开始研究和发展水质自动监测技术。1975 年,世界银行向芬兰贷款 2 000 万美元,用于水质保护科学研究,其主要研究项目就是建立水质自动监测系统。1974 ~ 1980 年,芬兰水源局水质研究所先后在中部及南部 Kokemaenjoki 和 Kymijokii 河系上建立固定与流动的水质自动站,目的是监测和防止工业废水、城市污水向水系排放,并研究水质变化规律。

二、国内水质自动监测技术发展概况

国内水质自动监测系统建设起步较晚,20 世纪 80 年代以来,我国水利、市政、环保部门在一些大型水库、引水工程、城市供水水源地、企业排水系统开始设立了少量的水质自动监测站。作为试点,1988 年,在天津建立了我国第一个水质连续自动监测系统,该系统包括 1 个中心站和 4 个子站。1995 年以后作为试点,上海、北京等地也先后建立了水质连续自动监测站。20 世纪 90 年代末期,水利、环保部门相继在全国部分重要水系建立了一些水质自动监测站。1998 年以来,水质自动监测站的建设有了较快的发展,已先后在七大水系(长江、黄河、珠江、淮河、海滦河、松花江、辽河)的 10 个重点流域建成了 42 个地表水水质自动监测系统,黑龙江、广东、江苏和山东等省也相继建成了 10 个地表水水质自动监测系统。1999 年以来,共建 82 个地表水水质自动监测系统,实现了监测数据卫星实时传输。2001 年,七大水系共建 65 个水质自动监测站,其中干流 29 个,支流 36 个,省界断面 21 个,重点湖库 12 个,国界河流 6 个。监测指标为水质五参数、氨氮、总有机碳、高锰酸盐指数等,一些重要的水库还增加了总磷、总氮、叶绿素等。实现了十大流域(七大水系加上太湖、滇池、巢湖流域)水质自动监测周报、月报及重点城市饮用水水源地水质监测月报发布。"十五"末,约 300 个水质自动监测站投入运行,在我国水环境保护和监测方面起着重要作用,也表明我国水质监测水平的提高。其所用的自动监测仪器多为国外进口设备,价格昂贵,且运转费用高。

2003 年 3 月 28 日,我国国家环保总局发布了环保行业标准《水质自动分析仪技术要求》(H/T 96—104—2003),并于2003年7月1日起实施。该标准共包括9个水质参数的自动分析仪技术要求,即pH值、电导率、油度、溶解氧(DO)、高锰酸盐指数、氨氮、总氮、总磷和总有机碳(TOC)。这一标准的实施,保证了水质自动监测系统的规范化,将大大促进我国水质自动监测系统的发展。因此,国产化自动监测仪有广阔的开发和潜在的销售市场。总体来看,我国水质自动监测技术处在发展阶段,相对还不太成熟。在现有水污染连续自动监测系统中,大部分仪器以监测水质污染的综合指标为主,单项污染物监测项目还比较少。单项污染物浓度检测仪器在性能方面还存在一些缺陷,长期运行的可靠性差,在一定程度上限制了它的使用。另外,监测仪器以进口为主,价格昂贵,运行维护成本高。随着自动监测仪器的研究和监测技术的发展,监测项目将由综合指标向单项污染指标发展,性能稳定、技术成熟的单项污染物监测仪器将是发展重点,使自动站与实验室人工使用标准分析方法监测的结果保持良好的一致性,已成为近几年一些国家自动监测技术和设备发展的热点之一。根据环境保护的要求,开发微量和痕量有害物质、生物毒性有机污染物的连续自动监测系统将成为发展方向。引进国外最新的水质自动监测仪器,进行消化吸收,部分国产化,降低成本,是推动水质自动监测仪器发展的捷径,也将加快水质自动监测技术的应用。

三、水质自动监测系统构成

水质自动监测系统由采水系统、配水系统、数据采集系统、控制系统、数据传输系统和系统管理中心等构成。

采水系统水样采集单元是保证自动站采样代表性、完整性的首要环节。采水单元主要包括采水泵、浮船或浮筒、采水工程和采水管路。采水单元向系统提供可靠、有效的样品水,必须能够自动与整个系统同步工作。采水管路的安装必须保证安全可靠;必须选用合适材质以避免对水样产生污染;必须安装保温材料,减少环境温度对水样温度的影响。此外,不同自动站的采水单元还可能需要一些辅助设备,如浮台固定错、隔栅或过滤网、压力流量监控设备和调节阀、保温套管以及相应的检测、控制、驱动电气电路等。

配水系统包括水样预处理装置、自动清洗装置及辅助部分。配水单元直接向自动监测仪器供水,其水质、水压和水量必须满足自动监测仪器的需要。配水流程分为进样、分析、内清、除藻、外清、补水。各配水流程中,通过几个电动球阀相应地开启、闭合来保证管路内样水或自来水的流动和流向;通过手阀可以手动调节管内水流的压力和流量。一般一台仪器对应一个采样杯,有的采样杯内有过滤头,仪器是提取采样杯中的液体来进行测量的。电动球阀、采样杯及过滤头需要定期拆下清洗。

子站系统的控制单元应具有系统控制、数据采集与储存及通信功能。传输系统则实现数据及控制指令的上行及下行传输过程,是连接总站、托管站和子站的纽带。控制单元应具有在系统断电或断水时的保护性操作和自动恢复功能。国家水质自动站的控制中心包括中央控制单元、通信控制单元、控制输出单元、数据采集单元、数据存储单元。其中央控制单元为SWC-1型控制单元,该控制单元功能强大,具有模拟、数字信号传输,特别是在数字通信方面,可以兼容多种通信协议。

VPN(Virtual Private Network,虚拟专用网)通信系统,VPN利用隧道技术以及加密、身份认证等方法，在公众网络上构建专用网络技术，通过安全的"加密管道"在公众网络中进行数据传播。国家水质自动监测的 VPN 网络由中国环境监测总站、环境技术有限公司、各水质自动监测站和托管站组成。中国环境监测总站为总部，各自动站为分支，分别与中国环境监测总站总部连接。各托管站通过 Dkey 与各水质自动站链接调取历史数据，各托管站又通过安装 DPLAN 与总站数据库建立连接上传周报。

四、自动监测项目及相关仪器设备

（一）氨氮在线分析仪（比色法）

往水样中加入碱性缓冲液，加热到一定温度，吹气将其中的氨氮吹脱，用酸吸收，碘化汞和碘化钾的碱性溶液与氢反应生成淡红棕色胶态化合物，在 400 nm 处检测吸光度 A，由 A 值查询标准工作曲线，计算氨氮的浓度，测试流程如图 7-6 所示。

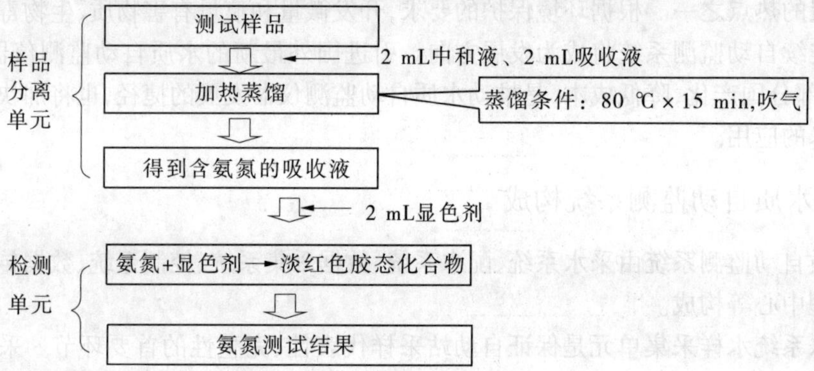

图 7-6　氨氮在线分析仪测试流程

（二）高锰酸盐指数在线分析仪

水样中加入一定量高锰酸钾和硫酸溶液，在 95 ℃的条件下加热反应数分钟后，剩余的高锰酸钾用过量草酸钠溶液还原，再用高锰酸钾溶液回滴过量的草酸钠，通过回滴的高锰酸钾体积计算出高锰酸盐指数值，如图 7-7 所示。

（三）化学需氧量在线分析仪

以重铬酸钾为氧化剂、硫酸银为催化剂、硫酸汞为氯离子掩蔽剂，在强酸性条件下，高温高压密闭消解样品，消解后的溶液在 470 nm 处测定吸光度 A，由 A 值查询标准工作曲线，计算 COD 的浓度，如图 7-8 所示。

（四）重金属（四合一）在线分析仪

用恒电位的方法在工作电极上施加一定值的电位 V_1（相对参比电极），持续一定时间 t_1，同时启动搅拌器，使待测离子富集于工作电极上，静置一定时间 t_2，电位从 V_1 向正方向扫描到 V_2，富集于电极上的物质被氧化"溶出"回到溶液中，从而产生一峰值电流，记录溶出过程中的电流—电位（$i—E$）曲线，根据峰值电流与溶液中离子浓度成正比的关系，从曲线中计算出离子的浓度，如图 7-9 所示。

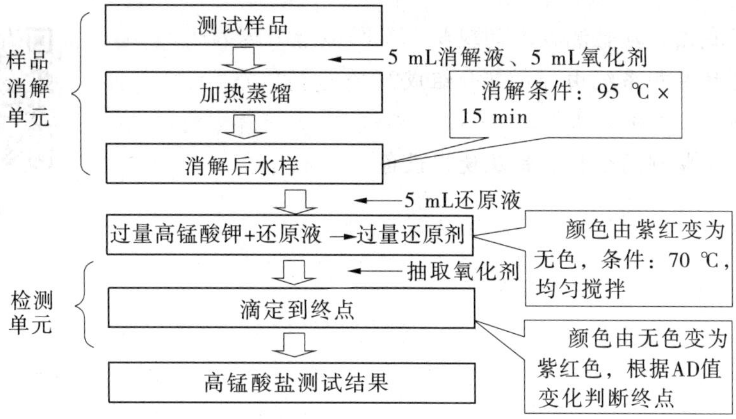

图 7-7　高锰酸盐指数在线分析仪测试流程

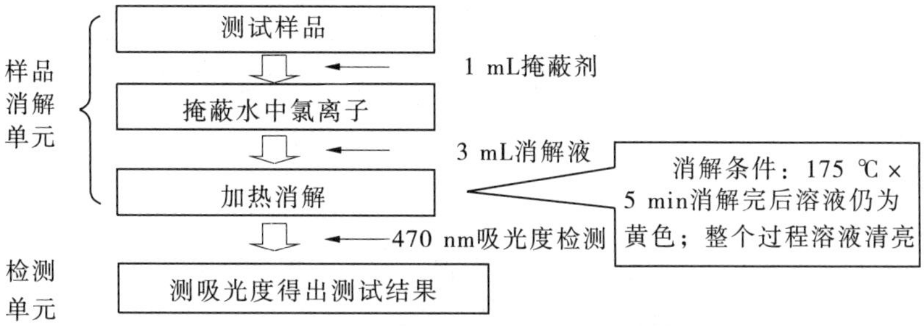

图 7-8　化学需氧量在线分析仪测试流程

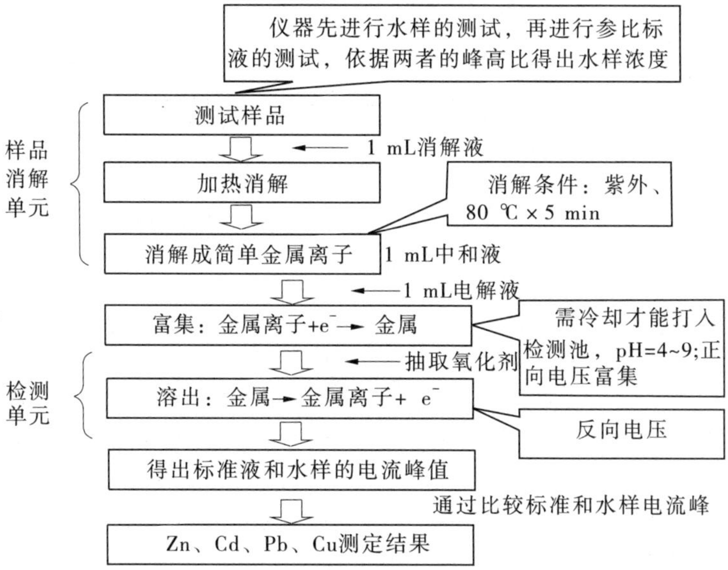

图 7-9　重金属在线分析仪测试流程

【思考题】

1. 试分析我国自动监测技术的现状。
2. 试述自动监测系统由哪几部分组成？
3. 试述 SO_2在线分析过程。
4. 简述自动监测的分析项目及使用设备。

维 7-5

参考文献

[1] 奚旦立. 环境监测[M]. 5 版. 北京:高等教育出版社,2019.
[2] 郭敏晓,张彩平. 环境监测[M]. 杭州:浙江大学出版社,2011.
[3] 李耀中. 噪声控制技术[M]. 北京:化学工业出版社,2004.
[4] 王怀宇. 环境检测[M]. 2 版. 北京:高等教育出版社,2014.
[5] 中国环境监测总站. 土壤环境监测技术要点分析[M]. 北京:中国环境出版社,2017.
[6] 翟崇志. 水质监测自动化与实践[M]. 北京:中国环境出版社,2015.
[7] 付强. 环境空气质量自动监测系统基本原理及操作规程[M]. 北京:化学工业出版社,2016.
[8] 王丽伟,黄亮,郭正,等. 水质自动监测站技术与应用指南[M]. 郑州:黄河水利出版社,2008.